FANTAISIES

SCIENTIFIQUES

DE SAM

—

PREMIÈRE SÉRIE

PARIS. — IMP. SIMON RAÇON ET COMP.. RUE D'ERFURTH, 1.

FANTAISIES

SCIENTIFIQUES

DE SAM

PAR

S. HENRY BERTHOUD

DEUXIÈME ÉDITION
REVUE PAR L'AUTEUR

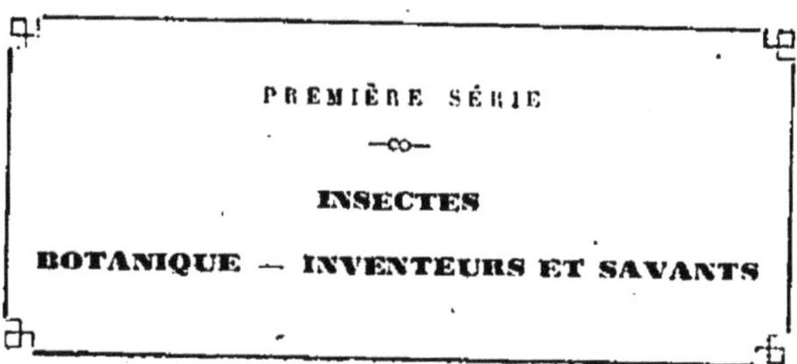

PARIS

GARNIER FRÈRES, LIBRAIRES-ÉDITEURS

6, RUE DES SAINTS-PÈRES, ET PALAIS-ROYAL, 215

1866

ENTOMOLOGIE

UN DRAME ENTRE DEUX ROSIERS

Il y avait naguère dans les environs de Paris, non loin d'une des barrières les moins fréquentées, un jardin dans lequel j'ai passé bien de bonnes journées. J'emploie le mot jardin, faute d'autre expression pour mieux rendre ma pensée.

Peut-on, en effet, donner le nom de jardin à une sorte de champ en friche d'assez médiocre étendue, clos à certains endroits par des haies, et en d'autres protégé par des murs en ruines ? Au milieu poussaient à leur gré des arbres, jadis cultivés, mais, depuis plusieurs années, affranchis de toute culture et redevenus sauvages. Leurs branches se dressaient à des hauteurs fabuleuses, s'étendaient en parasols, s'enlaçaient en fusées, présentaient mille figures bizarres, tandis que d'autres s'abaissaient vers la terre, comme pour solliciter et recevoir complaisamment les étreintes des plantes grimpantes qui se tordaient autour des troncs et envahissaient tout de leurs guirlandes en festons. Les mauvaises herbes avaient envahi non-seulement les allées, mais encore les plates-bandes; il est bien entendu que ces vigoureuses parasites avaient étouffé, sous leur luxuriante végétation, les plantes de culture qui naguère y florissaient. Jamais on n'aurait pu voir, même en pleine campagne, des chardons aussi prospères et des orties de plus belle venue. Les ronces s'étalaient partout, au grand détriment des habits, voire des mains et des visages. On ne pouvait faire un pas sans recevoir une égratignure, et sans subir un accroc.

Le propriétaire du jardin, vieillard de soixante-dix ans environ, haut de taille, sec, le front garni de cheveux blancs, drus, hérissés et que n'avait pu dompter une casquette qui pesait sur eux constamment, habitait, à l'extrémité de l'enclos, une cabane digne de Robinson Crusoé. Couverte en chaume, composée d'une pièce unique, mal close par une porte pourrie, mal chauffée par une de ces immenses cheminées de campagne dans lesquelles le vent rabat la fumée et l'interne, aux dépens des poumons et des yeux, cette maison ne prenait de jour qu'à travers une fenêtre plus garnie de papier que de vitres. Quelques planches noircies et enguirlandées de toiles d'araignées supportaient un petit nombre de livres, un microscope de grand prix placé sous une cloche en verre, un filet à papillons, trois assiettes, deux verres à côtés et deux couverts en fer battu, dont le temps et l'usage, beaucoup plus que les soins d'une ménagère, avaient fait aux trois quarts disparaître l'étamage. Il vivait là seul, l'été comme l'hiver, sans autre société qu'un grand chien hargneux, sans autre domestique qu'une vieille femme du hameau voisin, obligée de faire une lieue pour apporter au solitaire du pain, des légumes et quelques provisions indispensables. Deux fois par semaine elle accrochait à la crémaillère de la cheminée une marmite en fer, la remplissait d'eau, y plongeait un énorme morceau de viande et des légumes. Quand le tout avait convenablement bouilli, elle s'en retournait à son village sans entendre et sans proférer une parole.

Le hasard me fit rencontrer et me lia avec le propriétaire de ce singulier logis. Comment? je n'en sais trop rien, si ce n'est que tous les deux nous avons trouvé à la fois, dans un champ, un insecte fort rare. Nous nous sentions disposés à nous en disputer la possession avec cette âpreté qui caractérise les collectionneurs. J'avais affaire à un vieillard. Malgré le rugissement intérieur de la convoitise déçue, je finis par lui céder d'assez bonne grâce ma conquête. Il m'en sut gré, et, après un quart d'heure de conversation, il m'emmena dans son jardin, où j'eus dès lors droit de bourgeoisie.

J'ai vécu pendant cinq ans dans l'intimité de cet homme, qui se cachait évidemment sous un nom supposé et vulgaire. Il y avait dans sa façon de parler, dans l'expression profonde de son regard, dans la noblesse de ses manières, en dépit de sa blouse et de ses sabots, mille indices qui révélaient un homme du monde. Quant à son savoir, il était immense; aucune science humaine ne lui restait étrangère. J'ai passé bien des journées suspendu à ses lèvres, tandis qu'il me développait ses théories sur le livre sublime de la création, dont tant de siècles d'étude ont à peine déchiffré quelques lignes. Il partait toujours d'un paradoxe inventé à plaisir. Peu à peu, dompté par la vérité, il détruisait lui-même, et sans s'en apercevoir, ses propres théories, pour exprimer des vues aussi lumineuses que nouvelles, et empreintes d'un véritable génie. Il fallait qu'une grande douleur eût tordu le cœur de cet homme, qui niait l'existence de Dieu et qui la démontrait comme saint Augustin et Bossuet, qui raillait toutes les vertus et qui répandait autour de lui d'abondantes aumônes, qui se moquait de la sensibilité, et que je faisais pleurer en lui racontant une belle action, qui se proclamait misanthrope, et qui m'aimait comme si j'eusse été son propre fils.

Élève de Cuvier, dont le nom revenait souvent sur ses lèvres avec une expression de tendresse et de respect, il aimait à poursuivre de ses sarcasmes les naturalistes classificateurs, quoiqu'il m'expliquât souvent les meilleures méthodes de classification. Du reste, il prétendait avec raison qu'on laissait trop de côté, dans la science de l'histoire naturelle, les mœurs des animaux, et il passait sa vie à les étudier. Personne ne savait comme lui se placer de façon à ne point troubler l'être aux instincts duquel il voulait s'initier. Ni le temps, ni la fatigue, ne l'arrêtaient. Il le fallait voir alors de son œil bleu, où se peignait tant d'intelligence, suivre chacun des mouvements de l'insecte ou de l'oiseau, objet de ses études ; retenir son souffle dans la crainte de les troubler, et, pour mieux regarder, ramper à plat ventre, avec le silence et l'adresse d'un sauvage ; enfin jamais ne se lasser, jamais ne se décourager.

Je me rappelle qu'un matin, en ouvrant la porte de son enclos, qui par hasard se trouvait fermée, je l'aperçus étendu sur les herbes de ce qui, jadis, avait été une pelouse, et qui n'avait même plus l'aspect d'un champ. Il souleva la tête, et par un mouvement de son intelligente paupière il me fit signe de venir, sans bruit, me coucher à ses côtés.

« Regardez, me dit-il d'une voix si basse, qu'elle parvenait à peine à mon oreille; regardez, voici une mégachile qui fait son nid, là, à deux pas de nous, sous nos yeux mêmes, entre ces deux grands rosiers. »

Je vis en effet, à quelques pas, une sorte d'abeille longue de six lignes environ, noire au-dessus du corps, jaune au-dessous, et couverte d'un épais duvet. Posée à terre, elle frappait le sol de ses pattes de devant, l'interrogeait de ses antennes, allait et venait comme un géomètre qui prend ses dispositions pour opérer un sondage. Elle ne paraissait pas disposée à arrêter facilement son choix; car elle parcourut ainsi près d'un mètre de terrain. A la fin, elle s'arrêta à une sorte de petit enfoncement produit par un gros bloc de grès, gisant au milieu du chemin, exposé en plein midi, et abrité contre la pluie par les deux rosiers dont je vous ai parlé. La terre fortement tassée, quoique exempte d'humidité, offrait une masse compacte d'argile devenue presque aussi dure qu'une pierre.

La mégachile s'appuya sur ses pattes de devant, pivota dessus et se servit de l'extrémité de son abdomen, comme de la pointe d'un compas, pour décrire un cercle parfaitement régulier. Ce cercle tracé, elle en écarta, à l'aide de ses pattes, les grains de sable qui pouvaient altérer sa pureté, le considéra quelques secondes encore, et se mit ensuite à creuser. Ses mandibules triangulaires, robustes et finement dentelées à l'intérieur, entamèrent le sol, non pas à la manière d'une pioche, mais bien d'une scie. Elle divisait l'argile par menues tranches qu'elle saisissait ensuite dans ses pattes de devant et qu'elle rejetait. Si le fragment tombait trop près, ses pattes de derrière le lançaient plus loin.

Peu à peu, elle creusa un puits de cinq lignes de diamètre, parfaitement cylindrique, et profond au moins de deux pouces. De temps à autre elle s'arrêtait, évidemment fatiguée et essoufflée, car elle écartait ses ailes pour laisser l'air arriver plus facilement jusqu'aux stigmates ouverts sur ses flancs, et par lesquels s'opère la respiration chez les insectes. Enfin le puits se trouva achevé. En nous penchant au-dessus avec précaution, nous vîmes la mégachile qui en arrondissait le fond, en forme de dé, le tassait, l'unissait, le polissait, le brossait à l'aide des poils de son abdomen, et le rendait brillant et dur comme du marbre, en se servant de ce même abdomen ainsi que d'un brunissoir. On voyait les reflets de son corps se reproduire sur les parois du puits comme sur un miroir de métal. La main du plus habile ouvrier humain eût été impuissante à atteindre cette perfection.

Son travail terminé, la mégachile s'arrêta, agita longtemps ses ailes de gaze pour amener un air frais et abondant dans ses stigmates, et passa une inspection minutieuse et complaisante de son œuvre. Évidemment elle se sentait satisfaite, et elle ne trouvait pas la moindre critique à s'adresser. Elle s'envola ensuite vers un coin du jardin où foisonnait le thym, et butina gaiement de fleur en fleur pour se réconforter par un bon repas. Elle revint ensuite au silo qu'elle avait creusé, et prit des mesures sur l'ouverture et la cavité de ce silo. Elle se servait pour cela de ses antennes en guise de compas, et les faisait virer comme les branches de cet instrument de mathématiques. Elle s'arrêta quelques secondes et parut graver dans sa mémoire les calculs qu'elle venait de terminer. Son attitude était clairement méditative. De temps à autre, elle frottait son front glabre de l'extrémité de ses pattes de devant, ni plus ni moins qu'un géomètre de profession.

Une fois bien édifiée sur ce qu'elle voulait faire, elle s'envola assez haut, plana quelques instants et s'abattit sur une ronce. Elle choisit une feuille solide et intacte ; se plaça dessous et en attaqua le bord avec ses mandibules tranchantes comme le ciseau d'un jardinier, et striées en dedans comme la lame d'une scie. Du bord elle gagna la nervure centrale, revint ensuite au bord, taillant et sciant toujours. Quand le morceau travaillé commença à se détacher, elle le maintint entre ses pattes, qui remplirent l'office de valet d'établi. Puis elle tourna la pièce, la rogna et en façonna un rond que l'on eût pu croire enlevé à l'aide d'un emporte-pièce. Elle la prit dans sa bouche, l'emporta au silo, et en couvrit le fond intérieur avec une exactitude merveilleuse. Elle fixa ce tapis à l'aide de quelques chevilles taillées dans l'arête même de la feuille, ensuite elle recommença à prendre de nouvelles mesures et à façonner d'autres morceaux de feuilles de différentes formes, qui s'unissaient l'un à l'autre par des mortaises d'une extrême précision, et qui finirent par former à l'intérieur du puits une tenture élégante, fraîche et solide. Un casse-tête chinois ne présente pas de combinaisons plus difficiles et plus variées que n'en avait eu à résoudre l'insecte.

La mégachile se reposa une troisième fois, plaça sur son œuvre terminée un morceau de feuille sèche, de façon à en dissimuler l'entrée, et retourna butiner dans le petit champ de thym. A chaque instant, elle revenait chargée de miel et de cire, dégorgeait le premier dans les alvéoles solides qu'elle improvisait avec la dernière de ces matières, et finit par en emplir le silo. Elle pencha alors son abdomen sur ce nid, résultat de tant de travaux ingénieux, pondit un œuf dans chaque alvéole, étendit au-dessus de l'ouverture une couche de cire, couvrit de poussière cette couche, en fixa soigneusement chaque grain, et fit si bien de ses petites pattes, qu'il devint impossible de distinguer la moindre trace de la mystérieuse cavité.

Depuis que l'abeille sauvage avait commencé à creuser son nid, un rat-nain se tenait à l'affût dans les herbes et épiait, sans en détourner ses deux yeux noirs et brillants, les travaux de la mégachile. Il les regardait toutefois avec moins de désintéressement que nous, et à un tout autre point de vue. Nous l'avions remarqué descendant de son habitation suspendue à de hautes et robustes tiges de blé qui poussaient au milieu de plantes sauvages. Avant de quitter cette demeure aérienne, semblable au nid d'une mésange, ovale, artistement tressée avec de la paille menue et du foin, ce rat, à peine un peu plus gros qu'un hanneton, s'était au préalable longuement assuré qu'il ne courait aucun danger. Rassuré par notre immobilité, il se laissa glisser le long d'une tige, comme un gamin le long d'un mât de cocagne, et se faufila adroitement, sans faire frissonner une feuille sèche, sans faire remuer un brin d'herbe, jusqu'à deux pieds environ de l'endroit où travaillait la mégachile. Là, il s'embusqua sous une touffe de violettes, qui l'enveloppait de ses larges auvents.

Quand il vit l'abeille s'envoler après avoir fermé son silo, il s'élança vers ce silo rempli de miel, et commença avec ses pattes de devant à briser la croûte de cire qui le fermait. Par malheur pour lui, la mégachile s'était posée à peu de distance sur un rosier, et jetait un dernier regard d'adieu au lieu où elle avait déposé l'espérance de sa race. A la vue du rat-nain qui détruisait sans pitié le fruit de tant de travaux et qui allait dévorer ses œufs, elle s'élança vers l'agresseur et se mit à tracer autour de lui, à la manière des aigles, des cercles qui se rétrécissaient toujours. Le rat-nain, au bourdonnement produit par l'abeille, tressaillit et voulut fuir. Il était trop tard! la mégachile, resserrant de plus en plus ses anneaux magnétiques, le retenait fasciné par la peur. Le rat, qui sentait déjà au-dessus de sa tête le frôlement des ailes dont le bruit sinistre l'épouvantait et le paralysait, fit un effort sur lui-même; grattant le sol de ses pattes, il essaya de soulever la poussière pour gagner au large à l'aide de ce petit nuage, ou du moins pour tenir à l'écart l'abeille, qui a horreur de toute souillure. Hélas! cette terre argileuse et ferme résistait à l'attaque de ses faibles pattes. L'abeille fondit sur le malheureux, lui fit un profonde piqûre derrière la nuque, laissa son dard dans la blessure, répara les dégâts faits au nid, s'envola, et alla tomber à quelques pas de là. Que lui importait puisqu'elle avait rempli sa mission, en assurant les moyens de reproduction de son espèce, puisqu'elle avait, par le sacrifice de sa vie, sauvé ses œufs de la destruction !

Le petit rat, blessé par l'aiguillon venimeux, se roula sur le sol, se débattit, essaya de regagner sa demeure et retomba près du silo de l'abeille qu'il avait voulu dévaster. Ses mouvements exprimaient la plus vive souffrance ; ses yeux s'injectaient de sang ; sa bouche imperceptible s'ouvrait convulsivement sans jeter de cri ; ses pattes frappaient la terre, et il ne tarda pas à tourner sur lui-même d'une façon insensée. Cependant une tumeur envahissait rapidement son cou et ses épaules : son délire augmenta ; il ne lui fut plus possible de se tenir debout ; il glissa sur le flanc, s'agita en de suprêmes convulsions, laissa retomber la tête et expira.

Mon vieil ami, pendant que j'assistais aux dernières scènes de ce drame, s'était levé précipitamment, avait couru jusqu'à sa maisonnette et en revenait un flacon d'ammoniaque à la main. Cet homme, qui se posait en misanthrope, n'avait pu voir souffrir un rat sans la pensée de le secourir. Hélas ! les secours arrivèrent trop tard.

Presque ému, le digne homme ramassa le rat-nain, le retourna dans sa main, considéra quelques instants cette mignonne petite tête qui vacillait inerte, ces yeux, qui dardaient naguère des étincelles, éteints et à demi recouverts par les paupières, et ce joli pelage doré, souillé de sang et de terre, puis il le laissa tomber en soupirant.

Il s'éloigna, fit quelques pas, et trouva l'abeille agonisante sur le sable et s'y débattant; elle mourait aussi de sa piqûre.

« Enterrons-les l'un près de l'autre, dis-je en riant.

— Et pourquoi prendre ce soin? répliqua-t-il. Pensez-vous que Dieu, qui a créé la mort, qui en a fait une loi de la nature, n'ait point créé aussi les fossoyeurs? Vous venez d'assister aux premiers actes d'un drame, certes aussi palpitant que toutes vos sottes inventions du boulevard : un drame qui vaut même mieux qu'une course de taureaux où l'on se tue réellement ! Car, hélas ! les plus doux divertissements de l'homme ne consistent-ils pas dans le spectacle de malheurs imaginaires ou réels? ne cherche-t-il pas avec avidité les scènes sanglantes? Son cœur ne bat-il impétueusement à la vue des périls que ses semblables bravent pour l'amuser? Soyez satisfait, on vient de vous donner le spectacle de deux morts! deux morts de bestioles, il est vrai, mais deux belles morts : une mère qui sacrifie sa vie au salut de sa lignée, un brigand qui expie, par un trépas douloureux, ses pillages et ses crimes. Attendez le dénoûment! vous dis-je. Il y en aura un et avec toutes sortes de pompes théâtrales. Écoutez ! voici la symphonie de l'orchestre qui prélude. »

En effet, un murmure se faisait entendre : d'abord vague et sourd, il devenait à chaque instant plus distinct et plus fort.

« Reprenez votre place dans cette bonne stalle mollement rembourrée de foin vivant et embaumé, me dit mon singulier ami ; le dernier acte commence. »

A mesure que le bruit approchait, il prenait un carac-

.tère strident. Une bande, composée de plusieurs gros insectes, descendit des airs, et vint voleter en tournant autour du cadavre du rat-nain. Je pus constater alors que les élytres de ces insectes, relevées l'une contre l'autre, de manière à ne laisser voir que leur dessous jaunâtre, produisaient cette musique étrange; en se frottant l'une cont:e l'autre, comme un archet sur les cordes d'un violon. Les ailes, longues et légères, frappaient l'air avec vigueur, s'élevaient ou s'abaissaient brusquement et produisaient la basse de ce singulier dessus.

Après avoir reconnu le cadavre du rat-nain, les insectes descendirent à terre. D'abord, ils replièrent soigneusement leurs ailes sous les étuis de leurs élytres, taillées en forme d'écusson noir, striées de deux larges bandes orangées et qui ressemblaient aux peintures héraldiques dont on décore les bannières funèbres. A peine eurent-ils terminé ces premières dispositions, qu'ils commencèrent à marcher processionnellement autour du cadavre. Par intervalles, ils s'arrêtaient, se tournaient vers lui et semblaient le saluer, en le touchant de leurs grosses antennes, terminées en courtes massues, et qu'à la rigueur on eût pu prendre pour des goupillons.

Cette marche lente et lugubre terminée, ils se rassemblèrent en conciliabule, et commencèrent entre eux, à l'aide des mêmes antennes, une de ces conversations animées, particulières aux insectes et que je n'ai jamais pu voir sans admiration. Pendant qu'ils délibéraient, une grosse mouche bleue s'abattit en bourdonnant sur le rat-nain et se disposait à pondre ses œufs dans le corps du malheureux; mais un des insectes reprit son vol, s'élança sur elle sans lui laisser le temps de fuir, et l'immola aux mânes du petit quadrupède. Ce sacrifice accompli, il rejoignit paisiblement ses camarades et recommença à prendre une part paisible à la discussion.

Une nouvelle promenade autour du cadavre suivit la tenue de ce conseil et me permit de constater que les insectes, au nombre de sept, étaient des nécrophores, de l'espèce appelée Vespilio. Ils marchaient lentement, et remuaient, avec une sorte de solennité, leurs six robustes pattes, dont les quatre dernières, un peu torses, attestaient une grande vigueur. Leur allure prenait une expression lugubre de la forme de leur grosse tête, penchée vers la terre, entassée dans un corselet noir, velu et fortement recourbé. Surmontée au-dessus des yeux de deux courtes antennes, cette tête se terminait par des mandibules avancées qui remuaient sans cesse, comme si elles murmuraient des paroles fatidiques. Enfin, une odeur de musc rance, assez forte pour arriver jusqu'à nous, s'exhalait de leur corps, et nous rappelait les émanations qui s'exhalent des corps en décomposition. D'innombrables parasites couvraient la plupart de ces nécrophores, grouillaient sur leur corps, sur leur tête, le long de leurs pattes, et contribuaient à leur donner un aspect répugnant. Gros comme des grains de poussière, d'un jaune livide et transparent, à l'aide de leurs deux pattes de devant, armées de crochets fortement contournés et terminés en pointes aiguës, ils allaient et venaient sur les membres des nécrophores, à la façon des matelots sur les vergues de leurs vaisseaux. A peine les nécrophores eurent-ils escaladé le rat-nain, pour recommencer leur promenade, que tous ces parasites, dans lesquels j'avais reconnu le gamasus des coléoptères, mirent pattes à terre et disparurent sous le poil touffu du petit cadavre. Le gamasus se sert des insectes carnassiers comme moyen de transport. Ceux-ci lui tiennent lieu de véhicules et de pourvoyeurs. Dès qu'ils ont trouvé une proie, le singulier petit être qu'ils transportent les quitte, s'empare de la proie, et prélève un droit de prélibation, sauf à rechevaucher de nouveau sur les chasseurs quand il s'est gorgé de nourriture.

Les nécrophores, débarrassés de ces cavaliers, recommencèrent sur le rat-nain une conversation animée. Après quoi, ils regagnèrent la terre, disparurent sous le corps, et le transportèrent à dix pas de là, dans un terrain plus poreux et moins consistant. Il leur fallut à peine une minute pour mener à fin ce transport. Le cadavre semblait se mouvoir seul, car on n'apercevait aucun des insectes cachés sous lui et qui l'emmenaient. Je vous assure que jamais rien d'aussi bizarre ne s'était offert à ma vue que cette marche d'un cadavre. Arrivés au but, ils se disposèrent en cercle autour de leur fardeau, sauf un seul, qui monta sur les flancs du rat, d'où il semblait donner des ordres à ses compagnons. Ceux-ci, la tête enfoncée dans le corps qu'ils soulevaient et faisaient mouvoir, tantôt en avant, tantôt en arrière, à l'aide de leur puissant corselet, grattèrent le sol avec leurs pattes de devant, et ne tardèrent point à tracer un large sillon. Leurs pattes de derrière, ces pattes arquées dont je vous ai parlé, rejetaient la terre. Le sillon terminé, on écarta un peu le corps, on creusa une fosse, et, en moins d'une heure, le rat-nain reposait enseveli dans cette fosse, qui le débordait de sept ou huit lignes. Les nécrophores rejetèrent la terre sur lui, la tassèrent, la nivelèrent, la consolidèrent par des menus cailloux, et la rendirent aussi invisible aux regards que l'était le nid voisin de la mégachile. Les gamasus, aux premières pelletées de terre jetées sur le cadavre, étaient remontés sur les nécrophores. Ceux-ci, sans tenir compte de ces importuns cavaliers, commencèrent, sur la fosse terminée, une véritable orgie que je serais assez embarrassé de vous raconter dans tous ses cyniques détails. La troupe entière finit par reprendre son vol et par disparaître dans les airs.

Je me levai et je me disposais à déterrer le rat-nain pour étudier de plus près l'œuvre d'inhumation opérée par les fossoyeurs ailés. « Gardez-vous-en bien, me dit le vieillard. Ne détruisez pas ce que de pauvres insectes ont accompli au prix de tant de travail. Ne leur causez pas un pareil désespoir quand ils reviendront demain déposer leurs œufs fécondés dans le corps qu'ils ont enterré. Ces œufs, après quelques jours d'une incubation favorisée par le dégagement des gaz que produisent les corps en décomposition, deviendront des larves en forme de fuseau. Elles porteront, au-dessus de chacun des anneaux de leur corps, long de dix-huit lignes, des raies orangées, semblables à celles de la livrée paternelle. Quatre épines aiguës arment ces animaux; elles servent à fixer à leur proie et par le dos ces rudiments d'insectes qui se nourrissent sur place de l'animal dans lequel ils sont nés. Après avoir tout dévoré, sans même avoir épargné les os, les larves se fileront une coque soyeuse, lisse, admirable-

ment ouvrée, deviendront des nymphes et se transforme-
ront bientôt en nécrophores. Alors, guidés par un instinct
sûr, les jeunes insectes marcheront droit à la petite ouverture, faite jadis par leur mère quand celle-ci est venue
pondre, briseront la légère couche de terre qui la ferme,
et s'envoleront pour aller en d'autres lieux recommencer
les merveilles auxquelles vous venez d'assister. Ajoutons
qu'ils seront couverts de gamasus nés avec eux et qui les
exploiteront comme véhicules. »

A quelque temps de là, je trouvai effondrés le nid de
la mégachile et la petite fosse ; abeilles et nécrophores
étaient déjà disparus. D'autres êtres s'étaient même emparés des deux terrains nivelés en partie et révivifiés
par la pluie. Des fourmis picoraient sur les restes du
squelette du rat-nain, réduit presque à l'état de poussière ; une touffe d'herbe, dont le vent avait amené la
graine dans ce creux, poussait déjà des brins assez forts
et assez hauts pour qu'une araignée des jardins y tendît
sa toile ; un grand lombric sortait à moitié son corps filiforme de ces catacombes à ciel ouvert, et prenait le frais
dans l'humidité qui suintait du sol ; des chenilles pâtu-
raient sur une plante de mauve qui avait enfoncé près de
là le pivot de sa racine, et étalait alentour ses feuilles
rampantes et découpées. La nature, en reprenant possession du coin de terre, en avait modifié totalement l'aspect et l'usage.

Le vieillard, ce jour-là, me sembla plus sombre et plus
abattu que d'habitude. J'eus beau lui montrer les révolutions survenues entre les deux rosiers, il ne leur accorda
qu'un regard distrait, et ne mit même point en avant un

seul paradoxe ; — son âme emportait sa pensée ailleurs.

Ce fus la dernière fois que je le vis.

Après un voyage de plusieurs mois à l'étranger, je me hâtai, sitôt mon retour, de me diriger vers l'enclos de mon vieil ami. L'hiver sévissait, le vent soufflait de bise, la neige couvrait la terre et surchargeait les rameaux nus des arbres ; la gelée durcissait le sol devenu raboteux. J'ouvris avec peine la porte, contre le bas de laquelle la boue durcie formait obstacle, A mon grand étonnement, la fumée ne sortait ni de la cheminée, ni même de la porte du corps de logis. On n'entendait d'autre bruit que les piailleries des oiseaux qui voletaient affamés, et qui cherchaient sous la neige de rares aliments. Il n'y avait personne dans la cabane. Certains désordres inconnus jusqu'ici pour moi, dans ces lieux pourtant si négligés, m'attestèrent qu'on ne les habitait plus depuis quelque temps.

J'allai prendre des informations au village voisin, près de la femme de ménage. Elle n'en savait pas plus que moi.

L'autre jour, avant de réunir ces notes, j'ai voulu revoir le jardin du vieillard. Il se trouve maintenant enclos dans une vaste ferme, admirablement cultivée, et dont les propriétaires actuels ont acheté du fisc les terrains.

UN SIÉGE DANS LE BOIS DE VINCENNES

Par une belle soirée du mois de juin, je me promenais dans le bois de Vincennes. La chaleur, malgré l'ombre des vieux arbres et le voisinage de l'eau, commençait à mouiller mon front et à rendre mes pas plus pesants. Or l'herbe était épaisse et molle, et je me sentis une grande envie de me coucher sur le tapis qui s'étendait devant moi d'une façon si séduisante. Par hasard, il me revint à la pensée ce paradoxe de madame de Staël, « que la meilleure manière de se débarrasser d'une tentation consistait à y succomber ; » et je succombai.

Quand je me sentis reposé, et tout en goûtant le bien-être de mon *far niente*, mes regards se portèrent machinalement autour de moi, et interrogèrent les lieux qui m'entouraient. L'esprit de l'homme est ainsi fait : au milieu de tous les contentements, de tout le bien-être, il veut encore quelque chose de plus. A la fatigue, à la chaleur, à la marche, pour moi avaient succédé le repos, la fraîcheur et cette bonne attitude horizontale que les musulmans professent être un des plus grands bonheurs... Il me fallait un aliment à mon attention, une préoccupation à ma pensée.

Cet aliment ne tarda point à se présenter. A un ou deux pas de moi se trouvait un petit tas de pierres; c'étaient, je crois, les débris dédaignés des grès qui avaient été taillés pour paver la route. Ils gisaient là depuis longtemps, car la pluie avait déjà verdi de mousses microscopiques les mille facettes creusées par le temps et par l'action de l'air; de longs brins d'herbes commençaient même à surgir à travers les interstices du petit tumulus.

Tandis que j'admirais la puissance féconde que Dieu donne à la nature, et qui ne laisse stériles ni un creux imperceptible de caillou, ni une parcelle de terre; je vis tout à coup un insecte un peu plus gros qu'un grain de blé sortir avec précaution du tas de pierres et regarder attentivement autour de lui. Rien ne troublait le calme de ce petit coin de bois, si ce n'est les chants lointains des oiseaux, le cri strident d'un grillon, et l'imperceptible bruissement des herbes qui ondulaient parfois sous un léger souffle du vent.

L'insecte rassuré se mit à grimper sur les pierres comme sur un observatoire: afin de compléter sa reconnaissance, il alla jusqu'à la plus haute, où il agita pendant quelques secondes ses antennes étendues. Je reconnus alors un des plus jolis membres de la famille des coléoptères, le brachyne pistolet (*brachynus sclopeta*).

Il portait fièrement sa tête couronnée de deux antennes qui rappelaient, sans trop de désavantage, le plumet d'un élève de Saint-Cyr ; son corselet jaune et effilé et ses élytres vertes bordées de fauve pouvaient vraiment se comparer au costume d'un chasseur de Vincennes ; d'autant plus que tout dans son allure attestait des habitudes guerrières : rien qu'à la façon dont il ouvrait ses mandibules en leur donnant un air de moustaches, rien qu'au dandinement de son corps, on devinait un parfait troupier.

La reconnaissance terminée, il descendit avec prestesse au bas des pierres, et fit à l'aide de ses pattes de derrière un signal qui amena huit ou dix autres brachynes, avec lesquels il échangea une conversation animée au moyen de ses antennes, qu'il frottait par des mouvements variés contre les antennes de ses interlocuteurs.

Quoique la science n'en sache rien encore, j'ai toujours supposé que les antennes contenaient des fils électriques et n'étaient autre chose que des télégraphes privés donnés par Dieu à ces petits êtres.

Après une courte délibération, la bande se mit en marche et se dirigea, à ma gauche, vers une partie un peu plus humide du bois, grâce à un buisson dont la feuillée ne permettait pas aux rayons du soleil d'arriver jusqu'au sol.

Je pus donc sans changer de place, sans faire un mouvement, suivre des yeux la troupe des brachynes, et même les devancer du regard au lieu vers lequel ils marchaient. Là m'attendait une autre scène non moins curieuse.

Trois forficules s'étaient établis au pied d'une souche et parmi des détritus d'écorce et de foin. Tout le monde connait le forficule, insecte inoffensif s'il en fut, et qui cependant inspire une sorte de terreur, sous le nom, bien immérité, je vous l'assure, de *perce-oreille*. Le pauvre insecte serait fort embarrassé de remplir la terrible mission que lui donnent des préjugés dont on ne peut même pas comprendre l'origine. Il ne possède rien de dangereux, ni même d'agressif. Les crocs dont se trouve armée l'extrémité inférieure de son corps, et dont on ne connait pas clairement l'usage, servent à peine à sa défense; ils sont, je crois, de simples pinces destinées à le retenir, en cas de chute, lorsqu'il grimpe sur un arbre pour en entamer les fruits.

Mais, si le forficule n'est point un fléau de la nature, il ne taille pas mal de besogne aux entomologistes, qui ne savent comment le classer. Ses ailes invisibles, soigneusement renfermées dans une gaîne, ne présentent point un phénomène vulgaire à l'observateur. Ces ailes, pour se cacher sous des élytres très-courtes, se plissent en éventail, et se replient deux fois sur elles-mêmes. Le forficule s'en sert peu et seulement aux moments d'extrême danger, car il ne peut les déployer avec une grande rapidité. A vrai dire, elles forment plutôt un parachute que de véritables moyens de voler, et l'insecte ne les ouvre guère qu'en tombant de très-haut.

Quoi qu'il en soit, des trois forficules dont je vous ai parlé, l'un couvait ses œufs, et les deux autres veillaient leurs petits, éclos sans doute de la veille, car ceux-ci ne dépassaient guère en grosseur un grain de millet.

Le nid de la couveuse, formé de petits morceaux de feuilles sèches enlacés les uns aux autres avec un art infini, présentait à l'œil une forme allongée et ressemblait à une corbeille ; de temps à autre elle se levait, examinait ses œufs grisâtres au nombre de vingt à trente environ, les prenait un à un dans ses mandibules avec une sollicitude vraiment maternelle, les disposait de manière qu'ils reçussent d'une façon égale la chaleur qui devait les faire éclore, et se recouchait ensuite. On apercevait à peine sa tête, qui sortait d'une petite anfractuosité ménagée dans l'une des extrémités du nid. A l'autre bout apparaissaient les pinces dont nous parlions tout à l'heure, qui se dressaient comme un croissant et qui se confondaient parmi les morceaux de feuilles noircies.

Près de la couveuse allaient et venaient les deux autres mères, conduisant leurs petits aux meilleurs endroits, c'est-à-dire à ceux que garnissaient une légion de pucerons, amassés autour d'une tige de rosier sauvage rampant jusque sur le sol. Non-seulement elles conduisaient leurs poussins au milieu de cette abondante provende, mais encore elles choisissaient les meilleurs pucerons pour les offrir aux moins grands de leurs nourrissons. Souvent il s'élevait des luttes et même des combats entre les poussins, car, à peine nés, tous les êtres qui vivent ici-bas sont disposés à abuser de leurs forces aux dépens des faibles. Il ne fallait pas cependant que les mères aperçussent ces violences ; elles gourmandaient les petits méchants, elles les emportaient loin de là dans leurs mandibules, et exerçaient une police de nature à faire rougir la meilleure des poules, si toutefois les poules rougissent; ce que je suis porté à croire, car la face des animaux comme la face de l'homme rougit ou pâlit au choc d'une vive émotion.

Les trois forficules remplissaient donc pieusement et de tout cœur leurs devoirs maternels, lorsque soudain la couveuse, que ne préoccupait pas autant que les deux autres la turbulence des poussins, se souleva dans son nid, dressa ses antennes, releva ses pinces et sembla percevoir quelque bruit.

Après une seconde d'examen, elle s'élança vers ses deux compagnes et frappa leurs antennes de ses antennes. Aussitôt les autres témoignèrent une grande agitation; elles rassemblèrent à la hâte leurs petits, les cachèrent sous des débris de feuilles, et déposèrent autour d'eux de la terre humide de manière à improviser une sorte de fortification. La couveuse emporta ses œufs et les enfouit dans un creux naturel formé par une courbe des racines du rosier; puis, avec ses pattes, elle les recouvrit de poussière.

Toutes ces précautions se trouvaient prises à peine, que la bande des brachynes arrivait, bien plus nombreuse qu'au moment du départ : elle s'était grossie en route d'une quinzaine de recrues.

Sans hésiter et comme de véritables soldats, la petite armée forma autour de la forteresse des forficules un cercle stratégique qui la cerna, et se mit, en marchant, à se resserrer peu à peu. De leur côté, les assiégés se préparaient à la défense. Les trois courageux insectes couvraient de leurs corps la couvée et montraient leurs têtes armées de redoutables mandibules à travers les créneaux de leurs circonvallations de terre; d'autre part, le cercle des assiégeants se rétrécissait de plus en plus. Ils arrivèrent ainsi à un pouce du rempart.

Tout à coup ils se retournent vivement, une explosion se fait entendre, un nuage de fumée s'élève et se dissipe bientôt.

Pas un des petits n'avait été atteint, mais les fortifications se trouvaient entamées et un des forficules agitait douloureusement sa tête, sur laquelle retombaient ses antennes brisées et corrodées.

Sans laisser aux assiégés le temps de se reconnaître, l'ennemi, qui avait fait volte-face, revint à la charge et fit un nouveau feu. Quatre fois il en fut ainsi.

Les forficules, éperdus et blessés, sortirent de leurs forteresses, sans doute pour entraîner l'ennemi à quelque distance du combat, mourir et laisser le temps aux petits de prendre la fuite. Hélas! tant d'héroïsme ne servit à rien! Tandis qu'une partie des brachynes se ruaient sur les trois sublimes mères, qui firent une résistance héroïque et mirent cinq ou six ennemis hors de combat, les autres brigands couraient aux poussins et en faisaient un massacre affreux. Non-seulement ils tuaient pour manger, mais encore pour le plaisir de tuer! Bientôt de ces trois heureuses familles il ne restait pas même les œufs de la couveuse, que les pillards avaient découverts et qu'ils déchiraient à belles mandibules.

Interrompons un moment ce triste spectacle, et, pour calmer l'émotion qu'il nous cause, disons de quelle arme terrible la nature a gratifié le brachyne-pistolet. Comme pour la plupart des innombrables mystères que Dieu a répandus dans la création, les naturalistes ne connaissent guère que les effets des explosions produites par les brachynes; si l'appareil qui les fournit a été étudié, il l'a été d'une façon insuffisante et qui ne saurait satisfaire un esprit sérieux et logique. Contentons-nous de dire avec M. Dufour, qui a fait le plus progresser la question, que ces insectes, quand ils se croient en danger ou qu'ils veulent attaquer une proie, lancent une liqueur volatile avec explosion de fumée. Ils peuvent renouveler cette émission plusieurs fois. La liqueur est corrosive; quand on tient le brachyne entre les doigts, elle jaunit la peau comme l'eau seconde.

Dans les espèces plus grandes, au Sénégal, en Espagne, en Portugal, la liqueur dont nous parlons occasionne une véritable brûlure accompagnée de douleur; l'insecte est forcé de tirailler coup sur coup, il ne produit plus d'explosion, mais seulement un peu de fumée. Il a besoin ensuite de repos pour que les glandes qui sécrètent la liqueur se remplissent de nouveau.

Il y a dans l'homme, — le plus cruel et le plus tyrannique des êtres de la création, un besoin instinctif de justice, ou plutôt de despotisme. Sans réfléchir que les brachynes n'étaient, après tout, que des chasseurs et que les forficules ne devaient pas m'inspirer plus de pitié que les perdrix et les lièvres, je me sentis indigné, je me levai, j'allai à la forterese des brigands et je jetai les pierres çà et là, de façon à n'en rien laisser debout.

Sur ces entrefaites, les parti ans commençaient à se rallier. Las de carnage, ils ramassèrent le butin, en remplirent leurs mandibules et se dirigèrent vers leur demeure, sans doute pour emmagasiner le fruit de tant de meurtres et de rapines.

Vous ne sauriez vous dépeindre la stupéfaction de la bande quand elle ne retrouva plus trace de son burg; car, dans mon indignation, j'avais non-seulement démoli le gîte, mais encore j'avais foulé le sol de mes pieds et passé sur ces ruines, sinon la charrue, du moins la semelle et le talon.

Ils ne pouvaient en croire leurs cinq cents yeux; car un brachyne n'en compte pas moins, puisque chacune des innombrables facettes de sa sclérotique est un œil bien distinct. Ils allaient, ils venaient effarés, désespérés et ne pouvant rien comprendre à leur malheur. Quand les alliés qui les avaient aidés dans leur expédition eurent constaté qu'ils avaient affaire à des insectes ruinés et sans lieu, je n'ose ajouter ni feu, ils les plantèrent là sans autre façon et s'en retournèrent, emportant tout le butin. Des hommes n'eussent pas mieux fait.

Lorsqu'ils furent à quelques pas, je me levai brusquement, et, malgré leurs arquebusades, je les pris un à un et je les enfermai dans une boîte de fer-blanc, résolu à me servir de ces prisonniers pour les étudier chez moi et m'assurer si réellement, dans l'obscurité, leurs explosions produisaient de la lumière comme un véritable pistolet.

Je glissai la boîte et les prisonniers dans ma poche, sans même leur donner quelques brins d'herbe pour s'y blottir, et je revins à leurs complices, qui se désolaient toujours au milieu des ruines de leur burg.

Pour augmenter leur terreur, je me mis à souffler sur

eux, à larges bouffées, la fumée d'un cigare que je venais d'allumer. Il en fallait moins pour épouvanter complétement les pauvres bêtes déjà déconcertées, qui prirent la fuite devant ce fléau inconnu. Elles se dispersèrent en courant de toute la vitesse de leurs six pattes, et grimpèrent le long d'une petite côte sablonneuse préservée de la pluie par une large racine qui faisait voûte. Là, haletants, entr'ouvrant leurs élytres pour mieux respirer, car c'est par des stigmates percés sur les flancs que respirent les coléoptères, ils s'arrêtèrent et se rallièrent.

Ils se formèrent ensuite en groupes, discutèrent longuement, jouèrent des antennes avec une extrême vivacité et tinrent conseil de guerre pendant une bonne minute. La décision fut-elle prise à l'unanimité ou à la majorité des antennes, je n'en sais rien ; mais elle ne fut arrêtée assurément qu'après mûr examen. Quand chacun eut exprimé son opinion librement et chaleureusement, l'un d'eux, le doyen d'âge sans doute, ou le plus brave peut-être, prit la tête de la colonne, formant une file de douze, et ils se mirent en marche à la recherche d'une nouvelle demeure.

Hélas ! ils ne soupçonnaient pas, ni moi non plus, la nouvelle catastrophe qui les attendait. Ils allaient, comme je vous l'ai dit, un à un, serrés, la tête basse, les antennes inquiètes et pendantes, et avancèrent ainsi quelques pas... Tout à coup je vois disparaître le chef de la bande et j'entends tirer un coup de pistolet. Puis, le premier qui le suivait disparaît également et répète la même explosion. Le reste, fasciné par la peur, s'arrête. Un véritable volcan de sable, en miniature bien entendu, jaillit de terre, tourbillonne, jette de toute part une masse de poussière et s'agrandit à chaque seconde ; le sol manque sous les pattes des autres brachynes, qui n'ont ni le temps ni la pensée de fuir ; tous s'engloutissent dans le gouffre.

Peu à peu le volcan se comble, ses bords s'aplanissent ; en moins de temps que je ne mets à vous le dire, tout se nivelle et il ne reste plus de trace ni de l'abîme ni de ses victimes.

Résolu à pousser jusqu'au bout mon rôle de destin, je plonge vivement ma main dans le sable, et j'en retire, avec les débris agonisants des brachynes, une sorte de grosse araignée à pattes courtes ; c'était un fourmilion (*myrmeleo*).

Le fourmilion fut déposé dans un second compartiment de ma boîte de fer-blanc et je revins à Paris, songeant aux drames qui s'étaient passés sous mes yeux.

Le fourmilion est un de ces êtres que la Providence a créés de façon à rendre leur marche lourde, difficile et même presque impossible, comme le *paresseux*, par exemple. A peine sorti de l'œuf, il doit s'ingénier à trouver le moyen de se nourrir sans changer de place. Il lui faut donc creuser dans le sable un cratère semblable à l'abîme dans lequel les brachynes avaient péri. Cet abîme a la forme d'un entonnoir, au fond duquel se tient le fourmilion ; aucun insecte ne peut marcher sur le bord de ce précipice sans que le sable l'y entraîne en s'écroulant sous ses pas. Si la victime cherche à fuir, il l'assomme en lui jetant du sable avec sa tête plate, qui a la forme d'une pelle et que fait fonctionner un muscle qui possède toute l'élasticité et la vigueur d'un ressort d'acier. Une

fois morte, le fourmilion la suce à la manière des araignées, et à grands coups de tête la rejette ensuite hors
de son trou et le plus loin possible.

Pour terminer, je dirai que mes brachynes prisonniers vécurent longtemps dans un grand vase de verre
où je leur avais construit un nouveau burg et où je les
nourrissais d'insectes. Je pus m'assurer à loisir que, la
nuit, les explosions de leur artillerie produsaient réellement un véritable éclair, comme le fait une arme à feu.

Quant au fourmilion, mis dans un bocal plein de sable,
il y creusa un de ses entonnoirs insecticides, et il s'y
gorgea pendant huit jours des mouches que je lui jetais.
Un matin, l'entonnoir disparut. Un mois après, une jolie
demoiselle frôlait de ses ailés de gaze les parois de ce
bocal. La larve s'était transformée en insecte; le pesant
cul-de-jatte, non-seulement volait comme la plus vive et
la plus élégante des libellules, mais encore il ne se nourrissait que du suc des fleurs, et il se détournait avec dégoût des proies vivantes qu'avant sa métamorphose il
dévorait avec tant de gloutonnerie.

La transfiguration était complète.

LA MÉNAGERIE DU CURÉ

J'ai connu dans un coin de la France, au fond d'un pauvre village, un curé qui, depuis quarante ans, y exerçait les devoirs de son ministère.

Le vieillard ne possédait d'autre revenu que son traitement de huit cents francs, d'autre propriété que le mobilier du presbytère. Avec ce revenu, inférieur aux gages que touche à Paris un garçon de bureau, le digne prêtre suffisait aux soins de son ménage, réunissait quatre fois l'an à sa table le maire avec quelques fermiers, et soulageait bien des misères. Grâce à lui, les plus besoigneux, pendant la rude saison, ne manquaient ni de pain, ni de vêtements, ni de feu. Quand il avait donné tout ce qu'il avait, il s'adressait aux moins pauvres en faveur de ceux qui l'étaient tout à fait. Personne ne refusait, car chacun

savait que l'abbé D... ne demandait l'aide d'autrui qu'a-
près avoir vidé sa bourse et son grenier.

Quant au mobilier, composé d'épaves patiemment ramassées çà et là, parfois achetées à d'humbles prix, plus
souvent offertes, et réparées avec une science d'antiquaire
et une habileté d'artiste, il eût fait pâlir d'envie M. Dus-
sommerard en personne. Heureusement, jamais le hasard
n'avait amené le fondateur du musée de Cluny dans le
presbytère dont je vous parle : il eût montré tant d'or au
digne prêtre; que celui-ci eût jeté un regard ému sur son
beau crucifix d'ivoire, pensé à l'hiver et aux pauvres, et
tout vendu, jusqu'au crucifix lui-même !

Cependant Dieu seul connaît le prix que l'abbé D... attachait à ces bahuts, qu'il avait pour ainsi dire ressusci-
tés; qui, jadis boiteux, se tenaient fièrement debout sur
leurs pieds contournés et dont les panneaux ciselés et
brillants reflétaient de mille glorieuses façons la lumière
que tamisaient des vitraux, chefs-d'œuvre eux-mêmes de
savante restauration et de patience surhumaine.

Notre curé avait pour intendante et pour auxiliaire une
sœur presque aussi vieille que lui et qui, depuis le jour
où son frère avait pris possession de son église, était venue partager avec lui ses bonnes œuvres, sa vie d'abnégation et sa monomanie artistique.

A vingt lieues à la ronde, pas une ménagère n'aurait su
lutter avec elle pour prolonger, au delà de son existence
naturelle, un vêtement suranné. Cependant la ragoûtante
propreté des deux vieillards réjouissait la vue, et le plus
expert n'aurait pu soupçonner les merveilles de ravau-
dage et les miraculeuses combinaisons de pièces que

recélaient la soutane du curé, ses bas de laine et le ba-volet si frais et si éblouissant de mademoiselle Maxellende.

Il fallait la voir, l'aiguille à la main, ses lunettes d'argent sur le nez, ses beaux cheveux blancs lissés sous un béguin noir; coudre, tailler, combiner, s'ingénier pour son frère et plus souvent pour les pauvres! De déplorables chiffons devenaient en ses mains des vêtements avouables.

De temps à autre, elle jetait un regard vers la haute cheminée, dans laquelle, sous un brasier, bouillait et écumait, attachée à la crémaillère, une marmite de cuivre qu'on eût été tenté de croire d'or, tant elle reluisait. Mademoiselle Maxellende ne se dérangeait que juste au moment nécessaire et ne perdait pas une seconde. Toujours sereine, toujours avenante, toujours préoccupée, surtout de prévenir les moindres désirs de son frère, elle ne riait presque jamais, mais elle souriait souvent, et la moindre émotion mouillait de larmes ses grands yeux bleus, qui semblaient constamment interroger les pensées du curé.

Celui-ci, la messe dite, ses pauvres et ses malades visités, son bréviaire au courant, allait et venait dans la maison, astiquait un coin de meuble qui paraissait disposé à se ternir, s'asseyait pour feuilleter un livre, se levait pour arracher une mauvaise herbe dans son jardinet et rentrait avec une fleur ou un insecte à la main. Avant qu'il eût franchi le seuil, sa sœur lui présentait déjà, selon qu'il en avait besoin, une loupe ou un microscope dont, lors de sa dernière visite épiscopale, l'archevêque avait gratifié le doyen de ses desservants. Elle prêtait une attention intelligente au vieillard et accueillait religieusement les cris d'admiration que lui arrachaient les miracles de l'œuvre de Dieu. Car, chaque fois qu'il ouvrait le livre de la nature, chaque fois qu'il lui était donné de déchiffrer une ligne de ses pages mystérieuses, le bonhomme, d'ordinaire si calme, devenait enthousiaste, ses yeux étincelaient et ses lèvres tremblantes murmuraient d'éloquentes paroles.

Un matin un étranger entra à l'improviste chez l'abbé D... Il s'était quelque peu perdu en herborisant dans les campagnes voisines du presbytère. Mourant de soif et de faim, il venait demander à l'hospitalité du curé un morceau de pain et son chemin.

Les deux vieillards assis devant une table sur laquelle se trouvait un grand bocal qu'ils contemplaient, n'entendirent point, dans leur préoccupation, les pas de l'hôte que leur amenait le hasard.

Il fallut que le promeneur égaré formulât à haute voix sa requête pour que mademoiselle Maxellende se levât précipitamment, et, ses joues vénérables couvertes d'une légère rougeur, vînt gracieusement s'excuser de sa distraction. Puis elle courut à l'armoire, et, en moins de temps que je n'en mets à le dire, déploya sur une seconde table une nappe grossière, mais parfumée et d'une blancheur éblouissante. Elle la couvrit de fruits, de laitage, de viandes froides et d'un large tronçon de pain un peu bis ; toutes les provisions de l'humble ménage y passèrent.

L'abbé D... s'était cordialement associé à la bienvenue

donnée par sa sœur à l'étranger. Pour adresser des questions affectueuses à son hôte et se consacrer exclusivement à lui, il avait même quitté la table devant laquelle il se tenait ; cependant un attrait invincible le ramenait involontairement vers cette table.

Il souriait au furieux appétit du voyageur, et, avec l'envie bienveillante d'un vieillard qui ne mange guère, rendait en soi-même une éclatante justice à chaque vigoureux coup de dents du jeune homme ; mais le bocal le préoccupait plus encore. Il suivait de l'œil, sans rien en perdre, ce qui se passait dans l'eau et parmi les herbes aquatiques que contenait le vase transparent ; si bien que le convive, enfin rassasié, regarda à son tour, et dit :

« Je ne m'attendais pas à trouver une argyronète en ce pays.

— Je ne sais point le nom scientifique de cet insecte, répondit le curé. Ma bourse, hélas ! ne me permet pas d'acheter les livres qui traitent de ces matières ; j'étudie de mon mieux les manœuvres de ce que j'appelle tout bonnement une araignée d'eau. »

Il ajouta en souriant avec une douce malice :

« Vous savez le nom entomologique de l'insecte, mais l'avez-vous jamais vu travailler ?

— Hélas ! non. Comme les naturalistes parisiens, je pourrais vous dire : Cette aranéide forme un genre de l'ordre des pulmonaires, appartient à la famille des fileuses et à la première section des tubitèles, établie par Linnée, aux dépens du genre *aranea*. Je saurais vous décrire les merveilles anatomiques de ce petit être, les branchies qui lui servent de poumons et que la nature a placées sous son ventre; ses innombrables muscles; ses appareils nerveux ; mais c'est une bonne fortune, tout à fait nouvelle pour moi, que la chance de la voir à l'œuvre ; »

Et, prenant une chaise, il s'assit à côté du vieillard.

L'argyronète avait déjà commencé, au fond de l'eau, la construction de son nid. Plusieurs fils, fortement amarrés à de solides brins d'herbe, suspendaient et maintenaient une petite coque formée d'un tissu soyeux, souple, serré, et imperméable. Cette coque ressemblait à un ballon vide et détendu. Quelques grains de sable, attachés à son extrémité inférieure, lui donnaient le lest nécessaire pour qu'elle ne flottât pas.

Quand les observateurs commencèrent à regarder l'argyronète, elle achevait de fixer un de ces grains de sable. Ensuite, par un mouvement brusque, elle remonta couchée sur le dos. Arrivée à la surface du petit lac, elle souleva, au-dessus du niveau, son gros ventre noir hérissé de poils roides, qui brillait comme une goutte de mercure. L'araignée agita l'eau et remua ces poils, autour desquels ne tardèrent point à se former et à s'attacher de nombreuses bulles d'air. Ce résultat obtenu; elle replia ses pattes, se laissa aller au fond du vase, se glissa sous sa cloche et secoua les poils de son ventre pour en détacher les bulles apportées. L'air, plus léger que l'eau, se dégagea et occupa le sommet intérieur du ballon.

Si bien qu'après une dizaine de voyages, ce ballon, de flasque et d'étroit, devint tendu, large et en forme de tonneau... L'argyronète avait un gite commode et rempli d'une atmosphère qui la dispensait, pendant quelque temps, de remonter à la surface pour respirer.

Établie commodément chez elle, elle rattacha aux tapisseries blanches de sa demeure quelques fils mal collés, s'assit, de ses huit yeux regarda autour d'elle avec complaisance et se félicita évidemment de son adresse et de son bien-être.... Tout à coup elle aperçut une mouche qui venait de tomber dans le bocal et qui s'y débattait. Prompte comme un vautour, elle s'élança, nagea entre deux eaux, saisit sa proie par les pattes à la manière des crocodiles, et l'entraîna dans son repaire, où elle la dévora.

Cinq ou six autres insectes jetés à l'argyronète subirent le même sort. Après quoi l'ogresse replia ses pattes sous elle, cacha sa tête sous son corps et s'endormit d'un profond sommeil, sans autre remords des meurtres qu'elle venait de commettre.

Le curé releva ses lunettes sur son front, et, triomphant, regarda le jeune homme.

« Dieu, dit-il, en créant cet insecte, lui a enseigné l'art de construire la cloche à plongeur, dont la parodie par les hommes date d'un si petit nombre d'années. Ce n'est pas la seule science qu'il ait daigné apprendre aux araignées. Depuis huit jours, dans mon jardin, je propose à une bête de cette espèce des problèmes de mathématiques qu'elle résout aussi bien, sinon mieux qu'un savant de profession. Tenez, venez la visiter. »

Il prit la main du jeune homme et l'entraîna dans le jardin, pittoresque et délicieux fouillis de plantes sauvages, qu'entourait un ruisseau d'eau vive.

« Tenez, dit-il, elle a tendu sa toile au-dessus de ce ruisseau, large de plus de deux mètres. Quatre câbles retiennent cette toile à chacune des rives. Comment un insecte de la grosseur d'une noisette, qui ne sait poin nager, qui a horreur de l'eau, a-t-il pu fixer les deux extrémités d'un si long fil à des distances immenses pour lui ? Il a commencé par grimper sur une branche élevée, puis il a filé un câble qui effleurait l'eau; puis, pendu à l'extrémité de ce câble, il lui a donné un mouvement d'oscillation progressif, et peu à peu il a pu atteindre la rive opposée.

« La hardie ouvrière s'est alors cramponnée à un brin d'herbe, a grimpé, sans lâcher sa corde, le long d'un arbuste, et l'amarre a été fixée. Bientôt dix fils nouveaux ont convergé au milieu du premier; il ne restait plus qu'à les enlacer les uns aux autres par de larges mailles, et, suivant l'expression de la Bible, « le chasseur avait « tendu ses toiles. »

« La place, habilement choisie, procure une grande quantité de gibier à l'insecte; il en trouverait difficilement une seconde aussi favorable. Je résolus de profiter de ces conditions pour juger à fond de l'ingéniosité de l'araignée, et je coupai la branche qui servait de principal point d'appui à l'un des bouts du grand câble.

« La toile se détendit et flotta au gré du vent. L'araignée, avec l'audace d'un acrobate, vint étudier les dégâts et constata l'impossibilité de rétablir les choses dans leur premier état; sans une hésitation, elle construisit surle-champ un nouveau système d'amarrage qui rendit à son *drap mortuaire*, comme disent les chasseurs au filet, une solidité complète. Sept fois je lui ai imposé de pareils problèmes!... Tandis que je cherchais laborieusement par quelles combinaisons j'arriverais à les résoudre, elle les avait déjà trouvés et réalisés !

— Pendant que vous louez la science de l'araignée des jardins, interrompit mademoiselle Maxellende, regardez ce que fait l'araignée des eaux. En se réveillant, elle a trouvé lourde et malsaine à respirer l'atmosphère de sa demeure; elle a soulevé sa cloche, l'a retournée et forcé l'air vicié à sortir ; maintenant elle remet la cloche en place, elle remonte à la surface de l'eau, fait une nouvelle provision d'air et l'apporte chez elle.

— Quelle merveilleuse intelligence ! s'écria le jeune homme.

— Ah ! dit le curé en se frottant les mains, nous ne sommes pas encore au bout de nos miracles. Vous venez de voir une araignée mathématicienne et une autre qui se construit une cloche à plongeur, je vais vous en montrer d'autres qui cousent des feuilles, qui chassent à courre, qui creusent des mines et qui fabriquent des portes.

« Au lieu de piquer les pauvres bêtes avec des épingles et de les placer mortes et défigurées dans des boîtes de carton, moi, je les collectionne vivantes! je les place en des milieux favorables, et je les étudie, libres, avec leur intelligence et leurs industries. Penchez-vous, regardez dans ces herbes! Les araignées-loups y chassent. Aucun chien ne saurait lutter avec elles de ruse et d'instinct. Elles s'associent quatre ou cinq; les unes poursuivent et forcent le gibier, qui consiste en quelque petit carabe alerte, et le rabattent vers leurs complices : ceux-ci se tiennent à l'affût, s'élancent sur l'insecte fatigué, l'égorgent, et attendent avec loyauté, pour commencer la curée, le retour de leurs compagnons.

« La probité n'est pas la seule vertu de ces bestioles ; elles poussent la maternité jusqu'au plus grand dévouement. Les araignées-loups renferment dans un sac et attachent sur leur dos le produit de leur ponte, puis se nichent dans un lieu à la fois tiède et humide, favorable à l'éclosion de la couvée. Le moment venu, la mère tire les œufs du sac, ouvre délicatement avec ses mandibules chacun d'eux et aide les nouveau-nés à sortir de leur coque. Elle les mène ensuite à la picorée, leur enseigne la chasse, les surveille, les protége, et à la moindre alerte les replace dans la bourse qu'elle continue à porter sur son dos et que seulement elle a eu soin d'agrandir. Tant d'abnégation ne cesse qu'après le développement complet des jeunes, quand ils peuvent se suffire à eux-mêmes et lorsqu'ils ont subi la crise toujours périlleuse de la première mue.

« J'ai fini avec la chasseresse, passons au maçon et au menuisier. »

En parlant ainsi, le curé prit une bêche, se dirigea vers un autre coin de son jardin et enleva une large motte de terre qu'il émietta avec précaution. Il en dégagea un tube long de deux pieds, large de plusieurs doigts, formé d'un feutré solide, brun à l'extérieur, blanc au dedans et terminé par un culot épais. Son extrémité supérieure se fermait par une porte recouverte de menus cailloux, faite de différentes couches de terre détrempées et liées entre elles par un tissu de fils.

Cette partie, si parfaitement ronde qu'elle semblait tracée au compas, convexe au dehors, concave au dedans, s'ouvrait et se fermait au moyen d'une véritable charnière que formaient des fils, élastiques comme un ressort d'acier et prolongés d'un seul côté. Cette charnière se trouvait au bord le plus élevé de l'ouverture, afin que la porte retombât par sa propre pesanteur. Ce n'est pas tout : l'évasement du cercle d'entrée figurait une feuillure sur laquelle le couvercle s'appliquait avec une rigoureuse exactitude.

« Enfoncez une épingle sous cette porte, dit l'abbé, vous rencontrerez une résistance qui vous surprendra. L'araignée, le corps renversé, les jambes acccrochées, d'un côté aux parois supérieures du tube, et de l'autre à la toile qui tapisse le dessous du couvercle, s'oppose de toutes ses forces à vos tentatives.

« Ouvrez violemment, elle se sauve au fond de son souterrain ; laissez retomber l'opercule, la voilà revenue à son poste ! Vous pouvez répéter ce jeu tant qu'il vous plaira, jamais la recluse ne cessera de défendre son ermitage. »

Il replaça doucement le tube en terre, raffermit le le sol alentour et continua :

« Je vous ai montré l'araignée sauvage, apprenez maintenant ce que peut sur elle la domesticité. »

Il rentra, se dirigea vers un coin du presbytère, près de la porte, où s'étalait une vieille toile noire de poussière, respectée par le plumeau de mademoiselle Maxellende. Il siffla doucement. A ce signal, une grosse araignée sortit de son nid, s'avança hardiment jusqu'au bord de la toile, prit une mouche dans les doigts du prêtre et se mit

à la manger paisiblement. Son repas terminé, elle solli-
cita une nouvelle provende qui se fit attendre. Impatiente,
elle grimpa sur le bras du vieillard et vint jusque sur sa
poitrine, non sans donner des signes de colère.

Il lui livra une nouvelle mouche, lui laissa regagner
son domicile, et dit tout triomphant :

« Voulez-vous que j'interrompe maintenant son repas ?
Sœur, donne-moi ma flûte. »

Il eut à peine tiré quelques sons de l'instrument, que
l'araignée abandonna sa mouche et resta immobile, attentive et charmée. En même temps, cinq ou six araignées
du jardin, nichées dans le chaume du toit, descendirent
le long de câbles improvisés et vinrent prendre leur part
du concert.

Quand la flûte se tut, elles remontèrent chez elles et
disparurent emportant leurs câbles [1].

Sur ces entrefaites, une cloche sonna l'office du soir.

Pour la première fois peut-être, le curé entendit avec
chagrin la voix de cette vieille amie.

« Il faut que je me rende à l'église, fit-il en soupirant.

— Et moi il faut que je me hâte de retourner chez ma
mère.

— Quoi ! sitôt ? Vous reviendrez, n'est-ce pas ?

— Je pars demain pour Paris.

— Ainsi, nous ne nous reverrons jamais plus ! soupira
mademoiselle Maxellende.

— Si vraiment ! l'année prochaine. Chaque jour, pen-

—————

[1] Nous tenons ce fait de M. Ad. Sax, du célèbre corniste Vivier,
et de M. Demeur, professeur au Conservatoire de Bruxelles, qui tous
trois en ont été les témoins.

dant les deux bons mois des vacances, que d'études d'histoire naturelle nous ferons ensemble!

— Si Dieu le permet! » interrompit le curé avec un sourire mélancolique et en secouant doucement sa tête vénérable.

Les yeux de mademoiselle Maxellende s'emplirent de larmes.

« Dans un an! » dit-elle.

Et elle tendit la main au jeune homme.

De retour à Paris, celui-ci envoya au curé une collection d'ouvrages d'entomologie; l'année suivante, fidèle à sa promesse, il se rendit au presbytère.

A peine en avait-il franchi le seuil, que le sourire amené sur ses lèvres par la joie de revoir les deux excellentes gens se changea en expression d'inquiétude. Tout semblait bouleversé dans cette demeure. Les meubles, couverts de poussière, se trouvaient disposés d'une autre façon qu'autrefois; des pots de conserves encombraient les tables, et des pages arrachées aux livres d'entomologie, naguère envoyés, recouvraient ces pots.

« M. l'abbé D...? demanda l'étranger à une femme inconnue qui survint.

— Il est mort depuis huit mois.

— Sa sœur, mademoiselle Maxellende?

— On l'a enterrée la semaine dernière. »

En s'éloignant le cœur brisé, il jeta un regard sur le jardin : un paysan le bêchait et des choux remplaçaient la ménagerie du curé.

SIX CENTS SŒURS JUMELLES

Sans doute, à l'heure qu'il est, on ne saurait plus trouver un seul chêne dans l'intérieur de Paris. En 1845, il en restait encore deux dans les terrains incultes de l'ancien parc de Tivoli. Les chênes dont je vous parle avaient mis assurément à pousser quatre ou cinq cents fois plus de temps que les quartiers nouveaux qui s'élèvent à leur place. Trois hommes n'eussent pu, en se tenant par la main, étreindre les troncs de ces arbres, dont la plantureuse feuillée projetait au loin ses ombres et formait une immense voûte de verdure.

On arrivait aux deux chênes par la brèche d'un mur en ruines à travers un pittoresque fourré d'arbustes et de plantes sauvages. Pendant les chaleurs de l'été, les mères du quartier y abritaient leurs petits enfants contre les ar-

deurs du soleil, et cinq ou six flâneurs du voisinage, pein-
tres ou statuaires, ne manquaient jamais, le soir, d'y
venir savourer, au frais et en plein air, les délices d'un
bon cigare.

Un jour, l'un d'entre eux remarqua une espèce de sac
de soie appliqué le long du tronc d'un chêne, mais sans
y adhérer. Du bout de sa canne il secoua ce sac, long de
plus d'un pied ; il en tomba une poussière roussâtre et
fétide qui saupoudra son visage et ses mains, s'y attacha
comme les aiguillons de l'ortie, et y produisit une cuisson
violente, des ampoules et d'insupportables démangeai-
sons. Furieux, il recommença ses attaques ; cette fois la
substance malfaisante l'atteignit aux yeux, y provoqua
une rougeur instantanée, les remplit de larmes et dé-
termina une telle inflammation, que le pauvre garçon dut
recourir immédiatement à une pompe voisine et s'y bai-
gner les paupières à grandes eaux. Ces ablutions longtemps prolongées allégèrent enfin sa souffrance ; il revint
prendre sa place au pied du chêne et alluma un cigare
pour calmer son dépit. Toutefois il se garda bien de toucher de nouveau à la bourse maudite, mais ses regards
irrités se tournaient involontairement vers elle.

Il ne tarda point à remarquer une chenille qui, avec
précaution, sortait du sac mystérieux sa tête ronde et
noirâtre. Elle regarda longtemps, rentra et ressortit,
suivie par deux autres insectes de la même espèce ; puis
il en survint trois autres : une avant-garde en règle. La
reconnaissance terminée, les vedettes se mirent en marche. Un nombreux cortége les suivit, cortége composé de
files régulières par six, marchant au pas et alignées, sans

rompre les rangs d'un millimètre. La compagnie la mieux disciplinée d'une véritable armée n'eût pas manœuvré plus correctement. En peu d'instants, les chenilles couvrirent toute une grosse branche. Quand les guides s'arrêtaient, elles s'arrêtaient; quand ils prenaient leur mouvement, elles le reprenaient.

A un signal du chef, on fit halte. Aussitôt la bande s'éparpilla, et se livra à une picorée si vigoureuse, qu'en prêtant un peu d'attention, on entendait le craquement de leurs robustes mandibules, qui coupaient et broyaient les feuilles. On eût dit des zouaves à l'œuvre d'une razzia.

L'observateur reconnut alors qu'il avait affaire à un nid de chenilles processionnaires.

Obliant les ampoules qui gonflaient son visage et ses mains, il trouva peu à peu un vif intérêt au spectacle qui se passait sous ses yeux. Tout à coup des sentinelles avancées, qui ne prenaient point part au pillage, parurent s'émouvoir. Abandonnant leur poste d'observation, elles allèrent de groupe en groupe, affairées, inquiètes, pressantes. Une grande agitation régna aussitôt parmi les chenilles. Elles quittèrent, sans même y donner un dernier coup de mandibule, les feuilles qu'elles rongeaient. Elles se rallièrent, elles reformèrent leurs rangs, et elles se remirent en marche.

Un gros insecte, tout caparaçonné d'or et d'émeraude, leur barra le passage. Son corselet d'acier bruni, ses élytres finement ciselées et damasquinées de stries dentelées, formaient un double bouclier allemand du quinzième siècle. Sa tête large, recouverte d'un casque à double panache, le faisait ressembler à l'un de ces ba-

rons qui descendaient du haut de leurs burgs pour piller
et rançonner les pauvres paysans de la plaine. C'était
un calosome sycophante, un bupreste carré, suivant la
dénomination de Geoffroy.

Il se rua sur les premiers rangs des chenilles, massacra tout, et gorgé de nourriture, rassasié de carnage, il
passa sur les corps inanimés de ses victimes pour aller
déposer ses œufs dans le nid même des processionnaires.

De ces œufs, ne tarderont point à éclore des larves
affamées, des ogresses, à la voracité desquelles cinq ou
six chenilles suffiront à peine chaque jour. Il s'éloigna en
laissant aux chenilles ces impitoyables garnisaires. Ainsi,
les conquérants romains, après avoir ravagé les provinces
ennemies, les livraient aux déprédations et aux cruautés
de proconsuls tels que Verrès, et tant d'autres aussi cu-
pides, aussi exacteurs, aussi sanguinaires, mais moins
connus; car ils n'eurent point un Cicéron pour les signaler
à l'indignation de Rome et de la postérité.

Hélas! les processionnaires ne faisaient encore que
leur premier pas dans la voie de l'infortune. Une nuée de
moineaux s'abattit sur elles et massacra des compagnies
entières de ces bataillons, qui continuaient imperturba-
blement leur marche régulière et lente. Si l'ennemi dis-
persait leurs pelotons, ces pelotons se reformaient, par
une prompte manœuvre, comme des soldats aguerris le
font sous le feu. Ils ne ralentissaient leur retraite que
pour attendre les blessés, les escorter et les ramener au
camp.

Plus d'un tiers de l'armée succomba, sans que rien pût
la mettre en désordre et donner à ses évolutions l'air

d'une déroute : chacun resta ou mourut à son poste.
Tout fut perdu, fors l'honneur ! Deux ou trois cents chenilles à peine rentrèrent dans la citadelle de bourre et de
soie. Les attaques des moineaux restèrent impuissantes
contre cette forteresse, grâce à la poudre que le moindre
choc en faisait sortir, et qui bombardait de son artillerie
empoisonnée les assiégeants, fort déconcertés par ses redoutables effets.

Il restait encore en danger l'arrière-garde, composée
d'une vingtaine de chenilles, prudemment abritées sous
un paquet de feuilles à demi desséchées. Ne pouvant venir
en aide à leurs sœurs, elles ne voulaient point sacrifier
leur vie sans utilité pour la cause commune. Les moineaux ne les aperçurent point ou bien peut-être se sen-
taient-ils rassasiés ou las de carnage. Ils s'envolèrent avec
des cris d'insulte contre les innocentes populations qu'ils
venaient de ravager, et vantant bien haut leur victoire
remportée sans coup férir. Il en est toujours ainsi des
faux braves. On remarquait parmi ceux qui pillaient le
plus fort, les poltrons qui, les premiers, avaient évité de
s'approcher du nid et de sa poussière vésicante.

Les moineaux disparus, l'arrière-garde écarta les fas-
cines qui protégeaient son gabion, forma ses rangs, se
mit au pas, et essaya de gagner la citadelle.

A peine avait-elle franchi quelques menues branches,
et atteint la grande route du rameau principal, que survint une mouche gigantesque. Sa taille mince, ses ailes
de gaze, ses pattes dégingandées lui donnaient de la ressemblance avec un cousin ; son abdomen se terminait par
une lance. Elle descendit des airs et voleta autour de

l'arrière-garde. Elle ne paraissait pas hostile aux chenilles ; loin de là, elle les caressait de ses ailes ; on eût dit qu'elle agitait ce double éventail tout ruisselant de pourpre pour les rafraichir et endormir leurs fatigues. Un léger bourdonnement, vague et harmonieux comme les derniers échos d'un tambour résonnant au loin, accompagnait ces caresses, hélas ! bien perfides. Après Achille venait Sinon.

Pendant une minute au moins, l'ichneumon, appelé vulgairement mouche vibrante, à cause de son agitation perpétuelle, continua ses évolutions autour de l'arrière-garde. Tout à coup, il s'élança sur la plus grosse des chenilles, lui saisit la tête dans les quatre pattes de devant se cramponna sur son corps à l'aide de ses deux pattes de derrière, brandit rapidement sa lance, perça la peau de sa prisonnière et s'envola. La chenille, après un court temps d'arrêt, hâta le pas, rejoignit ses compagnes, et en poussa une à droite et une à gauche, pour reprendre, au milieu des rangs, sa place réglementaire, un instant abandonnée.

Il eût bien mieux valu pour la pauvre bête périr dans les griffes du colosome ou sous le bec des moineaux ! Elle va voir se réaliser pour elle les légendes hongroises du Vampire ! Elle emporte ce vampire dans son propre corps : il la dévorera lentement, incessamment, ne lui laissera de trève ni le jour ni la nuit, la suivra dans sa métamorphose de chrysalide, et n'achèvera de la tuer qu'au moment où, prête à subir sa transformation dernière, elle allait sortir brillant papillon des longs plis noirs de son linceuil. L'ich-neumon a glissé sous la peau de la victime l'œuf qui contient en germe ce monstre insatiable. La lance dont il l'a percée se compose d'une tarière flexible, renfermée entre deux lames cornées ; le long d'un rail, creusé dans cette tarière, il a fait glisser un œuf, maintenu de chaque côté par les lames faisant l'office de tunnel. Cet œuf ne tardera point à éclore sous la peau même de la chenille. La larve qui en naîtra croîtra dans son corps ; elle se nourrira de sa substance graisseuse sans jamais attaquer un des organes vitaux. Pas une seule des souffrances de l'infortunée ne se révélera à l'extérieur. Comme ces hommes qui cachent dans leur sein une douleur incurable sans en rien laisser voir aux regards des indifférents, elle continuera, en apparence, à remplir toutes les fonctions de sa vie habituelle. Aucune altération ne ternira la pourpre des tubercules, sortis parmi sa robe noire comme des rubis ; on ne remarquera pas même un léger désordre dans les aigrettes qui surmontent ces taches, et dont chaque brin brille de l'éclat d'une pierre précieuse. La chenille ensevelira avec elle ce mal caché jusque dans le lit de soie qu'elle se construit, où elle s'endormira pour subir les mystérieuses épreuves qui devaient la transformer en papillon, et d'où le vampire seul sortira vivant.

Et pourtant, elle a des sœurs qui doivent inspirer encore plus de pitié.

Un nouvel ennemi, devant lequel l'ichneumon prit rapidement la fuite, vola sus à l'arrière-garde des chenilles. On eût dit une guêpe géante. Il sauta brutalement sur la plus belle des processionnaires et la perça de son aiguillon. Aussitôt elle tomba foudroyée : une goutte d'acide prussique n'eût pas agi plus promptement. Le sphex, c'est ainsi qu'on nomme cette guêpe, saisit la chenille de ses pattes armées d'un ongle aigu, pareil aux griffes du tigre avec le pelage duquel son corps jaune, haché de bandes noires, lui donnait quelque ressemblance. Il prit son vol; il emporta sa proie dans les airs, et la jeta et la disposa en demi-cercle au fond d'un silo creusé entre les racines mêmes du chêne.

Hélas! la chenille n'était pas morte, elle n'était qu'évanouie. L'infortunée, blessée par un fuseau, comme la Belle au bois dormant, assoupie encore comme elle, ne se réveillera jamais.

Le sphex a déposé au milieu de ce demi-cercle vivant, un œuf qui ne tardera point à éclore. Il en sortira une larve qui se nourrira de la chenille. Rien ne tuera celle-ci; rien n'en altérera la conversation. Cependant elle se trouve placée dans des conditions qui l'étoufferaient aussitôt et la décomposeraient en quelques heures, sans le poison que lui a inoculé la guêpe, et qui l'a embaumée en lui laissant la vie.

La vestale déposée au fond de sa fosse, le sphex, avec ses pattes de derrière, rejeta de la terre sur l'insecte et sur l'œuf, ferma l'ouverture, effaça méticuleusement les traces de la sépulture, et reprit son vol.

A quelques jours de là, le curieux observa que les processionnaires ne sortaient plus du sac de soie. Toutes s'occupaient à y filer le cocon dans lequel elles allaient devenir chrysalides. Elles disposaient chacun de ces cocons parallèlement les uns aux autres, dans l'épaisseur du nid, de façon qu'il n'offrît aux regards que l'épaisseur et la longueur d'une chrysalide. De cette façon, chacune d'elles pourrait devenir papillon, sortir de sa loge sans déranger ses compagnes ; prendre son temps à sa guise, ne gêner personne et n'être gêné par personne.

Peu de jours après, on vit, autour de la bourse, des ichneumons et des sphex qui voltigeaient et bourdonnaient. Les moineaux couvraient toutes les branches voisines de l'arbre et semblaient partager l'impatience des insectes.

Vers le soir, un cocon se fendit extérieurement, et il en sortit un papillon chancelant, ébloui et enivré par les lueurs naissantes du crépuscule. Ses ailes, que chiffonnaient encore les plis contractés par un long séjour dans l'étroit fourreau de la coque, s'agitaient lentement ; d'autres chrysalides s'ouvrirent de la même façon. A peine apparurent-elles, que les moineaux se rapprochèrent du nid, mais sans oser encore y toucher ; ils redoutaient la poussière qui, au moindre choc, lançait ses aiguillons empoisonnés.

Les ichneumons et les sphex y mirent moins de façons ; ils allaient percer de leurs aiguillons les pauvrets, quand l'observateur, humant une vigoureuse gorgée de fumée de tabac, la lança sur les brigands ; le nuage qui enveloppa le nid les dispersa, et les moineaux eux-mêmes s'enfuirent effrayés.

La nichée de papillons nocturnes put donc, grâce à la vigilance de leur protecteur, accomplir sa dernière métamorphose. Un grand nombre de processionnaires devinrent des bombyx ; car en prenant une nouvelle existence les chenilles ne gardent pas même leur nom d'autrefois. Les bombyx s'envolèrent peu à peu pour aller au loin

plonger dans le calice des fleurs de longues trompes re-
courbées, et demander la mort à l'amour.

Pour un insecte, aimer c'est mourir.

Les femelles revinrent pondre sur le chêne natal. Quand
le jour commença à perdre un peu de sa clarté, elles arrivèrent par bandes, choisirent une place favorable et s'y
attachèrent, en balançant avec grâce leurs ailes laineuses,
frangées, et sur le fond grisâtre desquelles se déployaient
des bandes de velours noir.

Chacune d'elles, après avoir pondu cinq ou six cents
œufs, quasi-microscopiques et aplatis vers leurs extrémités, les disposa à l'aide de ses pattes de devant à peu
près comme les boulets dans un parc d'artillerie et les
enfonça entre les crevasses de l'écorce du chêne.

Cette tâche terminée, elles s'envolèrent, tombèrent et
vinrent mourir à quelques pas de là, sans même chercher à éviter le bec des moineaux qui se ruaient de
toutes parts sur elles pour les dévorer.

Que leur importait la mort? la mission qu'elles tenaient de la nature était accomplie.

LES MANGEURS D'ÉTOILES

Pendant la guerre de Crimée, tandis que le colonel de
Saint-A…, marié à peine depuis six mois, combattait sous
les murs de Sébastopol, la comtesse Blanche, sa femme,
habitait sur les bords de la Loire un château du moyen
âge, transformé, à force de goût et d'argent, en habitation
confortable. La chambre à coucher offrait surtout un mélange vraiment singulier du luxe sévère du quatorzième
siècle et de la recherche élégante du dix-neuvième. Cependant les bahuts en chêne noir sculpté, le grand lit à
colonnes torses et à baldaquins de tapisserie, les fauteuils
à bras fantasquement damasquinés, la cheminée à l'écusson des comtes de Saint-A.., haute comme une mansarde
de la rue du Helder, s'harmonisaient d'une façon charmante avec des draperies de brocart, des rideaux de den-

telles, des meubles de Boule et un piano, chef-d'œuvre d'Érard. Un tapis de haute-lisse remplaçait les jonchées de roseaux qui, quatre siècles auparavant, recouvraient l'aire battue de cette chambre. Il est vrai que l'aire avait cédé la place à un parquet de bois exotique qui, l'été, s'enorgueillissait d'incrustations, d'arabesques et de dessins aussi précieux et aussi riches que les merveilles du tapis qui le recouvrait et le voilait l'hiver.

Or, le tapis revêtait encore le parquet ; car avril commençait seulement à blasonner de son taureau l'écu du zodiaque ; une neige tardive voilait les allées et les plates-bandes du jardin et saupoudrait les rameaux à peine embourgeonnés d'une basse futaie qei s'élevait sous les fenêtres mêmes de la comtesse. Ces grands buissons occupaient l'emplacement d'un fossé profond et plein d'eau au temps féodal, aujourd'hui à sec et en partie comblé par les éboulements, par les envahissements de la végétation et par le patient et infatigable niveleur qu'on nomme le temps.

, Un matin que la jolie châtelaine avait reçu de bonnes nouvelles de Crimée, et que, le front appuyé contre une des grandes vitres de sa chambre, elle rêvait à la fois au passé et à l'avenir, elle remarqua machinalement un oiseau tout affairé. Il construisait son nid au sommet d'un vieux saule étêté. De la fenêtre, la comtesse dominait l'œuvre qui touchait à sa fin et à laquelle il manquait à peine quelques brindilles pour former une jolie petite construction, composée de mousses et de racines liées les unes aux autres par des joncs. Un lit de laine, de plumes, d'édredon, de soie et de ouate, tapissait mollement l'intérieur du nid.

La femelle travaillait seule, saisissait soit une feuille d'herbe, soit une tige desséchée, s'arrêtait, courait, regardait, tissait et tressait. Le mâle, perché sur une branche voisine, sifflait ses plus beaux airs, comme un sauvage des montagnes Rocheuses et laissait la besogne du logis à sa compagne; mais aussi, comme le Sioux, il chassait pour elle. Tout en chantant, il guettait du regard autour de lui. Au moindre mouvement dans le gazon ou sous la neige, il s'élançait, piquait le sol, apportait à sa femelle et lui fourrait dans le bec, sans rien en garder pour lui, le produit entier de sa traque; pourvu toutefois que, par hasard, cette traque eût été productive. Je dis par hasard, car, hélas! la plupart du temps il revenait désappointé et le bec vide reprendre la place qu'il avait quittée et recommençait son chant infructueusement interrompu.

La comtesse ne tarda point à compatir au jeune ménage. Elle se fit apporter des larves de ténébrion, destinées à la nourriture des faisans et en jeta une pincée aux deux merles.

Ceux-ci, sans s'effaroucher le moins du monde, accoururent, gobèrent les vers de farine et volèrent ensuite vers la fenêtre pour regarder d'où leur venait cette manne vivante. La comtesse recommença sa distribution.

Les merles trouvèrent la chose tellement de leur goût, qu'à huit jours de là ils frappaient de leur bec contre les vitres, entraient familièrement dans la chambre, prenaient leur nourriture entre les doigts effilés et blancs de la jeune femme, et au besoin dépistaient avec adresse le vase de porcelaine qui contenait les larves dont ils se montraient si gloutons. Un large bouchon de liège fermait ce vase ; en deux coups de bec du merle et de sa femelle le bouchon sautait et le pillage commençait.

La comtesse, dont la société de ces amis ailés égayait l'esseulement, les laissait faire et les encourageait même. D'autant plus qu'aux cinq œufs d'un vert bleuâtre, brouillés confusément de rouille et déposés par la femelle dans le nid, avaient succédé, après vingt jours d'incubation, cinq petits becs-jaunes, toujours piaillant, toujours béants et toujours insatiables.

Les oisillons, introduits par leurs parents, en usèrent bientôt envers la comtesse avec le même sans-gêne. Plus d'une fois ils l'éveillèrent au point du jour, tant ils heurtaient fort aux vitres, tant ils jetaient des cris aigus d'impatience et de gourmandise ! Il fallait les voir quand enfin elle se rendait à leur désir, il fallait les voir, dis-je, volant sur ses bras, sur sa poitrine, sur ses cheveux, la becquetant, la caressant, puis, ce tribut d'affection payé, furetant et picorant partout. Ils ne tenaient compte ni des réclamations de la femme de chambre, ni des coups de bec d'un grand perroquet gris, plus brutal, du reste, qu'alerte. Le logis était à eux; je vous réponds qu'ils en usaient et amplement encore !

A quelques mois de là, vers la fin de septembre, le comte était de retour dans son château, avec sept blessures, heureusement en voie de cicatrisation, avec le grade de général de brigade et le collier de commandeur de la Légion d'honneur. Étendu sur un grand fauteuil, il savourait, pâle et faible encore, l'ineffable bien-être de la convalescence. La comtesse, assise devant le piano, achevait de jouer, ce soir-là, une de ces vieilles mélodies du nord de la France, dont la grâce naïve et les motifs simples rappelaient au général les souvenirs de ses amours avec Blanche et le beau temps où, sans lui avoir encore avoué qu'elle l'aimait, elle lui faisait entendre, comme ce soir-là, les chants de son pays.

Quand elle eut quitté le piano et repris dans ses mains les mains du convalescent, tout à coup, des voix aériennes, et qui n'avaient rien d'humain, répétèrent les dernières phases du thème qu'avait joué la comtesse.

« Il y a donc ici d'autres fées que toi? demanda le général en souriant, et sans se rendre compte de ce qu'il venait d'entendre.

— Des fées, non! mais des lutins, oui! » répondit-elle, en ouvrant la fenêtre et en jetant un léger cri d'appel.

On aperçut alors dans les airs sept petites étoiles qui voletaient, viraient, s'élevaient, s'abaissaient et tournoyaient devant la fenêtre.

Puis ces sept étoiles s'éteignirent, et une bande de merles, sans tenir compte des moustaches du général, envahit effrontément le salon et se groupa sur les bras et sur la tête de Blanche; après quoi les oiseaux reprirent follement par la fenêtre leur volée dans le jardin.

« Voilà qui m'explique les chanteurs, dit le général. Ce ne sont point d'ailleurs les premiers musiciens de ce genre que j'entends. Rue du Petit-Musc, à la caserne des Célestins, les merles qui nichaient dans les arbres de la cour répétaient les fanfares des trompettes de mon régiment... Mais les étoiles! les étoiles!

— Elles m'intriguent autant que vous, mon ami. Jamais je n'ai vu briller de cette phosphorescence le bec de mes protégés. C'est peut-être une illumination qu'ils font pour célébrer le retour de leur seigneur châtelain dans ses domaines, ajouta-t-elle en riant.

— Pardieu ! répliqua le comte, je ne suis pas pour rien l'ami et l'élève du général Levaillant. Un jour, sous le feu des Arabes, et en franchissant un fossé pour aller mettre ces drôles à la raison, il aperçut, dans l'herbe de la berge, un insecte rare, arrêta court son cheval, mit pied à terre, ramassa le coléoptère, le fourra dans un des doigts de son gant, se rassit en selle, et fit ensuite une telle chasse aux Bédouins, que deux heures après leurs chefs demandaient l'aman et amenaient le cheval de soumission. Donne-moi le bras, Blanche, et allons voir dans le jardin ce dont il s'agit. »

Il se dirigea vers le parc, s'approcha de la berge et trouva les merles occupés à picorer dans une véritable mare de lumière. A chaque instant, un des oiseaux s'envolait, tenant dans son bec une sorte de petite étoile qui brillait quelques secondes et s'éteignait ensuite pour ne plus se rallumer. Après quoi le merle revenait à la curée et recommençait le même manége.

Le général se pencha, plongea la main dans cette flamme sans chaleur qui ondulait à la surface du sol, et ramassa une poignée de terreau dans laquelle il vit cinq où six insectes myriapodes que les entomologistes nomment scolopendres, et que le langage populaire, avec son énergie pittoresque, appelle des mille-pattes. Ces scolopendres appartenaient à la plus petite espèce, à celle qu'on désigne par l'épithète d'électrique.

La comtesse et le général contemplèrent quelque temps ce spectacle étrange d'une flamme large et longue de cinquante centimètres, ne ressemblant à aucune autre flamme et dans laquelle foisonnaient des centaines de scolopendres. Un jardinier, sur l'ordre du général, fouilla le sol autour de la masse phosphorescente, et le sol remué se couvrit littéralement de gouttelettes de feu. On aurait dit que l'arrosoir invisible d'une fée répandait une pluie lumineuse partout où la bêche touchait la terre. Si l'on écrasait dans les mains un peu de cette terre, elle y laissait des traînées brillantes.

« Tu vois, chère Blanche, dit le colonel, tu vois comme la nature se plaît à revêtir de ses splendeurs les êtres les plus humbles et les plus obscurs en apparence. Sais-tu pourquoi les scolopendres non-seulement brillent d'un éclat mystérieux, mais encore répandent sur tout ce qui les environne tant d'éclat? La nature les a gratifiés de ce phare pour qu'ils puissent, comme Héro et Léandre, se donner un signal d'amour...

— Et pour qu'il révèle leur retraite à mes petits mangeurs d'étoiles! Les voici qui reviennent tous les sept à la chasse des scolopendres! laissons-les s'y livrer en liberté. D'autant plus que la nuit est fraîche et que je ne pense pas que l'humidité soit précisément un remède efficace contre les rhumatismes et les blessures mal cicatrisées.

— Elle a raison! soupira le général. Vouloir comprendre les causes finales de la création est un des rêves insensés de l'homme! Comme nous l'enseignait l'aumônier qui nous soignait en Crimée, l'*Imitation* n'a que trop raison de dire : *Falluntur sæpe hominum sensus in judicando.*

— Oui ! il ne faut pas se fier aux apparences ! interrompit la comtesse en riant. Voici nos belles et mystérieuses étoiles de tout à l'heure qui ne sont plus que des vers, et nos mangeurs d'étoiles que des merles.

— Hélas ! c'est l'histoire de toutes les choses humaines !

De loin ç'est quelque chose, et de près ce n'est rien.

— Il y a un siècle, la Fontaine a dit les vérités que nous découvrons en ce moment... je crois même que, de son temps, elles n'étaient déjà plus de la première fraîcheur...

— Tu as raison, nous rabâchons ! » répondit le général.

Et posant ses lèvres sur le front de Blanche :

« Il n'y a rien de vrai et de durable que l'amour ! murmura-t-il.

— Oui ! lorsqu'il dure ! répliqua-t-elle en riant.

— Depuis quand les anges médisent-ils de Dieu ? » demanda le général en s'appuyant avec plus de tendresse encore sur le bras de sa femme.

Et là-dessus ils rentrèrent oublieux de cette belle nuit d'automne, oublieux des mangeurs d'étoiles, oublieux de tout, excepté de leur tendresse.

MATINÉE D'UN MALADE

Au sortir des portes de Francfort-sur-le-Mein, le docteur Miger donna vivement de l'éperon à son cheval. Il parcourut ainsi près d'une lieue et demie, ne paraissant soucieux que d'arriver promptement et sans prendre garde à la douce et moite chaleur qui donnait à cette journée du mois de mars tout le charme du mois de mai. Cependant les oiseaux chantaient dans les arbres encore sans feuilles, il est vrai, mais dont les rameaux commençaient faiblement à verdoyer ; le ciel bleu, sans le plus petit nuage, resplendissait d'une riante lumière ; seules les préoccupations de l'amour ou de la science pouvaient laisser insensible un cœur à ce délicieux spectacle. Or, comme les cheveux blancs et l'apparence sexagénaire du docteur ne laissaient guère supposer que l'amour sût encore droit de rêverie sur cette tête à démi chauve, toute plissée de rides, il faut laisser l'honneur de ses méditations à la science. En effet, le docteur Fritz Miger pensait, non sans quelque jalousie, à une nouvelle espèce d'hydrophile, espèce inconnue jusque-là : l'*hydrophilus marginatus*, dont le docteur Gast, son rival entomologique, venait d'enrichir sa collection. Le digne Miger se perdait dans ce problème de la nature qui semblait former une transition directe entre les deux familles si différentes des insectes aquatiques désignées par les noms de *dytiques* et d'*hydrophiles*.

Tandis qu'il s'embrouillait dans les suppositions, les analogies, les déductions et les conséquences, son cheval, qu'il pressait toujours machinalement de l'éperon, mais qu'il oubliait de contenir et de diriger à l'aide de la bride, mit le pied sur la crête d'un fossé béant au bord de la route, glissa et tomba jusqu'aux genoux dans une mare verdâtre et d'un marécageux parfum plein d'âcreté. A cette brusque secousse, le docteur Miger éprouva d'abord quelque frayeur, mais quand il eut reconnu que ses distractions ordinaires n'avaient cette fois valu qu'un bain inoffensif à ses larges et hautes bottes, il porta paisiblement les yeux autour de lui pour chercher un endroit moins escarpé qui lui permît de remonter. Il ne tarda point à trouver cet endroit et à diriger son cheval vers une partie de la rive de niveau avec la route. Mais tout à coup il s'arrêta court : il avait vu dans l'eau troublée par la brusque arrivée du voyageur et du quadrupède des myriades d'insectes aquatiques qui s'agitaient et tournoyaient par grappes noires au milieu des nuées de la

vase et sous les flaques jaunes et visqueuses des conferves.
Trois gros hydrophiles surtout se distinguaient facilement
parmi eux, grâce à la dimension de leur corps taillé en
nacelle renversée. A cette vue, le docteur n'y tient plus;
il oublie la rive qu'il veut gagner, saisit son chapeau, le
lance dans l'eau en guise de filet, et pousse un cri de joie;
car il a pris deux des trois hydrophiles, et un coup d'œil
lui a suffi pour le reconnaître... ce sont des hydrophiles
marginés! Miger n'a plus rien à envier au docteur Gast!

— Avant de sortir de l'eau, il pique les deux insectes à
l'aide des épingles qui tenaient sa cravate, les attache à
son chapeau et revient enfin en terre ferme. Là il essuie
tant bien que mal l'intérieur de son chapeau et se remet
en route, non sans se découvrir sept ou huit fois, chemin
faisant, afin de regarder la précieuse conquête que lui a
value son trois fois heureux accident.

Enfin il arriva sain et sauf au but de son voyage, devant une jolie maison d'apparence riante. Une petite fille
semblait attendre le docteur sur le seuil de cette maison,
car, dès qu'elle l'aperçut de loin, elle entra précipitamment dans une chambre à coucher où se trouvait un malade et s'écria :

« Le docteur! voici le docteur! »

Tandis que la charmante enfant l'annonçait de sa voix
fraîche et vibrante, Miger descendait de cheval, attachait
la bride de sa monture à un crochet de fer incrusté dans
la muraille et entrait sans s'inquiéter de ses bottes souil-
lées d'herbes aquatiques et de conferves desséchées. Il
posa son chapeau sur le lit et prit le bras que lui présentait un vieillard étendu dans un large et grand fauteuil.

Il interrogea silencieusement le pouls du malade et parut surpris de le trouver aussi calme.

« La fièvre a disparu comme par enchantement, dit-il. Hier elle sévissait avec violence, aujourd'hui le sang circule et l'artère bat d'une façon paisible. A la tempête a succédé le calme plat; j'espère que ce sont de bons symptômes.

— Mon père a passé la nuit dans un grand affaissement, fit observer la jeune femme. Des mouvement nerveux et saccadés venaient par intervalles troubler de leurs soubresauts sa pénible somnolence.

— C'est-à-dire, interrompit le vieillard, c'est-à-dire que malgré ma défense tu as encore veillé près de moi. Ah ! docteur, docteur, ajouta-t-il avec bonhomie, qu'un pauvre père a de peine à se faire obéir ! Tout le monde imite ici l'indocilité d'Alma. »

Et en faisant cette plainte menteuse et tendre, il passait doucement sa main sur la blonde chevelure de la petite fille.

Cependant le docteur, rassuré sur l'état de son malade, voulut jouir de la surprise et de l'envie que sa chasse entomologique allait causer à son ami. Il plaça donc triomphalement son chapeau sur les genoux du vieillard. A la vue des insectes, celui-ci poussa un cri de surprise.

« Des hydrophiles marginés ! dit-il en montrant, par l'expression dont il accompagna ces trois mots, qu'il savait apprécier à sa valeur réelle la conquête de Miger. Vous voilà bien heureux du désappointement du docteur Gast ! Vous allez passer les jours et les nuits à étudier ces insectes, pour que votre Mémoire sur leur organisation paraissé avant celui de votre rival en science. Ces deux malheureux insectes seront cause que vous viendrez me voir moins régulièrement. Et où donc avez-vous fait ces prisonniers ? »

En adressant cette question il en trouvait la réponse, car il avait porté les yeux sur les bottes bourbeuses du docteur.

« Ah ! vous êtes descendu pour pêcher dans la mare du petit bois ! dit-il.

— J'y ai, pardieu, bien nagé ! mon cher Gœthe, » répliqua Miger.

Et il raconta son aventure, non sans en rire.

Alma et sa mère prêtèrent seules une oreille attentive à la bouffone narration, dans laquelle le docteur fit bon marché de ses distractions, de son bain froid et de son amour forcené pour la science. Gœthe, sa tête vénérable couverte de ses deux mains, se laissait aller aux souvenirs de sa jeunesse, évoqués par les paroles de Miger ; il entendait, mais il n'écoutait pas.

« J'ai passé bien des journées, dit-il enfin, oui, j'ai passé bien de douces et longues journées à rêver au bord de cette mare, près de laquelle ne s'ouvrait pas encore le chemin que l'on a tracé depuis à travers la forêt. C'était alors le lieu le plus reculé et le plus mystérieux du bois. Il y avait un ange remonté maintenant au ciel, une blanche et belle jeune fille, Marguerite, qui venait s'asseoir sur le gazon, près de ce petit lac, tandis que la tête d'un pauvre rêveur reposait sur ses genoux. Oh ! nous avons ainsi vu s'écouler bien des heures perdues dans l'admiration des œuvres sublimes de Dieu !

4.

« Que de souvenirs vous avez évoqués, docteur, que de
suaves enfantillages, que de joies du ciel vous me rap-
pelez ! Un jour, des insectes me causèrent les mêmes
émotions vives et naïves qui vous rajeunissent en ce moment ; il faut que je vous conte cela, car c'est à ces circonstances, puériles en apparence, que je dois mon amour
pour l'histoire naturelle et les études que je lui ai con-
sacrées.

« Nous étions arrivés trop tard pour empêcher une catastrophe. Si nous n'avions point passé une grande demi-
heure à regarder la bataille que se livraient deux armées
de fourmis d'espèces différentes, nous aurions pu sauver
la vie à une pauvre taupe que ses mauvais yeux sans doute
avaient fait trébucher dans la mare. La pauvrette n'avait
péri qu'après de longs efforts pour se soustraire à sa fatale
destinée. Un petit coin argileux de la rive portait la trace
des vaines tentatives qu'avaient faites les petites mains de
la victime, — ces mains qui ressemblent tant à des
mains humaines, — pour s'accrocher à quelque pierre et
se tirer du gouffre de trois pieds de profondeur. Mais sans
bras, mais sans yeux, mais sans jambes, avec son corps
pesant et cylindrique, il lui avait fallu, malgré sa lutte
longue et désespérée, succomber et mourir. Les forces
lui avaient manqué, et elle gisait immobile sous l'eau
claire et reposée. « Il faut la retirer, dit Marguerite, il
faut la déposer sur cette plaque de grès qui sort du gazon sa tête grisâtre, chenue et saupoudrée d'une petite
mousse jaunâtre. Peut-être la chaleur puissante du soleil
ranimera-t-elle ce corps sans mouvement.

« — Hélas ! répliquai-je en obéissant, je crains bien

qu'un pareil miracle ne reste impossible. Toute la chaleur animale a quitté le cadavre de la taupe; son cœur ne bat plus, et sa gueule entr'ouverte montre ses dents naguère si puissantes et si redoutables, et avec lesquelles désormais mon doigt peut jouer impunément. Enfin à la grâce de Dieu! la voici couchée sur la pierre, qui du moins lui servira de lit mortuaire, lit magnifique, lit impérial, qu'une touffe d'aubépine en fleurs abrite de son dôme embaumé! Alentour se dressent quelques grandes herbes qui penchent avec mélancolie l'extrémité de leurs longues tiges sur le catafalque, comme pour pleurer, tandis que des touffes de violettes cachées sous le gazon soulèvent leurs têtes timides et exhalent, en guise d'encens, les parfums de leurs cassolettes d'un bleu pâle.

« Pendant qu'agenouillée sur l'herbe et la tête appuyée sur mon épaule, Marguerite regardait la pauvre morte, deux bourdonnements de nature bien distincte vinrent bruire autour du lit funèbre. L'un, qui ressemblait au son lointain d'une cloche, était produit par une grosse mouche bleue qui tournoyait et retournoyait au-dessus de la taupe; l'autre, aigu et criard, rappelait le tintement sec d'une timbale fausse et trop tendue. Nous ne pouvions encore distinguer la forme de l'insecte qui le produisait, mais ce que nous voyions très-bien, c'est qu'il faisait une chasse violente et obstinée à la mouche bleue. Il la suivait dans chacune de ses évolutions, il la harcelait, il la fatiguait. Celle-ci ne paraissait point résolue à céder; elle se sauvait devant son ennemi; mais elle se sauvait avec insolence, elle le narguait; elle le ramenait sans cesse vers la taupe; elle se posait sur la tête du ca-

davre pendant une seconde, puis tout à coup elle reprenait son vol et sa chanson monotone, s'élançait au plus
haut de l'air et se moquait évidemment de son adversaire.

« Après avoir infructueusement essayé d'atteindre la
mouche, qui triomphait, comme les Parthes, en fuyant,
l'insecte changea de tactique, s'abattit sur la taupe et se
campa au milieu du ventre, car là pauvre petite bête se
trouvait étendue sur le dos, le museau tourné vers le
soleil. Là, il resta quelque temps prêt à s'élancer encore
vers les airs. Dans cette attitude, il était impossible de
distinguer les formes réelles de l'insecte, mais quand une
ou deux minutes se furent écoulées et qu'il eut constaté
que la mouche se tenait à l'écart, il replia tout son appareil d'aéronaute et nous distinguâmes parfaitement ses
formes bizarres et caractéristiques. Long de huit lignes
à peu près, sa tête triangulaire, empanachée de deux antennes d'un fauve roussâtre, rappelait un vieux chapeau
à cornes, ratatiné par les intempéries des saisons et par
un usage beaucoup trop prolongé. Ses ailes, d'un noir
déteint, carrées et tronquées à leur extrémité, de manière
à laisser à découvert une bonne partie d'un gros abdomen, ressemblaient sans exagération à un habit suranné
et dont on avait raccommodé le dos aux dépens des bas-
ques. D'autant plus que ses six pattes longues, maigres,
dégingandées, ajoutaient encore à l'ensemble pauvre,
écourté et mesquin de cette étrange créature. Mais ce qui
complétait son aspect misérable, ce qui surpassait le reste
en dégoût et indigence, c'était la vermine qui le couvrait
tout entier. J'avais reconnu le nécrophore.

« Cependant la mouche bleue, après avoir repris haleine sur une branche de chardon, se reposa quelques instants, sonna de nouveau la charge et revint au combat. Elle se jetait sur la taupe, s'élançait dans les airs, quittait la lice, y rentrait, disparaissait, reparaissait et harcelait son ennemi avec une rare intelligence. Ce dernier allait et venait sur le cadavre dont il avait pris possession. Ses antennes au vent, ses quatre premières pattes prêtes à saisir, il ouvrait et fermait, en signe de menace, ses puissantes mandibules. On aurait dit un tigre dans sa cage, en face d'une proie dont le séparaient les barreaux de fer. En ce moment le vent souffla et emporta jusqu'à nous, à huit ou dix pas environ du lieu de la scène, une fausse odeur de musc désagréable, nauséabonde et telle qu'en exhalent souvent certains corps qui commencent à entrer en décomposition. Cette odeur, qui provenait évidemment du nécrophore, sembla rendre une nouvelle ardeur à la mouche, tandis que son adversaire, comme s'il eût renoncé à défendre sa proie, reculait insensiblement, abandonnait pas à pas le corps de la taupe et finissait par disparaître tout à fait. La mouche triomphante se rua brutalement sur la taupe, et, sans précaution, sans arrière-pensée, se mit à fouiller de sa trompe les naseaux du petit quadrupède. Elle buvait du sang à pleines gorgées, quand le nécrophore, qui se tenait caché sous le cadavre, sortit doucement, se glissa derrière celle qui ne songeait plus à lui, la saisit de ses redoutables griffes, l'assassina en lui enfonçant dans le corselet ses tranchantes mandibules, qui opéraient à la manière d'un ciseau de jardinier, et la jeta pantelante au pied de la pierre. Puis, assuré maintenant qu'il n'avait plus à redouter qu'elle déposât dans le corps de la taupe ses grappes d'œufs qui produisent des milliers de vers blancs, il déploya ses ailes, s'élança dans les airs et fit entendre un rauque bruit de timbale essoufflée.

... « Au bout de deux ou trois minutes le bruit augmenta. Deux autres nécrophores battaient des ailes à côté du premier; puis l'intensité de ce tapage s'accrut jusqu'au moment où cinq de ces insectes se trouvèrent réunis, tourbillonnant à quinze pieds environ du sol. Alors ils s'abattirent vers la taupe et formèrent un cercle autour du catafalque. Tout à coup ils disparurent tous les cinq, sans que nous pussions savoir ce qu'ils étaient devenus. Comme j'avais fait un mouvement pour me rapprocher de la pierre, afin de pouvoir mieux suivre et étudier leurs mouvements, je crus que je leur avais fait peur et qu'ils s'étaient envolés. Nous cessâmes donc de nous occuper de la taupe et nous nous mîmes à regarder dans l'eau deux naucores qui se disputaient un petit carabe. Quand l'un des combattants eut triomphé et qu'il se trouva deux proies à manger, le carabe et son camarade assassiné, mes yeux se portèrent machinalement sur la taupe. Jugez de ma surprise et de celle de Marguerite! le petit animal ne se trouvait plus sur la pierre. Je crus que la taupe avait repris connaissance et qu'elle avait profité de sa résurrection pour chercher à regagner sa galerie souterraine. En effet, nous l'aperçûmes à quatre ou cinq pas de là, mais gisant encore sur le dos et dans la même attitude que tout à l'heure. Cependant elle se mouvait, elle avançait par de légères secousses uniformes et accélérées.

Tout à coup elle s'arrêta, une grosse tige de chardon lui barrait le chemin. Alors nous vîmes un nécrophore sortir de dessous la taupe ; il regarda quel obstacle s'opposait à la marche du cadavre, disparut de nouveau un moment, revint avec ses six compagnons, toucha de ses antennes les antennes de chacun d'eux, et tous reprirent leur place sous la défunte. Le convoi se remit en mouvement, tourna avec une grande habileté le pied de chardon, et continua paisiblement son voyage jusqu'au bas d'un buisson dont l'ombre s'étendait sur une terre légère et un peu humide. Là tout s'arrêta, et nous ne vîmes plus faire aucun mouvement à la taupe.

« Dix minutes s'écoulèrent, et j'allais me lever pour voir quels motifs avaient éloigné les nécrophores de la conquête qu'ils avaient amenée dans le buisson avec tant de fatigues et par une si merveilleuse combinaison de leur industrie et de leurs forces, lorsque je remarquai autour de la taupe une légère poussière qui jaillissait de droite et de gauche. Chaque grain resplendissait au soleil et semblait entourer d'une auréole la trépassée. Comme je pensai bien qu'il ne s'agissait pas d'une apothéose, je m'approchai doucement ; mais telles étaient la préoccupation et l'ardeur des travailleurs qu'un bruit plus énergique que le frottement de mes pas et qu'un danger plus réel que mon curieux espionnage ne les eussent point détournés de leur besogne. Fourrés sous la taupe, qu'ils soutenaient à l'aide de leurs têtes plates attachées au corselet par des muscles robustes, les croque-morts fouissaient avec leurs pattes de devant ; ces pattes, larges à l'extrémité et terminées par des épines, sont merveilleusement propres a remplir le double usage de pelle et de pioche. Ils soulevaient le corps, tantôt en avant, tantôt en arrière, et grattaient au-dessous, de manière à enfoncer le cadavre toujours davantage. Si quelque chose arrêtait les progrès de la fosse, un nécrophore, toujours le même, je crois, le chef de la bande, le vainqueur de la mouche bleue, quittait un moment les pionniers et venait regarder ce qui contrariait les opérations. Un coup d'œil lui suffisait pour comprendre les causes de l'obstacle, et deux secondes de méditation lui suggéraient le moyen d'y porter remède. Il se replaçait donc à la tête des fouisseurs, et la racine tuberculeuse qui empêchait la taupe de s'enfoncer était coupée et emportée loin de là; ou bien, s'il s'agissait d'un caillou, le caillou extrait du sol était poussé plus loin par un ou deux nécrophores, selon la pesanteur de l'objet. Du reste, jamais un signe de paresse, jamais le moindre ralentissement dans l'œuvre commencée. Trois heures de fatigues n'attiédissaient point leur ardeur, et, proportion gardée, cinq hommes eussent déjà succombé devant un pareil travail, car il y a entre les dimensions d'une taupe et celles d'un nécrophore la différence qui existe entre un homme et un gros éléphant. Or, je doute fort qu'en deux heures cinq hommes puissent transporter un éléphant à une longue distance, lui creuser une fosse et l'enterrer.

« Cependant les nécrophores avaient fait tout cela : non-seulement le cadavre avait continué à s'enfoncer, mais encore il n'était plus de niveau avec la terre ; les bords du sépulcre le dépassaient au moins d'un demi-pouce. Alors mes croque-morts ne connurent plus de bornes à leur joie; ils se réunirent sur le ventre de la taupe, ils s'y livrèrent à mille extravagances et commencèrent une fête à laquelle il ne manquait que du vin pour dépasser en folies le plus effréné souper d'Héliogabale.

« Tout à coup le bruit cessa, les passions en délire se calmèrent, les ailes se rengaînèrent, et à un signe de leur chef tous les insectes se remirent silencieusement à l'œuvre. Ils couvrirent de terre le cadavre qu'ils venaient de profaner par leurs ébats, et accomplirent cette tâche si rapidement et avec tant de soin qu'après les avoir vus s'envoler ou se glisser dans l'herbe, nous eûmes de la peine à reconnaître le lieu où la fosse avait été creusée. Avant de s'éloigner ils avaient saupoudré la terre humide de poussière sèche et incrusté çà et là des brins de gazon et des morceaux de paille qui déguisaient complétement leur fouille. Quant aux terres qui restaient et dont la masse eût pu indiquer à d'autres insectes ou aux corbeaux qu'un corps en décomposition gisait en cet endroit-là, ils l'avaient transportée à sept ou huit pas et dispersée de manière à tromper le regard le plus habile.

« Bien des fois Marguerite et moi nous nous rappelâmes les incidents de ce drame étrange passé sous nos yeux et accompli dans la poussière par de pauvres insectes sur qui Dieu avait laissé tomber un rayon de son intelligence. Si quelques travaux d'histoire naturelle ont valu un peu de renommée à Gœthe, je vous le répète, c'est à cette matinée que je le dois. N'aurais-je point été un ingrat si je n'avais point cherché à lire tout entier le livre magnifique de la nature, dont la Providence m'avait montré une page merveilleuse?

1.

« Pourquoi les nécrophores se donnaient-ils tant de peine pour enfouir leur curée? demanda la petite Alma, qui, placée entre les jambes de son aïeul, avait écouté son récit avec une pensive attention et sans détacher de dessus lui ses grands yeux.

— Adresse cette question au docteur, mon enfant! Je me sens un peu de fatigue. Tu ne peux d'ailleurs trouver un cicerone plus savant que lui pour t'initier aux mystères de l'entomologie. Auprès de son savoir je ne suis qu'un vulgaire profane.

— Dites donc vite, docteur! fit la petite fille, qui grimpa sur les genoux de Miger.

— Volontiers, reprit le docteur en écartant les jambes de manière à ce que ses bottes crottées souillassent le moins possible la robe blanche et fraîche de la mignonne créature.

« Pour connaître le secret de ce mystère, il faudrait visiter chaque jour avec précaution la fosse d'un animal enfoui par des nécrophores. Une semaine se serait à peine écoulée que vous verriez une femelle de nécrophores se glisser furtivement sur la taupe enterrée, gratter la terre et y creuser un petit trou rond. Elle enfoncerait ensuite son abdomen dans ce trou qui a entamé la peau de la taupe, y pondrait ses œufs, refermerait l'ouverture avec des précautions minutieuses et disparaîtrait.

« Bientôt une autre femelle arriverait et ferait de même; seulement elle creuserait à côté du petit puits ouvert et rebouché par sa voisine. Jamais il n'arrivera qu'une pondeuse s'y méprenne et qu'elle dépose ses œufs là où il s'en trouve déjà. On compte d'ordinaire trois femelles parmi les cinq croque-morts : trois femelles viendront seules pondre dans le charnier qui leur appartient. Jamais une femelle de nécrophore n'usurpe pour sa couvée une part dans une proie qui ne lui appartient point; quoique sans doute l'organisation exquise de ses sens lui apprenne qu'un cadavre enfoui par d'autres insectes de son espèce gît là.

« Au bout de douze ou quinze jours, si vous ouvrez la fosse où les nécrophores ont pondu, vous y trouverez des larves blanches en forme du fuseau et qui, si elles ont pris tout leur accroissement, présenteront une longueur de quinze à vingt lignes environ. Chacun des anneaux de leurs corps porte une tache transversale et proéminente, de couleur orange et garnie de quatre épines. Ces taches diminuent en longueur à mesure qu'elle s'approchent de l'extrémité caudale de la larve; mais elles s'élargissent dans la même proportion et les épines deviennent plus aiguës. Ces épines aident sans doute à la locomotion de ces embryons d'insectes, qui n'ont reçu de la nature que des pattes assez faibles. En revanche, ils possèdent des mâchoires redoutables et qui ne le cèdent ni en force ni en tranchant aux mandibules des nécrophores complets. Rien n'égale leur voracité; ces larves dévorent les chairs putrides de l'animal dans le corps duquel elles sont nées, ne font merci ni aux peaux ni aux tendons et déchiquettent même les petits os. A mesure qu'elles grossissent et que leur peau devient trop étroite, elles en changent comme on se débarrasse d'un vêtement incommode, et enfin elles se préparent à passer à l'état de nymphe. Pour opérer cette transformation sans péril, elles se cachent

sous la carcasse mince de l'animal dans lequel elles sont
nées et elles revêtent une toge bien lisse dans laquelle
elles se tiennent jusqu'au jour où elles deviendront de
véritables nécrophores. Alors elles brisent leur coque,
essayent leurs forces, percent la terre, s'envolent et s'associent à d'autres nécrophores pour préparer à leur pro-
géniture un asile semblable à celui qu'elles ont dû aux
auteurs de leurs jours.

« Il existe en France une autre espèce de nécrophores.
Celle-là a les ailes bariolées de jaune et le bord antérieur
de son corselet se trouve fourré d'une pèlerine de poil
fauve.

« C'est sur cette dernière espèce de nécrophores qu'un
naturaliste, pour connaître jusqu'à quel point irait l'instinct des insectes fouisseurs et pour les dérouter, fit l'expérience suivante. Il fixa à l'aide de clous une taupe à
un bâton fiché en terre. Les nécrophores creusèrent leur
fosse et virent, non sans surprise, que le corps restait en
l'air et ne descendait pas à mesure que la terre s'ouvrait
sous lui. Le chef des pionniers examina ce phénomène,
tourna lentement autour du bâton, revint à ses ouvriers
et leur donna l'ordre de sous-miner le pilier. Ils obéirent,
creusèrent autour, firent tomber le morceau de bois
et enterrèrent tout ensemble, la taupe, les clous et le
bâton. »

Le docteur Miger, quand il eut fini, déposa doucement
la petite Alma de ses genoux sur le plancher, serra la main
de Gœthe, salua la fille de l'illustre poëte et remonta à
cheval pour reprendre la route de Francfort. Malgré la fatigue du chemin et sa chute dans la mare, à peine rentré

chez lui, il s'assit devant son bureau et écrivit tout d'une haleine, en latin, un long Mémoire sur les hydrophiles marginés. Ce Mémoire, livré à l'impression dès le lendemain et publié aussitôt, jeta dans le désespoir le naturaliste Gast, qui élaborait à loisir sa dissertation sur ces rares insectes, convaincu qu'il était le seul qui en possédât le précieux échantillon.

La victoire scientifique remportée en cette occasion par Miger lui causa tant de joie et d'orgueil, qu'elle le fit renoncer à la médecine pour se livrer exclusivement à l'étude de l'entomologie, Il ne garda que deux ou trois malades, ses amis, parmi lesquels je n'ai pas besoin de vous dire qu'il plaça Gœthe d'abord et avant tout. Aujourd'hui que son illustre ami n'est plus, le docteur Miger parcourt l'Europe, cherchant à compléter une collection qui fait l'admiration et l'étonnement de tous ceux qui s'occupent de l'histoire naturelle des insectes. Il était au mois de mai à Paris, et, pour peu que vous ayez parcouru au printemps les bois qui environnent cette capitale, vous l'avez rencontré, la tête abritée sous un vaste chapeau de paille, son filet d'une main et tenant de l'autre un grand bâton à crochet pour fouiller la terre et en arracher les larves. Une énorme boîte de fer-blanc passée en sautoir sur son dos avec un carnier complètent le formidable attirail de guerre. Du reste, doux, obligeant, bon homme, il ne rencontre jamais un enfant sans le caresser et ne laisse jamais écouler un quart d'heure sans parler de Gœthe. Alors il découvre sa tête chauve et du revers de sa main il essuie une larme qui coule le long de ses joues vénérables.

LA TOUR DE NESLE DANS UN COMPOTIER

Jamais artiste du dix-huitième siècle n'a produit une fantaisie coquette, brillante, exquise et d'un maniéré plus charmant que ce merveilleux compotier! Ses flancs évasés s'arrondissent d'abord fastueusement, se replient avec grâce, se contournent ensuite pour se resserrer tout à coup, jettent, en cascades éblouissantes, les flots de facettes qui baignent un pied large et jaillissent en gouttes de cristal et de lumière. Chacune de ces facettes brille de l'éclat que donnaient à des yeux noirs le piquant du fard et les adorables mignardises de la poudre. On dirait que les fleurs damasquinées de ses hanches se tissent dans une de ces magnifiques robes de damas, si blanches qu'elles semblaient transparentes, et dont la coupe habile, effilée par de somptueux paniers, donnait une finesse d'a-

beille à la taille de nos aïeules ! Deux anneaux ciselés,
semblables à deux petites mains d'argent, sortent à droite
et à gauche d'un cercle, trois fois noué, passé, enche-
vêtré et enroulé sur lui-même ; ces anneaux soutiennent
d'ineffables guirlandes, tourmentées comme celles que
Boucher et Vestris faisaient balancer, le premier sur la
toile, le second à l'Opéra, et par leurs danseuses à jupes
courtes. Les roses et les bluets imperceptibles des deux
rubans de verre penchent la tête dans une attitude gen-
tillement prétentieuse ; la gelée ne brode rien de plus
charmant sur nos vitres. Mais ce qui dépasse toutes ces
merveilles elles-mêmes, ce que l'on ne saurait voir qu'a-
vec des extases d'admiration, c'est le couvercle, ou plutôt la couronne de ce compotier. Des centaines de ravis-
sants bouquets se détachent, sur le dôme, en petites
saillies fines et grenues comme celles qui caractérisent
les plus belles porcelaines de vieux saxe. Enfin, pour
bouton, s'élèvent deux figurines hautes de deux pouces,
bergers et bergères en hoqueton, les bras enlacés, les têtes
inclinées sur l'épaule, et qui soutiennent de leurs mains
imperceptibles une cage empanachée de rubans, dans
laquelle on aperçoit un oiseau les ailes entr'ouvertes. Une
noisette est plus grosse que la cage ; un grain de mil
paraît énorme à côté de l'oiseau !

Et pourtant ce chef-d'œuvre, ornement d'un cabinet
d'artiste et devant lequel se récrient chaque jour d'enthousiastes admirateurs, resta bien des années oublié et
dédaigné dans le coin obscur d'une cave où la poussière
et l'humidité l'encroûtaient d'une boue ignominieuse. A
cette époque, on préférait déjà le goût soi-disant grec et

pur aux délicieuses afféteries du dix-huitième siècle. Si
bien qu'un jour, par je ne sais quel accident, un insecte
qu'éblouit l'apparition soudaine d'une lumière se sentit
pris de vertige, et tomba dans le compotier. Le compotier,
gisait sur une mauvaise planche, son couvercle devant
lui, comme on met la couronne d'un monarque trépassé
devant les pieds du cercueil royal.

Le vertige et l'éblouissement se trouvaient d'autant
plus permis au pauvre insecte, qu'il ne possédait pas
moins de huit yeux. C'était une grosse araignée domesti-
tique à l'énorme abdomen ovale et sur le dos noirâtre
de laquelle se détachaient deux lignes longitudinales de
taches fauves. L'animal pris dans le piége, comme un
loup dans une fossé, se mit à parcourir le fond du compotier avec toute la rapidité que lui donnaient ses huit
pattes.

Quand il eut constaté qu'il ne se trouvait aucune issue
de plain-pied, il tenta de gravir les flancs ardus qui formaient autour de lui un cercle de murailles lisses et
transparentes; mais ses ongles tranchants et recourbés à
la manière des lions et des tigres glissaient sur le cristal
nu et dur ; après un quart d'heure d'une lutte inutile, il
retomba fatigué, découragé, haletant, au milieu du compotier. Là il se roula et s'enveloppa, résigné à mourir,
comme un gladiateur vaincu s'agenouillait au milieu de
l'arène, lorsqu'il voyait les dames romaines lever leurs
mains blanches et abaisser leur pouce mignon pour demander sa mort.

Un jeune homme, descendu dans la cave par hasard et
témoin des efforts de la captive, se sentit curieux de con-

naître les autres actes de ce drame commencé, emporta
le compotier et le plaça dans son cabinet, à l'endroit le
moins éclairé et de façon à pouvoir épier l'araignée sans
lui causer d'inquiétude.

Celle-ci resta immobile, roulée sur elle-même et morte
en apparence, jusqu'à la nuit close. Alors l'observateur,
nonchalamment étendu dans son fauteuil, entendit un
mouvement presque imperceptible qui bruissait au fond
du compotier. Il s'approcha avec une lumière... Aussitôt
l'araignée fit la morte. Il fallut donc renoncer à connaître ce qui se passait, et la prisonnière resta libre de
toute surveillance jusqu'au lendemain matin.

Le lendemain, on vit que le fond du compotier se trouvait diapré, tout autour et à une hauteur d'un pouce environ, de myriades de petits points blanchâtres, rugueux
et placés à des distances presque géométriquement régulières. L'araignée dormait au milieu du bocal.

Le surlendemain, des fils d'argent partaient de chacun
des points blancs, allaient s'attacher en face, et formaient
ce que l'on nomme, je pense, la *chaîne du tissu*. Le quatrième jour, ce fut la *trame* qui vint s'enlacer aux fils de
la chaîne, et une vaste toile se trouva occuper tout le
fond du compotier ; quelques fils, de distance en distance, fixaient ce plancher élastique en guise d'arri-
mage et assuraient sa solidité.

L'araignée, malgré ses travaux gigantesques, restait
encore à découvert et manquait de logement. Elle avait
bien un plancher ou plutôt un tapis sur lequel elle pouvait marcher sans user et briser ses ongles ; les filets pour
la chasse étaient tendus, mais il lui manquait encore un

appartement où elle s'abritât et se cachât aux yeux ; puis elle n'avait pas de lit sur lequel elle pût dormir. Avec une difficulté et des peines inouïes, elle parvint à fixer, à quatre ou cinq lignes au-dessus de sa toile, une trentaine des petites tachés blanches dont je vous ai déjà parlé. Cela servit de fêtissures à un toit qui s'abaissa jusqu'à la toile, s'arrondit, se façonna peu à peu en cornet, se garnit de fils plus fins, plus soyeux, plus serrés, plus colorés, et devint un nid impénétrable à l'œil, voire à l'humidité. Quelques gouttes d'eau, jetées sur cette habitation, glissèrent le long de ses parois, sans les altérer le moins du monde, tombèrent en perles vacillantes à travers la toile, et s'arrêtèrent au fond du compotier, où elles finirent par s'évaporer.

L'araignée avait tiré ses fils, qu'un calcul approximatif peut évaluer sans exagération à deux mille pieds, des six mamelons attachés à son abdomen, et qui sécrétaient une liqueur grisâtre transformée instantanément, par le contact de l'air, en fils soyeux, souples et d'une solidité inconcevable, surtout si l'on considère leur ténuité!.... — Un fil d'araignée, si on ne le brise point par des secousses, peut soutenir un poids de dix-huit grammes.

Une fois son établissement achevé, l'araignée se mit à passer les jours et les nuits sur le seuil de son logis, attendant avec une patience sans exemple que le hasard lui amenât une proie. La chose n'était pas facile ; les mouches restaient encore rares, et rien d'ailleurs n'était de nature dans le compotier à les y attirer. Deux mois s'écoulèrent durant lesquels la pauvre bête s'amaigrit singulièrement. Enfin, un jour, ému de compassion, l'observateur jeta une mouche à l'affamée. Le petit insecte tomba sur la toile, y prit ses ailes dans les rets invisibles qui cotonnaient sur le tissu principal; et se débattit avec violence. L'araignée accourut aussitôt, vite, mais lourdement, saisit sa proie avec ses huit pattes à la fois, l'étreignit de ses redoutables mâchoires en forme de crochet, et attira le cadavre dans son nid. Une heure après, elle emportait hors de chez elle les débris de la mouche, et venait les jeter dans le coin le plus obscur et le plus éloigné de sa toile; non sans les recouvrir d'un suaire, de manière à dérober tout à fait à la vue l'aspect de ce charnier. Ainsi Brutus jeta son manteau sur le cadavre de César.

Chaque jour, à la même heure, l'observateur lançait une mouche dans le compotier. Il ne tarda point à observer que l'araignée, dès que le moment de son repas était venu, sortait de son réduit, s'avançait sur la toile, épiait la chute de la mouche et ne s'effarouchait plus du mouvement qui la faisait reculer naguère et rentrer chez elle quand la main de son nourricier lui apportait à dîner. Peu de temps après, au lieu d'attendre qu'il se fût un peu éloigné, elle courait immédiatement et avec hardiesse sur la mouche et ne se donnait même plus la fatigue de rentrer chez elle pour manger. Curieux de connaître jusqu'à quel point s'augmenterait cette familiarité, le jeune homme prit la mouche par une aile et la présenta à l'araignée. La première fois, elle rentra effarée dans son nid et s'y tint absolument cachée; mais, le lendemain, pressée par la faim, elle se jeta sur la mouche avec la rapidité d'une flèche, la saisit et s'enfuit au fond de ses appartements. L'observateur réitéra l'expérience une fois, deux fois, dix fois..... Au bout de ce temps, l'araignée suçait la mouche dans les doigts du jeune homme. Elle finit même par sortir du compotier à l'aide du bras que lui présentait son maître. Libre, ainsi, elle parcourait les bras et la poitrine du jeune homme et allait prendre une mouche dans son autre main, qu'il éloignait autant que possible.

L'observateur prenait un vif intérêt à sa pensionnaire, et l'aimait presque autant que Pellisson aimait la sienne. Il se mit donc en quête de livres d'histoire naturelle pour savoir d'eux à quel sexe appartenait l'araignée du compotier. Il reconnut qu'elle était une femelle aux palpes filiformes qui s'allongeaient près des mâchoires, et aux pattes du thorax plus courtes et plus grosses que celles du ventre. Arrivé à cette découverte, il résolut de marier la recluse, et il se mit en quête d'un mâle de bonne apparence et digne de la tendresse d'une si belle conquête. La chose ne fut point difficile : on était au printemps, et l'amour émouvait les arachnides comme tout le reste de la nature.

L'observateur, une fois en possession d'un beau mâle, aux palpes bien renflées, aux pattes longues et sveltes, aux huit yeux vifs, à l'allure conquérante et dégagée, vint l'apporter en triomphe à son hôtesse. Il le déposa doucement sur la toile, vers l'extrémité opposée au nid de l'araignée et s'éloigna un peu, de façon à observer néanmoins tout ce qui allait se passer. Bientôt il vit la coquette sortir de son boudoir, et s'avancer vers le bel inconnu avec ce mouvement voluptueux qui donne des charmes si vifs à la démarche des Espagnoles, et que mademoiselle Essler reproduisait avec tant de grâce, de poésie et de bonheur dans la cachucha. Je vous jure que cette hideuse

créature était belle à voir ainsi, dorée par les reflets glorieux de la passion, et étincelante de l'auréole de l'amour.
De son côté, le mâle ne restait point maladroit et faisait
preuve de fashion et de galanterie ; ses pattes de devant
caressaient d'une façon conquérante les demi-boucles
formées par ses tarses ; un sous-lieutenant de hussards
ne met point plus de fatuité à tordre les crocs vainqueurs
de sa moustache frisée. Il s'avança au pas de charge,
frappant de la patte, piaffant, voletant : l'araignée recula et
s'enfuit, mais de manière à laisser deviner qu'elle voulait
être suivie. L'heureux amant s'élança sur ses traces ; cependant il y mettait une réserve et une crainte singulières, mais dont on ne pouvait se déguiser l'évidence.
De son côté, la femelle le guettait avec une ruse qui donnait à son cercle d'yeux une expression étrange... Enfin
elle tourna la tête, et marcha droit devant elle, préoccupée en apparence de franchir quelques fils dans lesquels
se prenaient ses pattes... Alors le mâle bondit sur elle, la
saisit dans ses bras, lui donne un baiser et prend la fuite...
Elle se retourne... Ce n'est plus en coquette audacieuse
qu'elle marche, c'est en lionne qui chasse sa proie. C'est
Diane devant Actéon. Le mâle, tremblant, cherche à fuir ;
il s'efforce de gravir les parois du compotier... Vains
efforts ! Marguerite de Bourgogne marche à sa victime,
la fascine et l'arrête. L'infortuné s'accule tremblant.
Elle, la griffe haute et menaçante comme un poignard, le
frappe, le tue, et, après avoir contemplé celui qui venait
d'être son époux, elle le dévore ! Exécrable raffinement
que n'ont inventé ni les reines de la Tour de Nesle, ni
Roger de Beauvoir, ni Alexandre Dumas, ni Frédéric Gail

lardet, ni Jules Janin, ni M. Harel, ni mademoiselle Georges! tous plus ou mois auteurs de la *Tour de Nesle*. Et pourtant combien mademoiselle Georges aurait été belle, soupant, non pas *avec*, mais *de* M. Bocage!

Le lendemain, curieux de connaître les motifs de tant de barbarie, le jeune homme voulut savoir si la mort du pauvre mâle était le châtiment d'une faute personnelle, ou le résultat d'un système d'assassinat. Il mit donc un second mâle dans le compotier. Hélas! il n'y eut plus à en douter! le crime de la cruelle était sans excuse, sans circonstances atténuantes! Le jury le plus bénin l'eût condamnée avec toutes les aggravations prévues par la loi! La seconde victime subit le même sort que la première. A cette infâme il fallait le meurtre après l'amour! Durant un mois entier, elle vécut ainsi des cadavres de ses amants.

Ce mois écoulé, elle se contenta de dévorer purement et simplement les araignées mâles qu'on lui jetait. Bientôt même elle trouva ce mets fade et insignifiant, refusa de les manger, mais non de les tuer, et en revint à la mouche avec un plaisir évident.

Marguerite de Bourgogne, — car désormais ce fut le nom que reçut l'araignée, à cause de l'histoire bien connue de Buridan, — Marguerite, dis-je, continua à mener une vie paisible et sans remords dans son compotier. Un jour, la fenêtre de l'appartement où se trouvait le vase de cristal resta ouverte; une hirondelle entra dans la chambre, vit l'araignée, et d'un coup de bec vengea toutes les victimes de la scélérate; si bien que le compotier se trouva vide et sans hôte.

Bien des années après, ce compotier, par une succession d'événements bizarres, invraisemblables, et qui fourniraient, certes, le sujet d'une odyssée bien curieuse et bien étrange, est arrivé dans les mains de celui qui écrit ces lignes et qui le garde avec un soin religieux, non pas à cause de l'araignée dont vous venez de lire l'histoire, mais un peu à cause de sa beauté, beaucoup parce qu'il a appartenu à un naturaliste célèbre et surtout parce qu'il a pour ainsi dire décidé la vocation de l'émule de Cuvier.

Car de l'araignée du compotier, le jeune homme que vous savez en vint à étudier les merveilles de la nature et rendit ainsi à jamais illustre le nom de Lacépède.

BOTANIQUE

L'HERBIER DE MARIE-MADELEINE

I

Montaigne a dit que l'habitude est une seconde nature, si ce n'est la nature elle-même.

Jamais axiome philosophique ne fut plus victorieusement démontré que celui-là par un vieillard du nom de Samuel Watteriau.

Chaque jour, à la même heure, il se levait, s'habillait, déjeunait, et se rendait à son bureau. Installé dans son fauteuil, il prenait sa plume, l'essayait, la remettait en place, et attendait que le rare public auquel il avait affaire arrivât. Depuis trente ans environ qu'il remplissait les fonctions de receveur des contributions indirectes dans une petite ville du nord de la France, à Cambrai, il tournait dans ce même manége, de façon à rendre jaloux un cheval aveugle.

Au sortir de son bureau, c'est-à-dire au premier coup de midi, il se levait et traversait la grande place, non sans jeter un regard sur le marché à la marée. Quand il trouvait occasion d'acheter, à bon compte surtout, quelque beau morceau de poisson, il hâtait un peu le pas, afin que son diner, qui avait lieu à midi et demi précis, ne se trouvât point en retard.

Dans ces occasions, son retour au logis tenait du triomphe. Une vieille femme de ménage, pensionnaire d'un *béguinage*[1] voisin et qui servait M. Watteriau depuis un quart de siècle au moins, se récriait avec exagération sur la taille et la fraîcheur du poisson rapporté. M. Watteriau répondait invariablement à cette flatterie, qui ne laissait pas de chatouiller agréablement son amour-propre :

« Oui, Marthe, beau ! très-beau ! très-frais ! et pas cher !

— Pas cher ! pas cher ! et frais comme l'œil, » répétait Marthe en levant les yeux au ciel, comme s'il se fût agi d'un miracle.

Après quoi, la digne gouvernante se mettait à l'œuvre pour apprêter la précieuse conquête de l'employé, qui eût mal digéré son diner si Marthe n'eût point servi le potage à l'instant précis où une vieille pendule proclamait l'heure fatidique de midi et demi.

A deux heures, M. Watteriau retournait à son bureau et en revenait à quatre. Une fois rentré dans sa petite maison de la rue des Ratelots, composée de deux pièces au

---

[1] Maison de refuge pour les vieilles femmes.

rez-de-chaussée et de deux mansardes, il fermait la porte au verrou, chaussait ses pantoufles, se promenait dans un petit jardin de vingt pieds carrés, comptait ses poires, ses pommes, ses grappes de raisin, en faisait la cueillette au temps voulu, et se livrait, suivant les autres saisons, aux travaux d'horticulture que nécessitait le petit enclos. A huit heures, il rentrait, soupait de la desserte de son dîner, lisait, relisait, contemplait certains papiers, toujours les mêmes, qu'il replaçait ensuite dans l'armoire fermée à clef où il les avait pris, et se couchait à neuf heures, pour, le lendemain, ne s'éveiller qu'à huit, afin d'ouvrir la porte à Marthe.

Jamais, du reste, M. Watteriau ne recevait ni ne rendait de visites. Il échangeait des saluts avec chaque bourgeois de la ville ; mais là se bornaient toutes les relations du bizarre personnage. Dans ses rapports avec le public, il se montrait plutôt bienveillant que bourru, quoiqu'il professât une sévérité fanatique pour tout ce qui concernait le service et les règlements.

Deux fois l'année M. Watteriau recevait des lettres affranchies, timbrées de Noyon. C'était le 1ᵉʳ de l'an et le 16 février, jour où l'Église célèbre la fête du martyr saint Samuel.

Ce fut donc un événement pour le facteur de la poste, quand, au mois de juin, il prit des mains du directeur ébahi une lettre portant le nom et la souscription de « M. Samuel Watteriau, receveur des contributions indirectes. » Marthe, qui reçut cette lettre en l'absence de son maître, courut, rouge et haletante, jusqu'à l'hôtel de ville pour remettre au vieillard la dépêche.

La présence de Marthe dans son bureau, et l'aspect de la missive timbrée de Noyon et cachetée de noir, amenèrent une légère pâleur sur les joues encore rosées du bonhomme. D'une main tremblante, il décacheta la lettre et lut ce qui suit :

« Mon cher oncle, mon père est mort de chagrin. Ce qui l'a tué, c'est la perte de sa fortune, engloutie, vous le savez, par une spéculation malheureuse. Il repose en paix à côté de ma mère, que Dieu avait rappelée à lui depuis quatre ans, sans doute pour lui épargner la douleur de la ruine et du désespoir de son mari. Me voici seul, jeune, sans ressource et sans état, hélas ! Que me conseillez-vous de faire ?

« Votre neveu,

« JEAN-BAPTISTE RAPARLIER. ».

M. Watteriau se gratta quelques instants la tête, retailla sa plume, l'essaya, l'essuya, la trempa dans l'encre, et répondit.

« Mon neveu, en outre de mes appointements de dix-huit cents francs par an, l'État m'alloue quatre cents francs de frais de bureau ; jusqu'à présent, je les avais économisés en faisant seul toute ma besogne. Je vous offre ces quatre cents francs. Vous me remplacerez, car je deviens vieux. Je vous logerai, je vous nourrirai et je vous blanchirai moyennant trois cents francs par an ; il vous restera cent francs pour l'emploi que vous en voudrez faire.

« Votre oncle,

« SAMUEL WATTERIAU. »

Cinq jours après, Jean-Baptiste Raparlier arrivait chez son oncle.

C'était un jeune homme de vingt et un ans environ, pâle, un peu chétif, et qu'avaient jeté dans un découragement profond les luttes, les chagrins, la ruine et la mort de son père. Il avait donc accepté, sans hésiter, les offres de son oncle. Peu lui importait comment se passerait désormais cette vie d'orphelin.

Samuel Watteriau accueillit le fils de sa sœur avec plus d'émotion qu'on n'aurait pu en attendre d'un vieillard pétrifié par la routine. Il l'embrassa affectueusement et sentit, pour la première fois, depuis un demi-siècle peut-être, une larme mouiller sa paupière.

Cette émotion ne dura qu'un moment. Cependant il y avait un accent de bonté et de tendresse dans la voix du bonhomme, quand il dit à Jean-Baptiste :

« Tu vas mener une pauvre et triste vie avec moi, mon garçon !

— Je serai près du frère de ma mère, répondit Jean-Baptiste.

— Allons, viens, que je t'installe dans ta chambre, » interrompit Samuel, qui se sentait de nouveau gagné par l'entendrissement.

Et, gravissant le premier l'escalier qui menait aux deux mansardes, il conduisit son neveu dans l'une d'elles.

Marthe achevait d'épousseter cette petite pièce, dont tout le luxe consistait en une propreté extrême. La vieille fille fit à Jean-Baptiste une de ses plus belles révérences. Il lui répondit par un de ces sourires tristes et doux qui n'appartiennent qu'aux lèvres des infortunés ou des malades.

Dès ce moment, le jeune homme eut en Marthe une fanatique. Ce fut bien pis encore, quand il tira de sa bourse une des trois pièces d'or qui s'y trouvaient encore et qu'il la glissa dans la main de la femme de ménage.

Celle-ci, les yeux écarquillés, contempla le louis, le fit sauter dans ses doigts et regarda Jean-Baptiste pour bien s'assurer qu'il ne s'était pas trompé. Elle voulut remercier, mais la voix lui manqua.

Watteriau, qui cependant avait parfaitement vu cet acte de munificence, feignit de ne s'être aperçu de rien.

« Maintenant que tu sais où loger, viens dîner, dit-il. Midi et demi sonne, et je n'aime pas à attendre. »

Le dîner fut des plus confortables; naturellement Marthe s'était surpassée. Le vieillard d'ailleurs tenait à la bonne chère. Quand il eut mangé, assurément avec plus d'appétit que son neveu, quand il eut bu un doigt d'excellent vin de Bourgogne, il prit son café, et couronna le tout par une dose passablement copieuse de cognac. Après quoi il se leva de table, plia minutieusement sa serviette et demanda à Jean-Baptiste :

« Quand comptes-tu prendre possession de ton nouvel emploi?

— Aujourd'hui, si vous le permettez, mon oncle.

— Viens donc! » répliqua M. Watteriau.

Et tous les deux se dirigèrent vers l'hôtel de ville.

Dès ce moment, Jean-Baptiste se trouva rivé à l'existence mécanique de son oncle, comme ces malheureux qu'un tyran de l'antiquité dont le nom m'échappe attachait à un cadavre.

M. Watteriau s'était réservé le droit de surveillance, de

signature et surtout de sommeil. A peine installé dans son fauteuil, il tombait dans un assoupissement dont il ne sortait qu'imparfaitement pour écrire son nom au bas des pièces expédiées par son neveu.

Celui-ci se trouvait donc chaque jour, pendant huit heures, astreint à un isolement cent fois pire que s'il eût été absolu. Le public ne venait guère à lui que cinq ou six fois dans la journée, mais la présence constante de son oncle endormi, voire ronflant à pleins poumons, le condamnait à l'immobilité la plus irritante qu'on puisse imaginer.

Ses regards ne pouvaient se détourner de dessus son papier que pour se reporter sur les murs du bureau, recouverts d'un papier jaune, ou sur une grande fenêtre qui prenait son jour d'une petite cour dont les murs, depuis peu de temps blanchis à la chaux, répercutaient odieusement les rayons du soleil. Le soir, il rentrait chez lui, les yeux fatigués, la tête lourde et endolorie : il attendait avec impatience que huit heures et demie sonnassent pour souhaiter le bonsoir à son oncle, monter dans sa chambre et dormir, c'est-à-dire se reposer et oublier !

Cela dura toute une année, au bout de laquelle l'habitude et le temps avaient quelque peu émoussé les tortures de ce triste genre de vie. Les murs de la cour, d'ailleurs, commençaient à perdre leur blancheur agaçante; l'humidité et les pluies les teintaient, insensiblement et un peu plus chaque jour, de plaques verdâtres qui allaient s'agrandissant sans cesse et gagnant tout. La crête des murs elle-même se tapissait de mousse. Jean-Baptiste, faute de meilleure distraction, suivait et consta-

lait les mystérieux envahissements de la fécondité sur la
stérilité. Il finit par étudier avec un véritable intérêt ce
tapis de velours vert qui s'épaississait, s'étendait et laissait çà et là sortir de son tissu serré de petites brindilles,
qui chatoyaient au soleil et parfois même se balançaient
au vent, quand le vent soufflait bien fort. La contemplation de ces humbles merveilles de la nature dégagea un
peu l'imagination de l'employé des liens léthargiques
sous les étreintes desquels avaient failli l'étouffer l'ennui
du présent et les meurtrissures du passé.

Insensiblement, Jean-Baptiste prit un réel intérêt aux
mystères de la végétation qui sourdissait pour ainsi dire
du néant sous ses yeux. Il se posa une foule de questions,
qu'il se désola de ne pouvoir résoudre, sans se douter
que les plus illustres des savants n'en étaient pas plus ca-
pables que lui. Il songea bien un jour à faire l'acquisition
d'un traité de botanique, mais les quarante francs qui lui
restaient en arrivant chez son oncle avaient à peine suffi
à quelques indispensables frais d'installation, et les vingt-
cinq francs que Samuel Watteriau lui remettait tous les
trois mois étaient toujours dus au tailleur et au bottier.

Il renonça donc en soupirant à l'emplette du livre, et il
continua à contempler la végétation de la cour de son
bureau, sans arrière-pensée de science. Suivant l'expression populaire, il prit le temps comme il venait.

Le mois de février commençait à peine, lorsqu'un jour
Jean-Baptiste, que son oncle, retenu au logis par un
gros rhume, n'avait point accompagné, sortit de son bureau une bonne demi-heure au moins plus tard que d'habitude.

Il avait neigé toute la journée et il neigeait encore. Les flocons légers et blancs qui recouvraient les pavés de la cour s'accrochaient aux aspérités des murs, en revêtant leurs crêtes d'une couche de cristaux qui s'épaississaient toujours de plus en plus, et concordaient on ne peut mieux avec le redoublement de tristesse et de découragement qui pesait sur l'orphelin. Personne ne pensait dans la ville à mettre le pied dehors par un temps pareil; personne ne troubla donc l'employé dans sa solitude de son bureau. Il put tout à son aise se livrer à ses contemplations, à ses rêveries, ses souvenirs, à ces mille pensées qui affluent et tournoient, en de semblables instants, autour du cerveau d'un songeur.

Aussi l'arrivée du garçon de bureau chargé d'éteindre les feux put-elle seule le tirer de ce demi-sommeil en lui annonçant que l'heure du départ était sonnée, et que pour ce jour-là sa tâche fastidieuse se trouvait terminée. Il se leva donc, prit son chapeau et sortit.

Il s'enveloppa de son manteau, enfonça son chapeau sur ses yeux, et se dirigea vers la maison de son oncle, en prenant toutefois le chemin le plus long. Il ne pouvait se résigner que le plus tard possible à rentrer dans la mesquine réalité de sa vie sans horizon, lui qui venait si bien de l'oublier en se plongeant dans l'infini!

Il allait donc, sinon au hasard, — on ne va point, hélas! au hasard dans les rues d'une petite ville de province, — du moins par les quartiers les plus solitaires et les plus muets. Tout à coup il entendit près de lui, au milieu du silence morne qui régnait partout, un bruit de sabots à demi étouffé par la neige; et il aperçut, à la clarté vacil

lante et douteuse d'un réverbère, une jeune fille d'une
quinzaine d'années, conduisant d'une main un petit garçon, et, de l'autre, soulevant péniblement un seau plein
d'eau, qu'elle venait d'aller chercher au puits voisin. Son
bras, grêle et tendu, semblait prêt à se rompre sous un
poids évidemment au-dessus de ses forces. Ses pieds tré-
buchaient à chaque pas et elle faisait de périlleux efforts
pour conserver son équilibre sur le pavé glissant. Une
chute, par un pareil froid et avec un fardeau si lourd,
pouvait lui être fatale.

Jean-Baptiste lui prit le seau des mains.

« Vous allez tomber, mon enfant, si je ne viens à votre
aide, dit-il en riant; laissez-moi porter cela.

— C'est mon petit frère Jacques qui m'embarrasse
surtout. J'ai peur qu'il ne tombe et ne se blesse, » répliqua la jeune fille en abandonnant son seau à l'ami inconnu que la Providence lui envoyait.

Jean-Baptiste se pencha, prit sous son autre bras le
petit garçon, qui pouvait compter six à sept ans, et se
dirigea avec cette double charge vers la boutique du menuisier, que les enfants lui montrèrent à l'extrémité de
la rue. On appelait cette rue la rue des Cygnes.

Le menuisier travaillait à son établi; quand il vit arriver Jean-Baptiste chargé, comme nous venons de le dire,
il se sentit ému, et cependant il se mit à rire.

« Foi de Nicolas Watremetz, dit-il, vous êtes un brave
garçon, monsieur Raparlier! Merci de venir ainsi en aide
à Marie-Madeleine! Dame! depuis la mort de ma pauvre
femme, — il y a huit mois! — c'est Marie-Madeleine qui
est la mère de son frère et de sa sœur. Une enfant de

quinze ans ! elle travaille plus qu'une femme, plus dur même qu'elle ne le devrait ; sa bonne volonté dépasse souvent ses forces. »

Cette fois, il ne put retenir une larme, et il l'essuya de sa grosse et rude main. Marie-Madeleine embrassa son père, et puis, se tournant vers Jean-Baptiste, sans timidité, — les enfants du peuple ne la connaissent guère :

« Merci, à mon tour, monsieur, lui dit-elle. Sans votre obligeance, je ne sais comment nous serions revenus, mon frère et moi. »

Jean-Baptiste, qui avait déposé le seau dans un coin de l'atelier, reprit, le cœur serré, sans qu'il sût pourquoi, le chemin de la maison de son oncle. Sa tristesse semblait s'accroître encore, quand il se retrouva face à face et seul avec le vieillard, toujours silencieux, toujours affairé, et qui passait ses soirées d'hiver à lire, à relire, à aligner des chiffres, à recommencer dix fois les mêmes calculs, à copier et recopier des papiers, la plupart timbrés, qu'avant de se coucher il renfermait soigneusement dans une armoire dont lui seul gardait la clef.

« Lorsqu'il verra cela, M. Doremus sera content, j'en suis sûr ! » concluait-il presque toujours en frappant de la main sur les liasses et les dossiers.

D'où Jean-Baptiste en avait déduit tout naturellement que son oncle se félicitait de la belle exécution calligraphique qu'il mettait en œuvre pour copier, à ses heures perdues, les pièces que lui confiait le doyen des notaires de la ville ; car telle était la profession de M. Doremus.

II

Le lendemain, en se rendant à son bureau, Jean-Baptiste prit un chemin moins direct que d'ordinaire, et passa devant la boutique de Nicolas Watremetz. Celui-ci, les manches retroussées jusqu'aux coudes, travaillait avec une ardeur et une prestesse qui faisaient plaisir à voir. Jean-Baptiste, qui se tenait arrêté sur le seuil de la porte, ne put s'empêcher de lui en témoigner sa surprise.

« Je suis un assez bon ouvrier, répondit le menuisier. Vous avez raison, Nicolas Watremetz peut rendre des points au plus habile menuisier de la ville, quand il s'agit d'ouvrer le bois. C'est que j'ai eu un digne maître dans ma jeunesse, un vieil Allemand qui en savait long ! Par malheur ici il n'y a que des travaux sans importance ; car je sais sculpter le bois aussi bien que je le rabote. Mais les occasions manquent. Je n'ai eu de chance qu'une seule fois en ma vie. Monseigneur l'archevêque, qui me protégeait, m'a donné, il y a quinze ans, une chaire d'église à faire. J'y ai passé un an, et j'en ai retiré bien des compliments et de l'honneur. Quand vous en aurez le temps, allez voir cela à l'église du Saint-Sépulcre. Aujourd'hui personne n'y pense plus : il me faut fabriquer des châssis, des fenêtres, des portes, et faire des rafistolages pour gagner ma vie et celle de mes enfants. »

Tandis que Nicolas parlait ainsi, Jean-Baptiste ne l'écoutait guère. Il venait d'apercevoir, dans une sorte d'arrière-boutique obscure, Marie-Madeleine, qui endormait sur ses genoux un enfant encore au maillot. Près d'elle se tenait agenouillé, et en contemplation devant ses deux sœurs, le petit garçon de la veille. Sa contemplation ne l'empêchait point toutefois de mordre bel et bien dans une grande tartine généreusement recouverte de beurre. Marie-Madeleine, penchée sur la dormeuse, qui de temps à autre entr'ouvrait encore les yeux, suivait ses moindres mouvements avec une sollicitude au-dessus de son âge, et lui chantait à mi-voix une de ces vieilles ballades, populaires, depuis je ne sais combien de siècles, parmi les berceuses du nord de la France :

> Quand mon enfantelet, accoutré dans ses langes,
>   S'endort sur mes genoux,
> Jésus du Paradis envoie un de ses anges
>   Pour veiller près de nous,
> Pour murmurer tout-bas les chansons les plus belles
>   De sa viole d'or,
> Pour former un rideau de ses deux grandes ailes
>   A mon petit trésor.
>
> L'archange Gabriel écarte de sa lance
>   Le serpent infernal
> Qui se glisse dans l'ombre et qui cherche en silence
>   A te faire du mal.
> Et la Vierge Marie en souriant se penche,
>   Afin, du haut des cieux,
> De voir ta lèvre rose et la paupière blanche
>   Qui va clore tes yeux.

Marie-Madeleine aperçut en ce moment Jean-Baptiste, lui dit bonjour d'un petit signe de tête, lui montra sa sœur par un regard de mère et reprit sa chanson :

> L'enfant qui du baptême au front porte l'empreinte
>   Revoit dans son sommeil

Celui que les élus contemplent avec crainte
　Sur son trône vermeil,
Dors longtemps, bien longtemps ; car lorsque sur la terre
　Ton œil se rouvrira,
La sainte vision, le radieux mystère,
　Las ! tout disparaîtra !

L'employé échangea quelques paroles distraites avec le menuisier et dut enfin reprendre le chemin de son bureau.

Quand il y entra, l'horloge de l'hôtel de ville sonnait neuf heures et demie.

« Ah ! se dit-il en souriant, je suis en retard. Si mon oncle était là, jamais il pourrait me le pardonner ! »

Et il se mit à travailler avec ardeur pour regagner le temps perdu.

Deux mois après, à la neige et au froid succédait le renouveau. M. Watteriau, guéri de son rhume, avait repris l'habitude de se rendre à son bureau dès le premier coup de neuf heures, et s'y endormait à peine arrivé. Quant à Jean-Baptiste, il quittait la maison une demi-heure plus tôt que son oncle, sous prétexte de prendre un peu d'exercice avant d'aller s'asseoir durant trois heures sur le coussin de cuir de son vieux fauteuil. En réalité, c'est que chaque matin il s'arrêtait devant la boutique de Watremetz. Appuyé sur la porte, qui, suivant l'usage du pays, se séparait à hauteur d'appui pour former, de sa partie supérieure, un volet qu'on repliait contre le mur, et de l'autre une sorte de balcon, il échangeait quelques paroles amicales avec l'ouvrier, et disait bonjour à Marie-Madeleine, qui lui apportait sa sœur Louise à embrasser, — quand celle-ci toutefois se trouvait éveillée.

Jacques, ses livres et ses cahiers sous le bras, épiait l'arrivée de Jean-Baptiste ; il professait une tendresse passionnée pour l'employé, et s'estimait le plus heureux des bambins quand il pouvait se rendre à l'école en donnant la main à son grand ami. Or, comme l'école communale se trouvait dans une des dépendances de l'hôtel de ville, Jean-Baptiste accordait cette satisfaction à Jacques, à moins que ce dernier n'eût désobéi à sa sœur. C'étaient alors des larmes, des supplications et des promesses qui aboutissaient presque toujours à une amnistie.

Peu à peu ces relations avaient fini par attacher sincèrement à la famille de l'artisan le pauvre garçon, deshérité de toute affection en harmonie avec son âge, et qui passait sa vie entre un oncle septuagénaire et une femme de ménage aussi vieille et presque aussi peu avenante. Certes, tous deux aimaient sincèrement Jean-Baptiste, mais à leur manière et avec leur âge. Il ne trouvait près d'eux ni la grosse et bonne voix du menuisier, ni les gambades de Jacques, ni les mains mignonnes que Louise tendait si gentiment pour demander ou pour donner une caresse, ni le grand œil bleu de Marie-Madeleine, cet œil de femme et de mère dans un visage d'enfant. Le rabot qui sifflait en enlevant de longs rubans frisés, les vigoureux coups de maillet frappant en cadence sur le varlet, la scie qui mordait le bois, les enfants qui s'ébattaient au milieu de tout cela, et Marie-Madeleine devenue par la nécessité la précoce ménagère de ce petit monde, lui détendaient le cœur et lui rendaient quelque chose de la fraîcheur perdue de sa jeunesse. Aussi l'ennui le dominait-il moins pendant ses heures de travail et de captivité.

D'ailleurs, la cour sur laquelle s'ouvrait l'unique fenêtre de son bureau, grâce à l'hiver, aux pluies, à la neige
et à la gelée, avait complétement perdu, ou peu s'en fallait, l'aspect désagréable que lui donnait la couche
criarde du blanc dont on l'avait badigeonnée à grand
renfort de chaux vive.

Des lézardes s'étaient étalées partout, sous les infiltra-
tions verdâtres de l'eau ; les mousses qui revêtaient les
crêtes du mur formaient un velours épais ; enfin, entre les
interstices des pavés eux-mêmes teintés de mille nuances,
on voyait çà et là des brindilles d'herbe surgir avec cette
vigueur que Dieu donne aux plantes sauvages. Chaque
jour Jean-Baptiste constatait leurs progrès. Une d'elles,
entre autres, formait une gerbe délicate, dont chaque
feuille, fine, étroite et souple, recourbait élégamment,
vers le sol, son extrémité acérée. Au moindre souffle du
vent, les petites lames vertes tremblaient, s'inclinaient,
s'élevaient, et, la tempête en miniature passée, finissaient
par reprendre leur attitude ordinaire.

Quand les chaleurs de juin arrivèrent, il sortit en une
seule nuit, du milieu de la gerbe, une hampe élancée qui
la domina et au sommet de laquelle se tenaient serrées
des espèces d'écailles d'un jaune tendre. A quelques jours
de là, les écailles se détachèrent, s'étendirent, s'allongè-
rent, et formèrent des grappes d'épillets quasiment microscopiques. C'est cette fleur mignonne qu'il fallait voir
tressaillir au moindre vent, agiter tous ses épillets comme
des clochettes et se pencher à droite, à gauche, devant,
derrière, comme un drapeau sur une forteresse ! Et cependant, un matin, il se trouva un insecte assez hardi et assez

léger pour grimper à son sommet escarpé, pour s'y maintenir en dépit de ses oscillations, pour attaquer de ses mandibules jusqu'à quatre des fleurs. Un mousse aguerri n'est ni plus calme ni plus effronté au haut d'un mât.

Lorsqu'elle fut bien repue, la bestiole descendit sans se presser, gagna le mur, distant pourtant de plus d'un mètre, et se mit à le gravir, sans tenir compte ni de sa hauteur ni des obstacles qui le hérissaient. En moins de deux minutes, elle atteignait la crête, et elle disparaissait au milieu de la forêt vierge et inextricable formée par des millions de brins de mousse.

Jean-Baptiste, charmé, faillit, dans un premier mouvement, éveiller son oncle pour l'associer au plaisir qu'il éprouvait; mais il secoua tristement la tête, et se tut en soupirant.

Il se trouvait néanmoins tellement plein du spectacle dont il avait été témoin, qu'il fallait absolument que son émotion débordât. Aussi, le soir, en repassant devant la boutique du menuisier et en s'y arrêtant, ne put-il s'empêcher de raconter l'escalade de la tige d'herbe par un insecte. Il décrivit la forme de cette petite bête, grosse comme un grain de poussière. Elle n'en possédait pas moins une cuirasse mordorée, deux ailes rouges, noires et opaques, dont elle dédaignait de se servir, tant ses six pattes grimpaient avec agilité ! Enfin, sur sa tête s'agitaient en signe de triomphe deux antennes, véritables panaches vivants.

Tandis qu'il parlait, Watremetz avait interrompu son travail et l'écoutait bouche béante; Marie-Madeleine s'était doucement, doucement rapprochée du seuil, et, pour

mieux entendre, s'appuyait de ses deux bras quelque
peu chétifs sur le rebord de la porte. Ses grands yeux
bleus brillaient d'une intelligence et d'un charme indi-
cibles. A sa prière, il fallut que le narrateur reprît plusieurs parties d'un récit que l'adolescente n'avait point
d'abord tout à fait comprises.

A dater de ce moment-là, Jean-Baptiste, tous les soirs,
raconta les événements botaniques ou entomologiques
survenus dans la cour de son bureau.

Je vous assure qu'il avait à faire, car chaque jour amenait quelques incidents nouveaux ; à son insu, le jeune
homme les décrivait en poëte, charmait son petit auditoire, faisait pousser des exclamations à maître Nicolas, et
souvent remplissait de larmes les yeux de Marie-Madeleine.

Il faut avoir vécu d'une vie pauvre et isolée, comme
vivaient ces trois personnes, pour comprendre le plaisir
qu'elles éprouvaient à de pareils entretiens.

Le menuisier, dès que venait le moment où Jean-Baptiste
devait passer, quittait trois ou quatre fois son établi et regardait si le jeune homme n'arrivait pas enfin. Sa bonne
figure s'épanouissait de satisfaction lorsqu'il l'apercevait
de loin. A cette heure-là, Marie-Madeleine trouvait toujours quelque chose à faire dans la boutique, et ses joues
pâles se couvraient d'une légère teinte rosée quand ré-
sonnait sur le pavé le bruit d'un pas qu'elle connaissait
si bien. Quant à Jean-Baptiste, les instants lui semblaient
fort longs le matin avant de partir, et plus longs encore
si l'heure de revenir s'approchait. Je vous assure que,
dès trois heures et demie, il interrogeait à chaque minute la montre de son père, seule épave qu'il eût con-

servée de sa prospérité d'autrefois. Son œil brillait et
sa physionomie s'éclairait dès que se faisait entendre le
premier des quatre coups que sonnait le beffroi de la
ville. Avant que les vibrations du premier tintement eussent achevé de s'éteindre, il avait pris le chemin de l'habitation de maître Watremetz.

III

Trois ou quatre années s'écoulèrent de la sorte, sans
apporter de changements dans les relations suivies de
Jean-Baptiste et de la famille du menuisier. Seulement les
cheveux de Nicolas, qui touchait à la cinquantaine, blan-
chissaient de plus en plus, Jacques, devenu un apprenti,
travaillait vaillamment à côté de son père, et Jean-Baptiste
conduisait la petite Louise à l'école des sœurs de la charité,
où elle obtenait tous les prix. Enfin, à la grâce chétive de
l'adolescente Marie-Madeleine avait succédé la beauté délicate et pure des jeunes filles de la Flandre française. Ses
cheveux blonds se nouaient en tresses luxuriantes autour
de sa tête, et encadraient à ravir un visage d'un ovale
charmant et des traits d'une régularité accomplie. Une
démarche un peu nonchalante donnait une grâce extrême
à sa taille souple et mignonne ; malgré les labeurs du
ménage, ses longs doigts effilés ne connaissaient d'autres
stigmates que les légères traces grisâtres laissées sur l'un
d'eux par les piqûres de l'aiguille. Autrefois si attentive
aux récits de Jean-Baptiste, elle tombait maintenant par-

fois, en l'écoutant, dans une rêverie profonde et semblait ne plus l'entendre ; son grand œil bleu, immobile et perdu dans l'espace, révélait que sa pensée s'égarait bien loin de ce qui se passait autour d'elle. Cela du reste durait peu d'instants : elle se réveillait comme en sursaut, et elle ne tardait point à ramener sur l'ami de sa famille son regard doux et curieux.

Au logis de maître Watteriau, les choses n'avaient subi d'autres modifications qu'un redoublement d'amour du vieillard pour ses griffonnages et ses calculs du soir, et qu'une diminution d'assiduité à son bureau. Il n'y allait guère plus de trois ou quatre fois la semaine, — encore n'était-ce que les après-midi,—pour contrôler, disait-il, la besogne de Jean-Baptiste, qu'il ne contrôlait point du tout. Il prenait, il est vrai, ses lunettes, en essuyait les verres, les mettait sur son nez, et installait devant lui les registres et les feuilles à souches. A peine en avait-il commencé l'examen, que ses paupières se fermaient, que sa tête se penchait et qu'un ronflement sonore trahissait le sommeil dans lequel il venait de tomber. Au premier coup de quatre heures, il se réveillait, repoussait de la main les registres, disait à son neveu : « Voilà qui est parfait ! » et reprenait le chemin de sa maison, où l'attendait, moitié souriant, moitié grognant, la vieille femme de ménage, devenue tout à fait la commensale de M. Watteriau. Celui-ci l'avait déterminée à quitter le béguinage, à s'installer chez lui en qualité de gouvernante et non pas de servante, comme elle le disait emphatiquement, et à lui sacrifier son indépendance. Elle ne cessait de rabâcher cela deux ou trois fois par jour. Depuis que Marthe était la plus heureuse des femmes chez le vieillard, elle s'était fait une sorte de paradis perdu du béguinage, contre lequel autrefois elle maugréait soir et matin.

La cour du bureau de Jean-Baptiste avait changé plus que tout le reste. L'œuvre de la nature va vite quand l'homme ne cherche point à la diriger. Aussi des plantes de cent espèces différentes foisonnaient autour de chaque pavé, grimpaient le long des murs, s'épanouissaient entre les moindres interstices de la muraille, en couronnaient les rebords, s'y dressaient en aigrettes, retombaient en guirlandes et servaient de repaire à je ne sais combien d'insectes.

Un jour que Marie-Madeleine écoutait les descriptions que lui faisait Jean-Baptiste de ce petit monde fécond en merveilles, il lui arriva de s'écrier :

« Quel malheur de ne pouvoir connaître tout cela autrement que par des récits ! »

A ces paroles, le jeune homme, je l'avoue, se promit d'arracher, dès le lendemain, les plantes de la cour, d'en faire prisonniers les insectes, et d'apporter à la jolie curieuse les produits de cette razzia. Il y songea pendant la nuit, car il ne dormit guère ; il emporta même une boîte pour y déposer les fleurs et les insectes. Mais, au moment de se mettre à l'œuvre, le cœur lui faillit ; il lui sembla qu'il allait commettre une véritable profanation.

Tout à coup, prenant son chapeau et sa boîte, il sortit précipitamment de son bureau sans même s'inquiéter de l'heure qu'il était et de ce qu'on penserait en voyant son travail abandonné avant que le beffroi en eût légalisé la clôture.

A cinq heures, cependant, on attendait encore Jean-Baptiste chez le menuisier.

Louise était revenue de l'école seule et de fort mauvaise humeur; Jacques avait taillé de travers une mortaise, et, pour la première fois de sa vie, il avait reçu pour ce méfait une taloche de son père; l'impatience et l'inquiétude donnaient sur les nerfs, cependant bien robustes, de maître Watremetz. Quant à Marie-Madeleine, elle allait, elle venait, elle se penchait à la porte, elle regardait au loin; ses mains tremblaient; son petit pied battait le sol sans qu'elle s'en aperçût; enfin elle oublia de servir le goûter de son frère et de son père; on eût dit une âme en peine.

Tout à coup un bruit de pas bien connu, mais plus précipité que de coutume, résonna au bout de la rue solitaire, et Jean-Baptiste apparut, hors d'haleine, le front humide, et une grosse boîte sous le bras. Le beffroi sonnait en ce moment cinq heures et demie.

Les visages inquiets et assombris se rassérénèrent; les yeux de Marie-Madeleine s'emplirent de larmes, et, pour les cacher, elle s'assit ou plutôt elle tomba sur sa chaise en détournant la tête.

« Voilà un bel accueil que vous me faites, Marie-Madeleine ! dit Jean-Baptiste en déposant sa boîte sur les genoux de la jeune fille... C'est à cause de vous que j'arrive si tard ! »

Et il ouvrit la petite caisse, que remplissaient toutes sortes de plantes.

Les femmes ont parfois des mouvements involontaires de cruauté.

« Quoi ! demanda sévèrement Marie-Madeleine, c'est à

dévaster cette cour que j'aime tant, sans l'avoir jamais vue, que vous avez employé l'heure pendant laquelle...?»

Elle faillit dire : « J'ai tant souffert ! » Mais elle s'arrêta court, et reprit :

« ...L'heure pendant laquelle on vous attendait ici ? »

Puis elle ajouta avec un sourir amer :

« En vérité, je croyais mériter d'être mieux comprise de quelqu'un que je vois tous les jours. On ne saurait mieux me faire repentir d'un mot imprudent que j'ai dit sans y songer. Un autre jour, j'y réfléchirai à deux fois avant de parler devant vous !

— Que vous êtes injuste ! répondit Jean-Baptiste après un moment de silence. Hier, vous m'avez témoigné le désir de voir les plantes dont je vous parlais sans cesse ; j'ai été en récolter de semblables dans la campagne pour vous les apporter. »

Le cœur de Marie-Madeleine, qui s'était roidi sans qu'elle sût pourquoi, se détendit tout à coup : à son excitation nerveuse succéda un mouvement d'expansion et de tendresse.

« Ah ! vous êtes bon, et je suis méchante ! » murmura-t-elle en tendant la main au jeune homme.

Ému au delà de ce qu'on pourrait dire, il prit cette main qui tremblait dans la sienne, cette main qu'il touchait pour la première fois.

« Les jolies plantes ! s'écria-t-elle en retirant sa main, non sans rougir du mouvement d'abandon qui la lui avait fait donner ; non sans se pencher pour dérober cette rougeur. Les jolies plantes ! laissez-moi bien les examiner ! »

Puis elle se leva brusquement.

« Et mon père, et mon frère à qui je n'ai pas encore servi leur goûter!» reprit-elle avec un laisser-aller affecté que démentait son trouble.

Jean-Baptiste, qui, de son côté, se sentait plein d'agitation, salua maître Watremetz, retourné à son établi, et qui n'avait point pris garde à la petite scène que nous venons de décrire.

IV

Le lendemain, pendant que Jean-Baptiste conduisait Louise à l'école, la petite fille, chemin faisant, lui reprocha d'avoir donné, la veille, toutes les belles fleurs à Marie-Madeleine.

« Elle n'a point voulu m'en laisser toucher une seule, ajouta-t-elle. Le soir, elle les a baisées une par une, puis elle les a placées entre les pages d'un grand livre de prières, en les étalant comme il faut pour que rien ne les gâte ni les chiffonne; puis elle a dit de longues, longues prières, et elle pleurait en les disant. »

Les bavardages de la petite Louise avaient produit une telle impression sur Jean-Baptiste, que son oncle, déjà installé dans le bureau de la mairie, remarqua la pâleur du pauvre garçon, s'en inquiéta, et lui en demanda la cause. Son neveu allégua une grande pesanteur de tête et un malaise subit qu'il attribuait au manque d'exercice.

« Tu as raison, dit avec bonté le vieillard. Tu n'as que vingt-huit ans, et tu ne peux mener la vie que mène un vieillard comme moi. Eh bien, prends une journée de congé; va dîner à la campagne dans quelque ferme, à une ou deux lieues de la ville. Peut-être n'as-tu plus d'argent, car nous touchons à la fin du trimestre? Tiens, voilà un écu de six livres. Va-t'en libre et joyeux comme l'air. »

Et, moitié gaiement, moitié douloureusement, il tira du plus profond de sa poche une bourse de cuir, y prit une belle pièce d'argent, qu'il retourna deux ou trois fois dans ses doigts, soupira, la glissa dans la main de son neveu, et s'installa résolûment devant le bureau.

« Cela va me rajeunir de faire seul la besogne, murmura-t-il en plaçant ses lunettes sur son nez. Embrasse-moi, et en route ! »

Jamais Jean-Baptiste n'avait vu son oncle si bon pour lui. Il le serra dans ses bras avec effusion et partit, car il éprouvait le besoin d'être seul, de s'interroger, de lire dans son cœur, qui battait avec tant de violence.

Il n'en fut rien pourtant. A peine avait-il franchi les portes de la ville et pris un petit sentier détourné dans lequel il s'attendait à trouver une solitude profonde, qu'il se rencontra nez à nez avec M. Capron.

M. Capron était un vieux pharmacien que chacun dans la ville aimait et respectait. Pieux, charitable, regardé comme un savant hors ligne, car au temps de sa jeunesse il avait été, disait-on, à Paris, préparateur de Fourcroy, il s'occupait beaucoup, malgré son grand âge, de chimie et de botanique. Au moment où le neveu de M. Watteriau en fit la rencontre, il herborisait le long du sentier.

Jean-Baptiste le salua respectueusement et se disposait à passer outre. M. Capron l'arrêta.

« Vous qui êtes jeune et leste, lui dit-il, rendez-moi donc le service d'aller me cueillir, de l'autre côté de ce fossé, la plante de sabline (*arenaria*) que voici. Je ne serais pas fâché d'en mettre un si bel exemplaire dans mon herbier. »

D'un bond Jean-Baptiste sauta de l'autre côté du ravin, et d'un autre bond il rapporta la plante.

« Est-elle bien complète? lui demanda le pharmacien:

— Rien n'y manque, sauf sa fleur rouge, répondit Jean-Baptiste. Cependant je m'étonne de ne pas l'y trouver, car c'est au mois de juin que la sabline fleurit. »

M. Capron le regarda avec surprise.

« Je connaissais depuis longtemps cette plante. Seulement j'en ignorais le nom. Il y en a cinq ou six pieds dans la cour de mon bureau; ses tiges rameuses s'étalent partout en traînant, sa graine est nue et anguleuse.

— Alors c'est la sabline *rubra* de Linné, et non la *segetalis*, qui pousse dans votre cour; répliqua M. Capron. Mais pourquoi l'avez-vous si bien observée?»

Jean-Baptiste raconta au vieillard comment il s'était pris à regarder et à étudier les herbes sauvages de sa cour, et comment elles faisaient une de ses plus chères distractions. Il s'exprima avec tant de chaleur et d'intelligence, que le vieillard lui frappa sur l'épaule, en lui disant :

« Pardieu! avec des dispositions pareilles, il ne tient qu'à vous de savoir, en huit jours, autant de botanique que moi.

— Vous me rendriez bien heureux si vous réalisiez un de mes rêves les plus ardents.

— Soit! touchez là. Je vous prends pour mon élève. Commençons. »

Il s'assit sur un tertre; Jean-Baptiste se plaça près de lui, et M. Capron se mit à lui expliquer clairement et succinctement les lois générales de la botanique, d'après Linné. Le jeune homme dévorait les paroles du savant; chacune des questions qu'il adressait à son maître improvisé démontrait avec quelle rapidité il le comprenait. Ensuite, il fallut que l'adepte nommât au néophyte toutes les plantes que celui-ci récoltait et lui présentait. Elles se composaient, cela va sans dire, d'échantillons semblables à ceux que produisait la cour des contributions indirectes.

A mesure que le vieillard les lui désignait, Jean-Baptiste prenait des notes, et ne se lassait pas plus d'interroger son nouvel ami que celui-ci ne se lassait de répondre. Tout à coup, au plus fort de la leçon, trois heures et demie sonnèrent au clocher de la ville.

Le jeune homme se leva brusquement.

« Il faut que je m'en retourne, monsieur, s'écria-t-il. Quand me permettrez-vous de vous revoir?

— Quand vous le voudrez, mon jeune élève. En attendant, vous allez, s'il vous plaît, m'offrir votre bras jusque chez moi. Je me sens un peu fatigué, et puis nous continuerons à deviser en route. »

Jean-Baptiste eut bien de la peine à dissimuler la contrariété que lui causait cette prière. Il ne retrouva un peu de calme qu'après avoir repris le chemin de la ville. Encore M. Capron dut-il plus d'une fois insister pour qu'on modérât un pas de la rapidité duquel s'accommodaient peu ses jambes septuagénaires.

Quoi qu'il en soit, au moment où quatre heures sonnaient, les deux promeneurs franchissaient la porte de

la ville; le plus âgé serrait la main du plus jeune, et
lui faisait promettre de venir le voir le lendemain; l'autre,
suivant une expression populaire, prenait ses jambes à
son cou, et courait, sans s'arrêter, jusqu'à l'entrée de la
rue du menuisier. Là, il respira un peu, reprit sa marche
d'un pas calme en apparence, et se demanda avec anxiété
de quelle façon il aborderait Marie-Madeleine.

Tout entier aux souvenirs de la veille, Jean-Baptiste re-
doutait à la fois son propre trouble et le trouble de la
jeune fille; il craignait qu'elle pût encore moins que lui
maîtriser son émotion. A sa grande surprise, il la trouva,
en apparence, aussi calme que d'ordinaire. Elle l'accueillit comme elle l'accueillait tous les jours, avec un sourire amical, et sans même qu'une légère rougeur passât
sur ses joues.

« Mon père et mon frère sont allés travailler en ville,
dit-elle; ils ne tarderont point à rentrer. Vous attendrez
leur retour, n'est-ce pas?... Qu'avez-vous donc? vous êtes
pâle et tremblant ! Seriez-vous malade, mon Dieu ?

Et, en disant cela, elle pâlissait elle-même.

« Rassurez-vous, Marie-Madeleine ; j'ai couru un peu
vite pour vous voir plus tôt, voilà tout.

— Ah! j'ai eu peur ! reprit-elle en respirant à l'aise et
reprenant sa sérénité. Nous avons tous ici tant d'amitié
pour vous ! Si vous saviez comme je m'en suis voulu hier
de m'être montrée méchante à votre égard ! Eh bien, c'é-
tait encore de l'amitié ! Vous n'êtes point venu à l'heure
ordinaire ; mon père lui-même craignait qu'il ne vous fût
arrivé quelque accident; moi, je me sentais aussi tout
agitée de cette crainte ...J'en ai pleuré en faisant ma prière..

Enfin, vous me pardonnez, n'est-ce pas? Quand je pense que c'était pour satisfaire un de mes désirs que vous arriviez si tard! Aussi j'ai pris bien soin de vos plantes. Je les ai arrangées comme il faut dans la Bible de ma mère. Tenez, regardez; elles se dessécheront là, tout doucement, sans perdre ni leurs couleurs, ni leurs formes. »

En disant cela, elle prenait le livre dans sa grande corbeille à ouvrage, et elle en tournait les pages pour montrer à Jean-Baptiste l'herbier improvisé.

Pendant qu'elle disait cela et qu'elle feuilletait le volume, le cœur du jeune homme s'était serré. « Elle ne m'aime point! pensait-il : sans cela, me parlerait-elle avec cette adorable et décourageante naïveté?... Tant mieux! ajouta-t-il. A quoi servirait-il qu'elle m'aimât? A m'éloigner d'elle pour toujours. Hélas! peut-on se laisser aimer quand on est pauvre, et sans espoir de s'arracher à la pauvreté?

— Vous ne me répondez pas? demanda Marie-Madeleine. Vous êtes songeur!

— Je songe, Marie-Madeleine, qu'il manque quelque chose à votre herbier.

— Quoi donc? reprit-elle avec une surprise mélangée de quelque peu de dépit.

— Il y manque les noms des plantes écrits au bas de chacune d'elles, sur une jolie petite étiquette.

— Comment les y mettre, puisque ni vous ni moi ne les savons?

— Je les ai appris aujourd'hui pour vous les dire. »

Une expression de reconnaissance ou plutôt de tendresse anima les traits de Marie-Madeleine. Elle resta quelques instants sans prononcer un mot : l'altération de sa voix eût trahi une émotion qu'elle voulait cacher. Cependant, cette voix semblait encore un peu altérée quand elle balbutia :

« Merci ! vous me rendez bien heureuse ! »

Jean-Baptiste ne put répondre que par un mouvement de tête ; des larmes l'étouffaient.

« Elle m'aime ! elle m'aime ! se disait-il.

— Vite, vite, les noms des plantes ! s'écria Marie-Madeleine, qui, elle aussi, se sentait gagnée par l'émotion. Vite ! vite ! ajouta-t-elle avec une gaieté forcée et pour couper court à cette situation. Vite, vite ! vous savez que je suis impatiente et mauvaise quand j'attends ; ne me faites donc point attendre. Comment appelez-vous cette jolie tige fine à feuilles étroites que termine un petit bouquet de fleurs blanches si fines, si fines, qu'on les voit à peine ?

— La *bourse à pasteur*[1], elle jouit de propriétés médicinales ; voici le muflier *tête de mort*[2], qui ressemble à une gueule-de-lion ; ces feuilles velues et glabres appartiennent à la *linaire*[3], qui pousse sur les vieux murs, à côté de la *giroflée sauvage*[4], au milieu d'une forêt naine de *columelles*. On appelle ainsi la mousse des murailles, qui s'étale sur cette page comme un morceau de velours ; elle produit les mêmes effets que l'émétique.

« Voici encore l'*orpin des pierres*[5] et le *sauve-vie*[6] ou *petite rue*, dont les feuilles mignonnement découpées dé-

---

[1] *Thlaspi bursa pastoris.*
[2] *Antirrhenum majus.*
[3] *Linaria cymbalaria.*
[4] *Cheiranthus cheïri.*
[5] *Sedum acre.*
[6] *Asplenium ruta muralis.*

tachent nettement sur la marge blanche de votre livre leurs ovales dentelés.

« Il y en a de nombreuses et de charmantes sur le haut du mur de mon bureau. Que le vent le plus léger souffle, qu'un insecte passe, elles se courbent et s'agitent en tremblant avec grâce. Vous avez encore la *stellaire*[1], la *grande-marguerite*[2] à deux fleurons blancs ; le *silène*[3], dont la fleur également blanche affecte la forme d'un verre à boire ; le *réséda sauvage*[4], qui donne une belle teinture jaune ; la *fétuque*[5], la *folle-avoine*, le *paturin*[6], qui poussent entre mes pavés. Regardez encore l'*hépatique* bleuâtre ou *fleur de la Trinité*[7] ; la *renoncule grenouillette*[8], qui foisonne dans un coin toujours humide ; le *bec-de-grue*[9], qui pousse en plein sur un petit tas de sable, le *peigne de Vénus*[10], le *perce-pierre*[11], la *dent-de-lion*[12], qui se pare d'une aigrette brillante sur laquelle les enfants soufflent, en disant : *Un peu, beaucoup, pas du tout* ; la *campanule* ou le *bâton de Jacob*[13], la *pariétaire*[14], l'*éclaire*[15], le *pied-*

[1] *Stellaria graminea.*
[2] *Chrisanthenum leucanthemum.*
[3] *Silene inflata.*
[4] *Reseda luteola.*
[5] *Festuca ovina.*
[6] *Poa annua.*
[7] *Hepatica.*
[8] *Ranunculus arvensis.*
[9] *Erodium cicutarium.*
[10] *Scandix pecten Veneris.*
[11] *Saxifraga tridactylides.*
[12] *Taraxacum dens leonis.*
[13] *Campanula rotundifolia.*
[14] *Parietaria officinalis.*
[15] *Chelidonium majus.*

d'alouette[1], le *seneçon*[2], la sinistre *jusquiame noire*[3], la
bienfaisante *douce-amère*[5], l'*écuelle d'eau*[5], la *pâquerette
des champs*[6], la *marguerite*...

—Je connais bien celle-là, interrompit Marie-Madeleine.
Ma mère, quand j'étais petite, me menait toujours en
cueillir avec elle dans les prés, et je lui faisais, chaque
fois, me raconter une histoire qu'elle savait sur cette
fleur.

—Vous allez me la dire, n'est-ce pas, Madeleine?

—Saint Druon avait pour sœur sainte Olle. Quand tous
les deux se vouèrent au culte du Seigneur, ils se retirèrent
chacun de leur côté dans un ermitage, l'un à droite et
l'autre à gauche de l'Escaut. Dans les premiers temps,
tous les matins, le frère et la sœur venaient, sur les rives
du fleuve, échanger de loin une parole ou du moins un
geste d'affection. Un jour d'hiver, saint Druon dit à sainte
Olle : « Ma sœur, il faut sacrifier à Dieu nos fréquentes
« et douces entrevues, qui nuisent à notre recueillement.
« Désormais, nous ne nous verrons plus qu'une seule fois
« l'année, au printemps, quand fleuriront les premières
« marguerites. »

« Sainte Olle pleura, pria, supplia son frère de ne point
la priver de sa vue pendant si longtemps. Rien ne put
ébranler la volonté du solitaire. Sainte Olle rentra donc
dans son ermitage, en proie à un grand désespoir, et elle

[1] *Delphinium Ajacis.*
[2] *Senecio vulgaris.*
[3] *Hyoscyamus niger.*
[4] *Solanum dulcamara.*
[5] *Hydrocotyle vulgaris.*
[6] *Bellis perennis.*

passa la nuit en larmes et en oraisons. Le lendemain, jugez de sa surprise, quand elle s'éveilla ! A chaque pas, sous la neige à demi fondue, des marguerites fleurissaient le long de la rive de l'Escaut. Elle se jeta à genoux, remercia Dieu avec effusion et appela son frère à grands cris. Comme saint Druon ne venait pas, un ange apparut à la vierge, lui fit signe de détacher son tablier, de le poser sur l'eau, de s'y asseoir, et de déployer son voile, dans lequel le vent se mit à souffler. Sainte Olle obéit et elle aborda aussitôt de l'autre côté du fleuve, qui se trouvait également émaillé de marguerites.

« Il fallut bien que saint Druon se rendît à ce double miracle. Désormais il vint donc, comme par le passé, chaque matin, souhaiter une bonne journée à sa sœur.

« Depuis lors, les marguerites fleurissent toute l'année dans le pays, été comme hiver, printemps comme automne.

— En effet, ce doit être une bien grande douleur pour ceux qui s'aiment de ne plus se voir! soupira Jean-Baptiste.

— Sainte Olle en serait morte sans doute, répliqua Marie-Madeleine. Moi, si j'avais un pareil malheur, si quelque fatal accident me séparait de... ceux que j'aime... »

Elle s'interrompit et se leva brusquement pour aller au-devant de son père, qui revenait sa scie sur l'épaule, et de son frère, qui de loin criait gaiement « Bonjour ! » à Jean-Baptiste.

Le lendemain, c'était précisément un dimanche, Jean-Baptiste, au sortir de la messe, se rendit chez M. Capron.

Le pharmacien, déjà poudré et rasé de frais, en culotte

courte et en habit marron d'une forme ancienne, se tenait dans le comptoir de sa pharmacie. Dès qu'il aperçut
le jeune homme, il quitta tout pour le recevoir, tout,
même jusqu'à un julep, qu'à l'exemple de l'excellent
M. Purgon de Molière, il commençait à préparer de ses
propres mains. Il en confia l'exécution à l'un de ses aides,
non sans lui adresser des recommandations minutieuses
sur la manière de confectionner la potion.

« N'oubliez point le proverbe chinois que je vous ai répété déjà bien des fois, dit-il en terminant : « Il faut deux
« yeux au pharmacien qui amalgame les drogues, tandis
« qu'il n'en faut qu'un au médecin qui les prescrit ; le
« malade qui les prend doit être aveugle. »

Là-dessus il sortit de son laboratoire, fit signe à Jean-
Baptiste de le suivre, et le conduisit dans une petite serre
pleine de fleurs exotiques.

« Ce ne sont plus là les plantes sauvages de notre promenade d'hier, fit-il observer, et cependant les filles des
champs ne le cèdent en rien à celles-ci. Aux yeux de la
science, les unes et les autres ont des mœurs également
étranges et des amours également mystérieuses. Sauf la
nomenclature, qui exige une bonne mémoire et dans les
méandres de laquelle la méthode créée par Linné ne permet guère de s'égarer, je ne sais rien de merveilleux et
d'attachant comme l'étude de leur germination, de leur
développement, de leurs fleurs, de leurs fruits, de leur
alimentation et de leur reproduction. Elles naissent, meurent, respirent, aiment, se défendent, s'attaquent et se
détruisent, à peu de chose près, comme les hommes. »

Là-dessus, il reprit sa leçon où il l'avait laissée la veille ;

si bien qu'à trois heures et demie ils étaient encore là, lui à parler, Jean-Baptiste à dévorer les paroles du botaniste.

A dater de ce moment, l'attention de l'élève commença singulièrement à faire défaut; M. Capron s'en aperçut.

« Restons-en là pour aujourd'hui, dit-il. Seulement emportez ce Linné, que je vous ai préparé et que vous vous procureriez difficilement dans notre petite ville. Maintenant que le beffroi sonne ses quatre coups fatidiques, partez! Comme Cendrillon, n'allez point, par votre inexactitude, irriter quelque belle fée. Au revoir! à bientôt! »

Jean-Baptiste ne se fit point répéter deux fois son congé; en quelques minutes, il fut près de Marie-Madeleine et lui raconta tout ce que le pharmacien lui avait enseigné.

Deux ou trois fois par semaine, le neveu de M. Watteriau passait ses soirées chez son maître de botanique; le lendemain il redisait à l'intelligente fille du menuisier les leçons qu'il avait prises. Il en résulta qu'elle en sut bientôt autant que Jean-Baptiste et qu'elle se passionna plus que lui peut-être pour la botanique. La Bible ne put suffire aux nombreux échantillons de plantes que Jean-Baptiste recueillait et apportait chaque jour; on la remplaça par de grands cahiers de papier gris in-folio, que le pharmacien avait donnés à son élève. Peu à peu l'atelier de maître Watremetz se transforma en serre : de belles plantes rares offertes par M. Capron prirent droit de cité dans cette vaste pièce, que chauffait, l'hiver, un grand poële plein de charbon de terre, et que, l'été, grâce à son exposition en plein midi, le soleil caressait toute la journée. Marie-Madeleine veillait sur ses fleurs avec une sollicitude de tous les instants; il fallait pour ainsi dire, chaque jour, que son père ajoutât de nouvelles planches le long du mur, pour loger les pensionnaires parfumées qu'apportait Jean-Baptiste quand il revenait de visiter M. Capron. Le brave ouvrier, du reste, commençait à savoir distinguer par leurs noms, sans trop se tromper, la plupart des plantes. Quant à Jacques et à Louise, ils les aimaient aussi passionnément que leur sœur, et ils eussent rendu des points à un nomenclateur de profession.

<h3 style="text-align:center">V</h3>

Un jour que Jean-Baptiste venait d'ajouter à tant de richesses un trésor de plus, un *cactus grandiflorus*, et qu'il rentrait un peu tard chez son oncle, à l'extrême inquiétude de dame Marthe, il trouva M. Watteriau un peu souffrant. Le vieillard n'avait point touché au souper; toutefois, comme d'habitude, il s'occupait à feuilleter ses dossiers favoris; seulement il dut s'y reprendre à plusieurs fois pour terminer un de ses calculs qu'il résolvait d'ordinaire avec une facilité triomphante.

« Je me sens mal à mon aise, dit-il à son neveu. J'ai la tête lourde. »

Il voulut reprendre ses travaux de chiffres, mais il échoua encore.

Après avoir tenté un nouvel effort et poussé un profond soupir, il se leva péniblement, rassembla les papiers, les rangea sur les rayons de l'armoire où il les enfermait d'ordinaire, mit la clef, comme d'habitude, dans la poche de son gilet, et revint s'asseoir devant le poêle, en silence et la tête penchée sur la poitrine.

Après une demi-heure environ, il se redressa et montra à Jean-Baptiste, qui lisait un livre de botanique, un visage plus pâle et plus fatigué que d'habitude.

« Mon ami, lui dit-il, je crois que M. le curé du Saint-Sépulcre a raison ; j'ai peut-être oublié un peu trop les pauvres. »

Il se replongea dans ses réflexions. A quelque temps de là, sans faire le moindre mouvement, sans même soulever la tête, il murmura d'une voix à peine intelligible :

« J'ai trop négligé les pauvres ! Ne fais point comme moi, Jean-Baptiste. »

Quand la pendule sonna huit heures, le vieillard, qui dormait profondément et qui ronflait même un peu, ne se leva point pour monter se coucher. C'était la première fois peut-être que cela lui arrivait depuis cinquante ans.

A neuf heures, il était encore là, immobile et muet. Ses ronflements s'étaient peu à peu éteints.

Jean-Baptiste, que, jusqu'alors, avait absorbé la lecture de son livre de botanique, commença à s'inquiéter de ce sommeil inusité. Il se leva ; il toussa ; il remua bruyamment sa chaise. M. Watteriau ne fit point un mouvement.

A la fin, n'y tenant plus, le jeune homme dit à son oncle :

« Ne vaudrait-il pas mieux vous coucher que de dormir de la sorte au coin du feu ? Dix heures viennent de sonner, et Marthe tombe de fatigue. »

M. Watteriau ne répondit pas.

Jean-Baptiste, alors, posa doucement sa main sur la main du vieillard. Cette main était glacée.

Marthe, qui, fort tourmentée elle-même, avait arrêté son rouet pour regarder, répondit par un cri de désespoir au cri que poussa le jeune homme. Elle s'élança vers son maître et lui prodigua tous les soins imaginables sans pouvoir le ranimer. Jean-Baptiste, qui la secondait avec ardeur, la quitta pour courir à la hâte chercher M. Capron.

Celui-ci, qui demeurait dans le voisinage, accourut aussitôt. Quand il eut examiné quelques instants le vieillard, il fit le signe de la croix, s'agenouilla et dit :

« Il ne nous reste plus qu'à prier pour lui ! »

VI

Jamais douleur ne fut assurément plus sincère que celle de Jean-Baptiste. Pendant trois ou quatre jours, la mort de son oncle le jeta dans un anéantissement absolu. Ni la sollicitude de Marthe, ni l'affectueuse amitié de M. Capron, ne purent lui rendre quelque énergie. Ce dernier, qui en savait sur Jean-Baptiste beaucoup plus long que le jeune homme ne le soupçonnait, alla trouver, en désespoir de cause, maître Watrèmetz et sa fille. Il leur démontra sans trop de peine que la timidité qui les empêchait de visiter un ami malheureux était presque coupable, et il finit par amener toute la famille dans la petite maison de la rue des Ratelots. Les enfants sautèrent au cou de leur ami, qu'ils n'avaient point vu depuis longtemps ; Nicolas l'embrassa, les larmes aux yeux ; et Marie-Madeleine prit ses mains dans les siennes, et lui murmura de ces paroles qui, sans consoler, ôtent du moins à la douleur un peu de son amertume.

Après une bonne visite de deux heures, quand les braves gens furent partis en promettant de revenir, M. Capron dit à son élève :

« Mon cher ami, voici plusieurs jours que votre bureau chôme et qu'un surnuméraire vous y remplace. Non-seulement il faut au plus tôt reprendre vos travaux habituels, mais encore songer à l'avenir, et à vous assurer de droit une place dont, depuis tant d'années, vous remplissez seul, de fait, les fonctions. J'ai de bonnes relations avec le directeur des contributions indirectes, botaniste, du reste, d'assez mince valeur. Demain, de grand matin, nous irons le voir ensemble, et nous lui demanderons pour vous la survivance de votre oncle. Une fois cette survivance obtenue, nous parlerons d'autre chose. J'ai dans l'idée que vous m'en croirez quand je vous dirai qu'il faut penser à vous marier. »

Là-dessus, sans attendre la réponse de Jean-Baptiste, il sortit brusquement.

Le lendemain, il trouva son protégé en grand deuil et prêt à l'accompagner.

Jean-Baptiste n'était déjà plus le même homme.

Dieu sait, — et M. Capron le savait aussi, — quelles nouvelles pensées avaient tout à coup fait naître, chez le pauvre garçon, les dernières paroles dites la veille par le pharmacien ! A travers les crêpes de sa douleur, la vie lui était subitement apparue, dans un avenir prochain, calme et riante. L'amour de Marie-Madeleine, une famille, des enfants qui s'ébattaient au milieu du petit jardin! une existence, obscure et médiocre sans doute, mais entourée de tant d'ineffables joies, qu'elle vaudrait mieux que les richesses! c'était à n'en point dormir, et il n'en dormit guère. Toute la nuit, ces idées bénies tournoyèrent à son chevet; s'il s'assoupit quelques instants, ce fut pour les retrouver en rêve.

Le cœur, non-seulement plein d'espoir, mais encore de sécurité, Jean-Baptiste accompagna M. Capron chez le directeur des contributions indirectes.

Toutefois, en passant devant l'atelier du menuisier, il se pencha vers Marie-Madeleine, et lui murmura tout bas à l'oreille :

« Je vais demander la survivance de la place de receveur : Dieu veuille que je l'obtienne! Priez-le bien, il y va de mon bonheur! »

Le visage de la jeune fille rayonna de joie, et M. Capron, qui avait feint de ne rien entendre, se frotta gaiement les mains.

« Pauvres enfants, comme ils s'aiment! se dit-il *in petto*, et comme ils vont être heureux... si je réussis! »

Le cœur de Jean-Baptiste battit bien un peu quand il se trouva face à face avec la grande et froide figure de son chef suprême, mais il sentit le calme renaître en lui dès les premières paroles de M. Capron et surtout dès le sourire qu'elles amenèrent sur les lèvres du fonctionnaire.

« Mon cher monsieur, dit le pharmacien, permettez-moi de vous présenter un de mes jeunes amis, M. Raparlier. Vous le savez, je me pique de botanique, mais ce garçon-là, depuis seulement quelques mois qu'il a ouvert Linné, m'a laissé de bien loin derrière lui. Il se meurt d'envie de visiter votre jardin et vos serres, les plus belles sans contredit du département.

— Je les lui montrerai bien volontiers, répondit le directeur tout à fait humanisé. Veuillez m'accompagner; je vais vous faire les honneurs de ma fort modeste collection de plantes exotiques. »

Il prononça toutefois le mot *modeste* de manière à lui donner la valeur du mot *incomparable*, et il emmena M. Capron et son protégé dans une serre semblable à celles que possèdent la plupart des bourgeois aisés du nord de la France.

Le pharmacien s'évertua à mettre en évidence et à faire valoir son élève. Celui-ci, tenu en éveil par le sentiment de l'intérêt personnel, commit avec un aplomb imperturbable, à l'égard du directeur et de ses fleurs, mille petites flagorneries qu'il traitait tout bas de lâchetés, mais qu'il n'en renouvelait pas moins à chaque instant. Le directeur était évidemment charmé.

« Voilà un savant d'un vrai mérite ! dit-il à M. Capron tout bas, mais assez haut cependant pour que Jean-Baptiste l'entendît.

— Vous avez raison, repliqua le bonhomme. Vos paroles m'enhardissent à solliciter pour lui, je ne dirai pas une faveur, mais un droit. M. Raparlier est le neveu de M. Watteriau, le receveur des contributions indirectes, qui vient de mourir. Depuis six ans, M. Raparlier remplissait seul les fonctions d'une place que son vieil oncle ne pouvait plus desservir. Accordez la survivance de la place à ce charmant garçon. »

À mesure que M. Capron parlait, la physionomie du directeur passait du plaisant au sévère ; l'horticulteur disparaissait pour ne plus laisser voir que le fonctionnaire.

« Vous comprendrez ma contrariété, dit-il, quand vous saurez que M. Raparlier, n'étant même pas surnuméraire de l'administration, ne saurait obtenir les fonctions que vous sollicitez pour lui. D'ailleurs, je les ai conférées hier à un autre. Cependant j'éprouve si vivement le désir de vous être agréable, que, dût ma responsabilité en souffrir, je le maintiendrai dans l'emploi d'auxiliaire qu'il exerce. Peut-être même le ferai-je admettre plus tard au surnumérariat. Ensuite nous verrons. »

Jean-Baptiste écoutait ces paroles avec quelque chose des sensations du condamné qui entend un président de cour d'assises lire son arrêt de mort. Il salua silencieusement, et, se soutenant à peine, il sortit, sans même serrer la main à M. Capron, tout décontenancé.

Il marcha longtemps sans savoir où il allait. Ce ne fut qu'une bonne demi-heure après qu'il s'aperçut qu'il parcourait à grands pas les remparts de la ville. On ne choit point impunément du ciel sur la terre ; le malheureux était tombé bien plus bas encore. Il gisait au fond d'un abîme, où il ne pouvait que s'enfoncer davantage. Adieu à l'amour, à la famille, à l'aisance ! La misère se tenait devant lui, inexorable, glacée, et à toujours !

Dans un accès de désespoir, il sauta sur le parapet ; il s'arrêta court en face de l'effrayant précipice des fossés, dans lequel il plongea un regard désespéré.

« Monsieur Raparlier ! monsieur Jean-Baptiste ! lui cria une petite voix fêlée et essouflée ; où diable sautez-vous donc ainsi ? Voici une demi-heure que je vous hèle et que je cours après vous ! Descendez, que je vous parle ! »

A cet appel, répété plusieurs fois, Jean-Baptiste se retourna et vit le notaire, M. Doremus, qui soufflait et qui s'essuyait le front.

« Ah çà ! demanda ce dernier, êtes-vous fou, sourd ou atteint de la danse de Saint-Guy ? Je m'égosille depuis une heure à vous appeler, et vous sautez sur le parapet, d'un seul bond, comme un saltimbanque de profession ! Dieu veuille que je n'en sois pas malade demain ! me voici tout en sueur ! Aussi vais-je rentrer chez moi, à l'instant, et de mon plus vite. Je sens que je m'enrhume. Pourquoi n'êtes-vous point venu me voir depuis le décès de votre pauvre oncle ? Vous le savez pourtant bien nous avons besoin de causer ensemble.

— Au sujet des rôles et des écritures que mon oncle faisait pour vous, n'est-ce pas, monsieur ? Dès ce soir, je vous les porterai. »

Le notaire leva sur lui deux yeux naturellement effarés. Pour mieux le regarder, il ôta ses bésicles, en frotta les verres et les replaça sur son nez.

En ce moment, le vent souffla de bise plus violemment ; il pénétra même quelque peu à travers la douillette ouatée du petit homme, qui, en maniant ses bésicles, venait d'entr'ouvrir cette douillette.

« Que le diable vous confonde ! dit-il. Vous avez l'air de ne pas me comprendre. La chose est bien simple cependant. M. Watteriau vous a institué son légataire universel ;

et il faut que je vous remette les titres qui composent l'héritage qui vous échoit.

— Pauvre oncle! soupira Jean-Baptiste. Je ne pourrai pas longtemps garder la maisonnette dans laquelle il a rendu son âme à Dieu, et où j'eusse tant voulu mourir moi-même! Figurez-vous, monsieur Dorémus, que je n'ai aucun espoir de lui succéder dans ses fonctions de receveur des contributions indirectes!

— Mon garçon, reprit le notaire, assurément j'attraperais une fluxion de poitrine à vous écouter plus long-temps. Je me sens gelé des pieds à la tête, et même je commence à tousser. — A demain, à huit heures. »

Et, hâtant le pas plus prestement qu'on n'aurait pu l'attendre d'un homme d'un si grand âge, il se dirigea vers son étude, où l'attendaient un bon feu et les soins d'une excellente nièce, qui le dorlotait comme jamais oncle ne fut dorloté.

Jean-Baptiste ne rentra chez lui qu'à la nuit close. Il refusa de souper, — comme l'avait fait fait M. Watteriau le soir de sa mort, — ainsi que le dit tout bas la pauvre Marthe, qui versa de nouveaux déluges de larmes.

Ce soir-là, la famille Watremetz attendit vainement Ra-parlier. Marie-Madeleine, elle aussi, n'avait point laissé que de bâtir des châteaux en Espagne. L'absence de Jean-Baptiste les détruisait de fond en comble. Elle se prit donc à pleurer amèrement, quand, une fois enfermée dans sa petite chambre, elle put s'abandonner sans témoins aux tristes pressentiments qui l'obsédaient, pressentiments qui succédaient à tant de joyeuses espérances inspirées par les paroles que Jean-Baptiste lui avait dites, le matin,

— au moment où il se rendait chez le directeur des contributions.

« On lui a refusé la place ! répétait-elle avec désespoir. Seigneur, ayez pitié de nous ! — de M. Raparlier surtout ! »

Le lendemain, à huit heures, Jean-Baptiste, après avoir mis sous son bras tous les papiers qu'il avait trouvés dans la petite armoire de son oncle, se rendit chez M. Doremus.

Celui-ci l'attendait, assis devant un grand bureau. Sa figure ratatinée, mais fine et honnête, ses cheveux poudrés à frimas, sa petite queue, qui allait et venait sur le collet d'une robe de chambre en soie ramagée, et les deux vastes pantouffles fourrées qui contenaient ses pieds, un peu gonflés d'habitude par la goutte, s'encadraient pittoresquement dans la grande pièce encombrée de cartons étiquetés. La plupart de ces cartons ventrus se bombaient et crevaient, tant il s'y trouvait entassés de dossiers de toute nature.

Le notaire salua le jeune homme, lui offrit un fauteuil à côté du sien, sonna un de ces clercs, et dit d'une voix magistrale : « Prenez le carton W, extrayez-en le dossier Watteriau (Samuel-François), mettez-le sur mon bureau, et que personne n'entre dans mon cabinet avant que je sonne de nouveau ; personne, fût-ce monsieur le sous-préfet ! »

M. Doremus prononça le nom du fonctionnaire avec autant d'emphase respectueuse qu'en eût mis un huissier de la cour pour annoncer : « Le roi, messieurs ! »

Quand le clerc eut laissé seuls l'homme d'affaires et

son client, le premier feuilleta les liasses de papiers qu'il venait de demander, en examina une à une chaque page, et se prit à tousser pour s'éclaircir la voix.

« Décidément, dit-il, je me suis enrhumé hier, et vous en êtes cause, monsieur Raparlier. »

Puis il reprit, après s'être mouché et avoir longuement expectoré :

« Voici le testament de votre oncle Samuel-François Watteriau, de son vivant receveur des contributions indirectes en la ville de Cambrai, etc. Il vous institue son légataire universel. Voici encore tous les titres qui concernent ses propriétés. Veuillez en connaître la teneur.

— Monsieur, répliqua celui à qui s'adressaient ces paroles, je vous l'ai dit, je sais parfaitement à quoi m'en tenir sur l'héritage d'un employé à dix-huit cents francs : une pauvre petite maison rue des Ratelots et quelques minces économies, voilà tout! Que mon oncle n'en soit pas moins béni pour le bien qu'il me fait et pour le peu qu'il a pu me laisser!

— Ah çà! vous moquez-vous de moi, ou réellement ne connaissez-vous pas quelle fortune vous lègue votre oncle? s'écria le notaire, dont la patience n'était pas la première vertu. Écoutez-moi donc une bonne fois, peut-être finirez-vous par me comprendre. Votre oncle a hérité, en 1793, de soixante-dix mille francs. Avec cette somme, il a fait l'acquisition de biens nationaux payés à vil prix, en assignats, qui lui ont rapporté des intérêts considérables; plus tard, il a vendu ces immeubles, dont la valeur avait quadruplé.

« En 1814, quand les rentes sur l'État se payaient à

peine quelques francs; il s'en est procuré pour tout l'argent comptant qu'il avait en caisse, et il en avait beaucoup. Aux rentes ont succédé des achats considérables d'actions de mines de charbon, rapportant aujourd'hui cent pour cent. Jamais il n'a dépensé un sou de tout cela: son bonheur consistait à voir sans cesse s'accroître, dans des proportions gigantesques, une fortune son ouvrage, qui s'élève aujourd'hui, comme vous pouvez le vérifier, à dix-huit cent mille francs. »

Jean-Baptiste, hébété, regardait le notaire sans le comprendre.

« Un million huit cent mille francs! répéta celui-ci en élevant encore plus la voix; quelque chose comme quatre-vingt mille livres de rente. »

Jean-Baptiste, qui comprenait enfin, se prit à pleurer et à rire à la fois; puis, quand il eut un peu repris ses sens:

« Monsieur le notaire, dit-il, je vous en supplie, que personne que vous et moi ne sache ce que vous venez de m'apprendre.

— Ma profession me fait un devoir d'être discret, et j'en ai depuis longtemps l'habitude, repartit le notaire.

— Merci, monsieur, au revoir.

— Ne voulez-vous pas d'argent?

— Bien obligé, je n'en ai pas besoin. »

En achevant ces mots, il sortit, chancelant comme un homme ivre.

Il ne lui fallut pas moins d'une bonne heure passée en plein air, dans la campagne, pour reprendre complétement ses sens. Une fois maître de lui, et un peu plus calme, il revient en ville et se dirigea vers le logis de maître Nicolas.

Ce dernier se trouvait seul dans l'atelier. Jacques travaillait en ville, Louise était à l'école, Marie-Madeleine n'occupait point sa place habituelle.

« Mon vieil ami, dit Jean-Baptiste en tendant la main à l'ouvrier, voulez-vous devenir mon père? »

Nicolas le regarda avec stupéfaction.

« Voulez-vous me donner votre fille en mariage? »

Le menuisier ôta machinalement sa casquette.

« Moi! moi! balbutia-t-il. Un pareil bonheur... vous voulez donc que je meure de joie? »

En ce moment et tandis que, vivement émus tous les deux, ils s'embrassaient, Marie-Madeleine, qui revenait de puiser de l'eau, rentra; d'un regard elle comprit ce qui se passait; le seau lui échappa des mains, et elle se jeta dans les bras de son fiancé.

« Jean-Baptiste, je vous aime depuis le premier jour où je vous ai vu! » s'écria-t-elle.

Confuse et heureuse, tout ensemble, de cet aveu, qui, tant de fois, était venu sur ses lèvres sans s'en échapper, elle cacha son visage dans le sein de l'heureux Raparlier.

VII

A six mois de là, Marthe lavait du haut en bas la petite maison de la rue des Ratelots, Nicolas appliquait sur les murs des mansardes de nouveaux papiers peints, et installait les meubles qu'il avait façonnés de ses mains pour le

jeune ménage. Quant à l'étage inférieur, Jean-Baptiste ne
permit point qu'on y changeât la plus petite chose.

« Il faut laisser cela comme du temps de mon oncle, »
dit-il.

Le mariage suivit de près ces arrangements ; on le cé-
lébra le matin, sans bruit, dans l'église paroissiale. M. Capron et M. Dorémus servirent de témoins à Jean-Baptiste,
et deux confrères de Nicolas à Marie-Madeleine. Louise
était charmante en demoiselle d'honneur ; Watremetz et
Jacques portaient à leurs boutonnières d'énormes bouquets avec des rubans ; la couronne et le bouquet de la
mariée se composaient de fleurs d'oranger et de camellias
blancs offerts par le pharmacien, et provenant de ses
serres ; enfin le notaire voulut que le banquet nuptial
eût lieu chez lui.

VIII

Environ un an après, toute la petite ville se trouva mise
en rumeur. M. Dorémus avait écrit au bureau de bienfai-
sance pour lui annoncer qu'un donataire anonyme le
chargeait de faire construire trois béguinages destinés à
soixante-dix-huit vieillards des deux sexes, et qu'il donnait en outre une somme de deux cent mille francs pour
approvisionner, à perpétuité, ces heureux pensionnaires,
de pain, de viande, de charbon et de vêtements.

Le même notaire s'enquit en outre secrètement de tous
les pauvres honteux de la ville, leur vint efficacement en
aide, et prévint, par des prêts importants, la faillite de
cinq ou six petits marchands ; de cette façon, il les sauva

de la ruine, et, qui mieux vaut encore, du déshonneur. Enfin, un matin, il écrivit à Nicolas Watremetz de passer chez lui.

« Mon maître, lui dit-il, votre gendre, qui voyage depuis trois mois avec sa femme, comme vous le savez, m'annonce qu'il est chargé de vous demander si vous voulez construire, à cinquante lieues d'ici, de vastes serres, dont un de ses amis a besoin. Vous taillerez à votre guise dans la besogne. Plans, dessins, construction, tout se fera d'après vos idées et vos ordres. Quant à l'argent, le propriétaire ne veut pas que vous dépensiez moins de deux cent mille francs. Vous fixerez vous-même vos honoraires et ceux de votre fils. Cela vous va-t-il?

— Je le crois bien ! quand faut-il partir?

— Le plus tôt possible, attendu que, les serres terminées, vous aurez à décorer en sculptures de bois de chêne une salle à manger grande six fois comme mon étude. Voici deux mille francs d'avance. Mettez-vous en route, dès demain, si vous le pouvez. Le propriétaire a grande hâte de vous voir à l'œuvre. »

— De son côté, Marie-Madeleine avait écrit à Marthe pour lui dire qu'elle avait absolument besoin d'entendre parler le patois de sa ville natale, et qu'elle la priait d'accompagner son père et son frère, attendu qu'elle connaissait beaucoup le propriétaire de la maison de campagne qui appelait ces derniers pour entreprendre de grands et longs travaux. Elle ajoutait qu'elle ne tarderait point elle-même à arriver dans cette maison, afin d'y passer l'été.

Le cœur plein de joie, le surlendemain, Nicolas et Jacques partirent avec Marthe.

IX

A deux ans de là, M. Capron reçut à son tour une lettre
de Jean-Baptiste. Cette lettre lui annonçait que, dans huit
jours, une berline irait le prendre à sa porte pour l'amener passer quelque temps près de Marie-Madeleine. Celle-
ci l'attendait avec d'autant plus d'impatience, qu'elle
comptait lui demander de tenir sur les fonts de baptême
son premier-né; un charmant petit garçon qui devait
porter le nom de son grand-oncle Samuel et celui de son
parrain.

M. Capron accepta d'autant plus volontiers qu'il se trouvait complétement libre. Il venait, non sans regret, de céder sa pharmacie à un de ses anciens élèves. Il monta
donc, au jour indiqué, dans la berline, attelée de quatre
chevaux de poste. Il croyait rêver; ce qui ne l'empêcha
pas de faire toutes sortes de politesses à un grand monsieur vêtu de noir, d'une complaisance accomplie, de
manières réservées, et qu'un peu tardivement il constata
être un valet de chambre. Cette découverte eut lieu quand
il le vit prendre place sur le siége de la voiture, payer
les postillons et les exhorter à la vitesse. Or, comme une
pièce d'or accompagnait chacune de ces exhortations, la
berline volait plutôt qu'elle ne courait.

Elle s'arrêta cependant le lendemain matin, vers neuf
heures, devant la grille d'un parc immense. Quand je dis
qu'elle s'arrêta, j'ai presque tort. A peine eut-on ouvert
la porte de cette grille, que les chevaux prirent un galop

effréné, qui ne cessa qu'à l'arrivée des voyageurs au pied du perron d'un château bâti en plein milieu du parc.

Sur ce perron se tenaient quelques personnes, parmi lesquelles l'heureux pharmacien reconnut du premier coup d'œil maître Watremetz, Jean-Baptiste, Louise, dans un charmant costume du matin, et, enfin, la vieille Marthe parée de ses plus beaux atours des dimanches et portant un petit enfant. Quant à la jeune femme qui s'appuyait sur l'épaule de M. Raparlier, M. Capron hésita quelque moment avant de retrouver en elle la fille du menuisier. Trois années avaient suffi pour donner à la beauté de Marie-Madeleine une telle distinction, qu'elle faillit presque imposer au vieillard.

X

Ce fut pourtant madame Raparlier qui, la première, s'élança du perron, passa ses bras autour du cou de l'excellent homme, le baisa sur ses deux bonnes joues et lui souhaita la bienvenue.

« Vite ! dit-elle, embrassez mon mari, mon père et Louise, pour que vous puissiez ensuite en faire autant à votre filleul. »

En disant cela, elle l'entraînait vers l'enfant, qui sembla sourire à son parrain, tandis que Marthe faisait à son ancienne connaissance une profonde révérence.

M. Capron tira son mouchoir et s'essuya les yeux.

« Pardon ! s'écria-t-il, laissez-moi pleurer à mon aise !

On ne pleure pas deux fois en sa vie de cette façon-là, comme le dit Figaro. (M. Capron savait sur le bout de ses ongles la littérature du dix-huitième siècle.) Me voici donc, et vous aussi, plus heureux que je n'aurais jamais osé l'espérer dans mes rêves les plus insensés! Ah çà, mon cher ami, vous êtes donc riche à millions?

— Je possède du moins un trésor inappréciable, répondit en riant M. Raparlier, qui tendit la main à sa femme.

— Et encore quelques autres millions qui ne gâtent rien! ajouta gaiement M. Capron... Mais il manque quelqu'un ici... cet espiègle de Jacques.

— Jacques est devenu en peu de temps un ingénieur distingué, qui dirige l'exploitation de mes mines de charbon. Vous le verrez tout à l'heure.

— Des mines! que me dites-vous là? des mines!

— Des mines d'une richesse fabuleuse, qui gisent presque à fleur du sol dans cette propriété, dont je ne soupçonnais pas l'existence, que j'ai découvertes par hasard, et qui me rapportent trois à quatre cent mille francs par an. Leurs produits, je l'espère, doubleront la valeur avant peu. »

M. Capron jeta son chapeau en l'air par un mouvement de gaieté presque juvénile.

« Le temps est loin, mon digne ami, continua M. Raparlier, où j'étais trop pauvre pour acheter un Linné... Mais nous recauserons de tout cela plus tard. Voici votre appartement; mon valet de chambre, qui vous a amené, est à vos ordres, et restera désormais affecté exclusivement à votre service. Il sait raser mieux que le père Noreux, votre

barbier de prédilection. Reposez-vous donc bien. Dormez
quelques bonnes heures. A midi nous déjeunerons, et
ensuite nous visiterons mes serres. »

— Vos serres ! je vous le dis franchement, ce mot-là
m'a tout à fait reposé. D'ailleurs j'avoue que, la plus
grande partie de la nuit, j'ai dormi dans votre excellente
voiture, mieux que je ne l'eusse encore fait dans le meilleur des lits. Allons visiter les serres. »

Avant même de prononcer ces derniers mots, il avait
passé son bras sous le bras de M. Raparlier.

« Vous êtes seigneur suzerain en ces lieux, dit Marie-
Madeleine de sa douce voix. Chacun s'estimera toujours
heureux d'obéir à vos moindres volontés. »

Pendant qu'elle parlait ainsi, son mari ouvrait la porte
du salon, dont les fenêtres donnaient sur les serres.

A une époque où l'on ne se servait guère de fer pour
les constructions, ces serres ne formaient qu'un immense
palais, vraiment magique, de fer et de verre. Non-seulement les fleurs les plus rares s'y trouvaient cultivées à
grands frais, non-seulement un vaste aquarium y regor-
geait de plantes exotiques que le vieux botaniste connaissait à peine même de nom, mais encore des oiseaux venus
de toutes les parties du monde y vivaient en liberté. La
plupart d'entre eux voletaient autour de Louise et de madame Raparlier, se posaient sur leurs bras, et prodi-
guaient à toutes deux des caresses ; caresses intéressées,
disons-le bien bas, car madame Raparlier et sa sœur leur
jetaient à pleines mains toutes sortes de graines.

M. Capron allait d'arbuste en arbuste, de fleur en fleur,
avec une joie, avec un enthousiasme indescriptibles. Il

s'agenouillait devant certaines plantes pour mieux les contempler, et cependant il eût voulu les voir toutes à la fois.

« Ah! s'écria-t-il, voici le charmant latanier de Commerson, *latania Commersoni*, de l'île Bourbon; jamais je ne l'avais vu qu'en gravure. Seigneur! à côté de lui, n'est-ce pas le *Carludovica palmata* du Pérou, avec lequel on fabrique les chapeaux de Panama? Salut à l'*arbre à vache*, le *galactodendron utile*, qui donne un si bon lait végétal! et là, au-dessus de ma tête, j'aperçois le *saccolabium* de l'Inde orientale; comme ses fleurs pendent en belles grappes roses! Je n'avais jamais vu cette autre orchidée, avec de longues barbes au périanthe.

— C'est l'*uropedium Lindenii* de la Nouvelle-Grenade, répondit Louise. Quant au myrte, dont les grandes feuilles d'un vert si luisant s'étalent sous l'*uropedium*, on le nomme *Barringloma speciosa*, et il provient de Madagascar.

— Cet enfant en sait plus que moi, vraiment! Je reconnais bien là dans l'aquarium des *nymphéacées*, mais les nommer, c'est une autre affaire! Jamais je n'en ai lu, dans mes livres de botanique, même la moindre description.

— L'*euryale ferox*, reprit la jeune fille en riant, celui dont les belles feuilles si larges sont roses en dessous, nous est arrivé, l'automne dernier, des Indes orientales, et nous avons reçu à peu près en même temps la *nymphæa gigantea* de la Nouvelle-Hollande. De quel admirable bleu sont ses fleurs, n'est-ce pas?

— Ah! s'écria le botaniste enthousiasmé, il faudrait

ne jamais quitter ce paradis terrestre. Je voudrais y vivre et y mourir !

— Nous espérons bien que vous y vivrez de longues années, ajouta la jeune femme. Le parrain de mon fils ne peut se séparer de son filleul. Mon aumônier me l'a dit : un parrain a charge d'âme... N'est-ce pas, cher bienfaiteur du pauvre Jean-Baptiste, cher maître à qui nous devons, lui et moi, l'amour de la science et des fleurs, n'est-ce pas que vous ne quitterez jamais votre filleul, n'est-ce pas que vous vivrez toujours près de nous ?

— Taisez-vous ! par pitié ! ou je vais mourir de joie sous vos yeux ! » répondit le vieillard en prenant les mains de la jeune femme et en les couvrant de baisers.

A LA RECHERCHE D'UNE FLEUR

La plupart des touristes français prennent pour but de leurs excursions la Suisse ou l'Italie. A Dieu ne plaise que je parle mal de ces deux pittoresques contrées! On ne peut guère leur reprocher que d'être trop connues. On ne saurait rien y voir qu'un autre n'y ait vu déjà, et que n'ait constaté le *Guide Joanne*.

Il n'en est point de même d'une grande partie de la France, et particulièrement des Vosges. Là, tenez-le pour certain, vous trouverez de l'imprévu; là, vous pourrez peut-être poser vos pieds où sont parvenus bien peu de pieds avant les vôtres; là vos regards stupéfaits et émerveillés verront une nature sauvage, grande et inconnue.

Ainsi que l'a fait dernièrement un botaniste de mes amis, partez à pied de Gérardmer, prenez pour guide une petite paysanne de quatorze ans, brune comme une bohémienne, alerte comme une chèvre, jacassière comme une pie, gaie comme un pinson, et qui ait nom Jeannette; dirigez-vous sur Wildenstein, en passant par Wesserling ; je vous réponds que vous rapporterez de cette excursion des impressions piquantes et neuves.

Le botaniste dont je vous parle, — nous l'appellerons Ambroise, s'il vous plait, — possédait un riche herbier et travaillait depuis trente ans à le compléter. Il lui manquait néanmoins une *hémérocalle fauve*, seule hémérocalle indigène que l'on connaisse. Non-seulement il désirait ardemment posséder cette plante, mais encore il voulait la choisir lui-même, parée de toute la beauté sauvage qu'elle ne possède que dans certains lieux de prédilection, et particulièrement dans les Vosges.

Depuis un mois qu'il parcourait la montagne, il l'avait vainement cherchée partout. Il parvint donc à Gérard-mer, désappointé, mais non découragé, car la passion, j'allais dire la monomanie des collectionneurs, ne connaît jamais le découragement. Elle compte pour rien même la fatigue et l'attente. Oui, l'attente, la plus aiguë des souffrances morales! l'attente, qui fait battre fiévreusement le cœur! l'attente, qui tord les nerfs et qui congestionne le cerveau! l'attente, qui faisait dire à madame de Staël : « Mieux vaut la plus cruelle réalité qu'une heure d'attente! »

Or Ambroise, quoique fatigué déjà par de longues excursions pédestres, quoique déçu maintes et maintes fois, ne s'en mit pas moins en route pour Wildenstein, où il espérait trouver l'hémérocalle fauve. Jeannette, court vêtue d'un jupon rayé, les pieds nus, les cheveux au vent, et son chapeau de paille passé au bras en guise de panier, marchait résolûment devant lui, avec la légèreté et la sûreté de pied d'une chèvre : tantôt elle grimpait sur un roc pour y cueillir une fleur, qui ne tardait point à tomber du corsage de toile bise où elle l'avait négligemment placée ; tantôt elle descendait au fond d'un ravin où l'attirait quelque caillou brillant, presque toujours rejeté aussitôt que ramassé.

Arrivée au lac de Lispach, elle s'arrêta pour faire, avec des morceaux d'ardoise, de beaux ricochets sur la nappe d'eau. Puis, laissant là brusquement ce jeu, elle se jeta dans une forêt de sapins dont les imposantes futaies eussent émerveillé une attention moins préoccupée que celle d'un botaniste à la recherche d'un *desideratum*. En vain Ambroise remarqua-t-il, au milieu de troncs pourris, la *listera cordata*, et récolta-t-il abondamment des *aspidium dilatatum*, des *oreoptoris*, des *isidium coralinum* : tout cela, si beau, si rare, si monstrueusement affublé de noms latins qu'il fût, ne dérida pas un moment son front soucieux. — Ce n'était point l'hémérocalle fauve !

Le chemin qui du lac de Lispach conduit à Wildenstein présente un caractère vraiment grandiose. On traverse une immense vallée (les *faignes* de la Vologne) couverte de pâturages et fermée de toutes parts ; la route de la Bresse grimpe en serpentant sur les flancs occidentaux de l'arête centrale, et ressemble à un gigantesque reptile diapré de rouge, de gris, de noir, de blanc ou de vert, selon la nature ou la culture du terrain. Arrivé au col de Drumont, point culminant de la chaîne de ces montagnes et haut de

deux cent cinquante mètres, on se trouve en face des val-
lons lorrains ; en tournant la tête, on aperçoit les horizons
de l'Alsace.

Quand Ambroise parvint à cet endroit, le soleil cou-
chant dorait splendidement de ses derniers rayons la Lor-
raine, tandis que, par un contraste imposant, l'Alsace se
perdait dans la brume et dans les ombres du crépuscule.
Si préoccupé que fût le botaniste par la recherche de
l'hémérocalle fauve, il s'arrêta longtemps à contempler
un si magnifique spectacle, et Jeannette dut répéter plusieurs fois qu'il fallait se remettre en route avant qu'Ambroise se décidât à s'éloigner.

Aussi faisait-il nuit quand le vieillard et l'enfant arrivèrent à l'unique auberge qui se trouve à Wildenstein.
Jeannette, nièce du maître du logis, sauta au cou de son
oncle, embrassa trois ou quatre marmots à peine vêtus
qui s'ébattaient dans la poussière devant la porte, se dé-
barrassa du chapeau de paille qui contenait tout son ba-
gage et se mit à mordre à belles dents en plein d'un gros
morceau de pain bis. Elle ne se ressentait point de la
rude journée de marche qui permettait à peine au botaniste de faire à la hâte un repas frugal, tant il lui tardait
de se jeter sur un lit plus propre que mollet. Il y dormit
cependant cinq bonnes heures, sans entendre les mugissements des vaches, les bêlements des chèvres, le chant
des coqs et cent autres bruits dont le moindre, à Paris,
ne lui eût point permis de fermer l'œil.

Néanmoins, avant que le soleil eût illuminé ses fenêtres, il se trouva debout, sa boîte à herborisation en sautoir et son bâton ferré à la main.

La grande vallée de Saint-Amarin doit sa formation au glissement d'un glacier qui, prenant peu à peu plus d'étendue, s'est élargi jusqu'aux dernières ondulations de la chaîne, en épargnant toutefois trois îlots, ou *témoins*. Ce sont d'immenses pics en serpentine, isolés et presque inaccessibles. Wildenstein s'élève sur un de ces îlots, d'où l'on contemple une des plus belles vues de l'Europe formée par les amphithéâtres des monts Rossberg et Drumont, et par le ballon de Soultz.

Wildenstein, jadis repaire féodal, ne garde plus du château qui fut pendant plusieurs siècles l'effroi de la contrée que des pans de murs éboulés, que des remparts et des tours en ruine, que des puits comblés de pierres et de déblais de toute nature, « vains restes de ce qui n'est plus, » comme dit Bossuet.

Partout où s'anéantit l'œuvre de l'homme, l'œuvre de la nature s'épanouit, féconde et luxuriante. Une végétation vigoureuse verdoyait donc, à travers les démolitions et les gravois. D'un coup d'œil, Ambroise vit partout l'orpin à grappes (*sedum dazypillum*), le saxifrage rare (*saxifraga aizoon*), la grande boucage (*pimpinella magna*), la scabieuse brillante (*scabiosa lucida*), le *libanotis* des montagnes, la rose à fleur rouge (*rosa rubra*), le trèfle d'or (*trifolium aureum*), et bien d'autres ! Mais il ne se baissa même pas pour récolter une seule tige de tout cela : ce qu'il cherchait, ce qu'il voulait, c'était l'hémérocalle fauve !

Tout à coup il jeta un cri ! Jeannette, assise sur un chapiteau ébréché, se tressait une couronne avec la précieuse hémérocalle et choisissait les fleurs dans un tas de plantes semblables qu'elle avait butinées en quelques instants.

« Qu'as-tu fait, malheureuse petite créature? s'écria le savant non sans quelque violence. Tu as cueilli et tu gaspilles le trésor que je cherche depuis si longtemps!

— Ma finé! lui répliqua-t-elle en riant, vous n'en manquerez point : il y en a encore là, derrière moi, des tas au pied du mur. Tenez, regardez! »

Elle disait vrai. Huit ou dix exemplaires d'hémérocalle fauve dressaient leurs tiges à une centaine de pas de là.

Le botaniste retrouva les jambes de sa jeunesse pour courir à l'endroit que lui indiquait l'enfant. Il tomba à deux genoux devant les fleurs, moitié par un sentiment d'enthousiasme, moitié pour admirer de plus près la plante qu'il cherchait depuis si longtemps. Elle était là, telle qu'il l'avait rêvée, grande, pure, dans tout son éclat, sans un pétiole flétri, sans une feuille rongée par les insectes! Elle était là, en fleurs épanouies, en boutons encore clos, en graines; vieille, adolescente, dans toutes ses phases, dans toutes ses transformations, dans tous ses âges et avec toutes ses variétés! Tantôt elle portait haut et fièrement au sommet de sa hampe quatorze clochettes sanguinolentes, largement ouvertes; tantôt cette hampe se penchait comme pour confier plus sûrement à la terre les semences qui allaient tomber des clochettes tuméfiées par la maturité.

« La voilà! dit-il enfin quand l'émotion lui permit de parler. C'est bien elle! elle que Tournefort a décrite sous le nom de *Lilium asphodelus*, et que Linné a nommée *Hemerocallis* (beauté du jour). Ne brille-t-elle pas, en effet, de toute sa splendeur, quand le soleil règne à l'horizon! ne voile-t-elle pas ses charmes à la nuit! O ma belle fleur! ma chère fleur! je compterai cette journée parmi les plus heureuses de ma vie! »

En achevant ces mots, il détacha délicatement du sol les plus beaux plants d'hémérocalle, avec leurs fleurs, avec leurs feuilles, avec leurs racines, et il plaça délicatement cette conquête dans sa boite à herborisation.

Après quoi il écrivit sur une des pages de son calepin la note suivante, qu'il se dictait à lui-même, en la formulant à haute voix :

« Périanthe infundibuliforme, à divisions réfléchies au
« sommet, soudées par l'onglet, formant un étui pour les
« aiguilles dorées des étamines; ovaire supère, arrondi,
« terminé par un stigmate trilobé ; capsule trilobulaire,
« contenant plusieurs graines arrondies. »

Jeannette l'écoutait en riant.

« Si c'est là tout ce que vous avez à dire sur la fleur que vous êtes venu cueillir de si loin, dit-elle, je préfère l'histoire que ma grand'mère raconte à son endroit.

— Quelle est donc cette histoire? demanda Ambroise en chargeant sa boite de fer-blanc sur ses épaules. Dis-moi cela, chemin faisant, car nous allons nous diriger vers Wesserling, où m'attendent mes amis. Je trouverai peut-être, chemin faisant, l'anémone sylvestre; hélas! c'est encore un de mes plus chers *desiderata*.

— Ah! c'est une belle histoire, allez! reprit l'enfant. Je ne vous la raconterai pas comme la raconte ma grand'-mère, mais elle sera encore belle, malgré cela.

—Va donc! répliqua le botaniste, qui inspectait du regard les ravins de la route, et qui s'arrêta d'abord pour ramasser un *thlaspi alpestre*, sorte de cresson, frère de la *bourse à pasteur*, puis un peu plus loin une *circæa intermedia* (herbe aux magiciennes).

— Figurez-vous qu'il y a des ans et des ans, un baron de Wildenstein s'en alla guerroyer avec son père dans les pays lointains de la Bohême. Quand il partit, sa moustache commençait à peine à faire une petite ombre sur sa lèvre ; quand il revint, bien longtemps après, une longue barbe, déjà grisée par places, retombait à travers son casque jusque sur sa cuirasse d'acier doré. Il ne ramenait point son père : son père était mort au fond de la Bohême ; mais il était accompagné d'une jeune dame qu'il avait épousée, et dont les grands yeux de feu et le teint quasiment noir donnèrent bien à penser aux paysans du village, quand ils la virent entrer dans le château, sur un cheval fougueux qu'elle maniait mieux que le plus habile écuyer n'eût peut-être su le faire.

« Durant la longue absence du baron, le chevalier de Wesserling, son oncle, s'était emparé du manoir de Wildenstein et l'exploitait comme son propre bien. Il aurait même bien voulu ne pas le restituer à son neveu. Mais ce dernier revenait en compagnie de bon nombre d'archers et de gens d'armes ; le chevalier fila doux, rendit ses comptes tant bien que mal, et retourna habiter son petit château de Wesserling, que, soit dit en passant, nous verrons tout à l'heure sur notre chemin. Quand je dis que nous le verrons, c'est une manière de parler : nous ne verrons que les filatures de laine et de coton que MM. Sanson-Davillier et Gros ont bâties sur le terrain où s'élevait le manoir.

« A tort ou à raison, le bruit se répandit peu à peu que la

dame noire, comme on appelait la châtelaine, se mêlait de sorcellerie. Ce qui faisait penser cela, c'est qu'en moins d'un an le château de Wildenstein, qui tombait en ruine, se releva tout neuf et mieux fortifié que jamais. Les uns voulurent y voir l'œuvre du diable, les autres les monceaux d'or et d'argent que le baron avait reçus en dot de sa femme et rapportés du pays de cette princesse, car elle était fille de roi.

« La dame noire, que le bon Dieu laissait sans enfants, passait ses journées à cultiver des fleurs provenant de son pays. Elle en possédait une grande quantité de graines, qu'elle semait et qu'elle arrosait de ses mains. Elles lui servaient, les unes à guérir les vassaux malades, les autres à rappeler à son souvenir le royaume lointain où ces fleurs étaient nées. Elle aimait par-dessus tout la plante que vous venez de cueillir, que nous nommons, vous le savez, l'*herbe de la dame noire*, et qui alors était bleue, au lieu de rouge, comme vous la voyez présentement.

« Or il arriva que, cinq années après son retour, le baron de Wildenstein mourut d'un mal subit. Son oncle, si vieux qu'il fût, voulut devenir héritier du château, et accusa la dame noire d'avoir empoisonné son mari à l'aide des plantes rapportées par elle de la Bohême. Vous le voyez, l'amour que la pauvre créature professait pour les fleurs lui tourna à mal. On l'enferma dans une tour, où elle vécut des années, seule, et sans autre société qu'un pied des fleurs bleues qu'elle aimait tant. Elle le cultivait avec un soin extrême, sur la terrasse de sa prison. Soit en l'arrosant, soit en remuant la terre autour de ses racines, elle disait presque toujours, dans une langue que personne ne comprenait, une chanson dont l'air était néanmoins si attendrissant, que nul ne pouvait l'ouïr sans pleurer.

« Un jour, on n'entendit plus cette musique, ni vers le matin, ni vers le midi, ni vers le soir. Le lendemain il en fut de même et toujours!

« Les uns prétendirent que la dame noire, en sa qualité de sorcière, s'était envolée sur les ailes d'un démon, pour retourner dans son pays; les autres se crurent mieux informés, en disant tout bas que le chevalier de Wesserling avait poignardé sa nièce.

« Quoi qu'il en soit, la fleur de la dame noire continua à fleurir sur la terrasse de la tour, et du haut des créneaux laissa tomber ses graines dans la campagne.

« Vous pouvez juger de l'effroi des paysans, quand ils virent que ces graines, au lieu de donner des fleurs bleues, n'en produisaient plus que de couleur de sang!

« On vit là une preuve du crime du vieux châtelain, et un miracle du ciel qui proclamait le meurtre et l'innocence de la baronne trépassée; c'est pour la même raison, dit-on encore, que la plante de la dame noire ne se trouve qu'en notre pays. »

Pendant que la jeune fille racontait cette histoire, le botaniste ne l'écoutait guère. Il furetait partout, interrogeant la flore de Wildenstein.

« Ohé, monsieur! cria tout à coup Jeannette en interrompant son récit; regardez donc de ce côté. Voici un véritable champ des fleurs que vous cherchez; il y en a de quoi nourrir une chèvre pendant un mois. »

En effet, Ambroise se trouva en face d'une centaine

de touffes d'hémérocalles fauves. Il ne put réprimer un juron.

« Sacrebleu ! c'était bien la peine de me donner tant de mal pour une plante qui foisonne dans cette contrée d'une façon si déplorable ! s'écria-t-il. Dans un an, tous les herbiers du monde en regorgeront. »

Et il se remit en marche, les sourcils froncés, la mine renfrognée. Il était d'une humeur détestable quand, après avoir traversé Kruth et Odoren, il entra dans Wesserling, bourgade sur les confins de laquelle l'attendaient quelques amis.

« Eh bien, lui crièrent-ils de loin, avez-vous enfin trouvé la fameuse hémérocalle fauve !

— Pardieu ! répliqua-t-il avec passablement de dédain. A Wildenstein, il y en avait un champ assez grand pour nourrir une chèvre pendant un mois, comme l'a fait observer judicieusement Jeannette.

— Vous êtes content, alors ? le but de votre voyage est heureusement atteint ?

— Je trouve votre plaisanterie excellente ! interrompit-il brusquement et tout à fait en colère. Que m'importe l'hémérocalle, dont il pousse à Wildenstein des milliers de pieds ? Ce qui me désole, c'est de n'avoir pu trouver qu'en graine l'*anémone sylvestris* ! Il me faudra revenir l'année prochaine dans ce pays pour la récolter en fleurs. »

Il avait passé vingt années de sa vie à rêver la possession d'une hémérocalle fauve, cueillie de sa main ; il la possédait depuis deux heures, et il faisait pis que de ne plus y songer, il la dédaignait !

Ne rions pas trop haut de ce brave botaniste. Son histoire est l'histoire de tous les désirs humains!

Ce qui faisait dire, non sans quelque raison, à Montaigne, « que le bonheur consiste dans ce qu'on n'a pas « ou dans ce qu'on n'a plus. »

LES AMOURS DE DEUX BRINS D'HERBE

Vers la fin du printemps, un rêveur plongé dans un de ces grands fauteuils si favorables au vagabondage de la pensée, les pieds sur ses chenets, et les fenêtres toutes grandes ouvertes, savourait la double jouissance de se chauffer et de respirer un air pur et frais.

Le soleil brillait, le ciel était bleu, des moineaux piaillaient perchés sur un toit voisin ; de temps à autre, une harmonieuse bouffée de vent se jetait à travers les rameaux d'un groupe de peupliers dont les branches commençaient à se couvrir de bourgeons cotonneux. La douce influence du renouveau s'émanait de tout et partout.

Les habitants d'un petit aquarium, grande caisse de

verre placée sur la cheminée même, devant les yeux de notre rêveur, se sentaient heureux de vivre. Parés de leurs robes nuptiales, ils allaient, venaient, sautaient et bondissaient comme de jeunes ouvrières s'ébattent le dimanche dans une prairie.

Seule, une épinoche ne se livrait pas à cette gaieté. Affairée, elle achevait de se construire un nid et mettait à son travail une adresse et une activité fiévreuses. Une touffe de vallisnère, entièrement recouverte par l'eau, servait de fondations et de gros murs à la bâtisse du petit poisson. Des brins d'herbes aquatiques qu'il butinait çà et là, qu'il rapportait dans sa bouche, et qu'en habile vannier il enlaçait les uns aux autres, ne tardèrent point à former une rotonde dans laquelle on pénétrait par un étroit couloir, facile à défendre contre les importuns et contre les ennemis : une vraie bouteille avec son goulot.

Hélas ! les ennemis ne manquaient pas ! Un triton, gros lézard à queue taillée en forme de rame et au corps noir, diapré de taches jaunes, nageait autour du nid inachevé, tandis qu'un dytique planait à la surface de l'eau et remuait ses mandibules tranchantes, comme un ogre qui sent la chair fraîche. L'épinoche ne tenait compte des menaces ni du batracien, ni de l'insecte. Avec la rapidité d'une flèche, elle passait entre eux, esquivait leurs poursuites, saisissait les matériaux nécessaires à la confection de son logis, et rentrait intrépidement. A peine avait-elle franchi le seuil de sa demeure qu'elle se débarrassait de son fardeau, se retournait vivement, faisait face aux ennemis qui la poursuivaient, leur lançait des bulles d'air et frappait l'eau de sa queue.

Le dytique, ce requin des marais, s'éloigna prudemment et se tint en observation à quelque distance. Le triton, au contraire, d'une nature brutale et stupide, comme le crocodile, dont il rappelle l'aspect, se rua sur le goulot du nid. Le tissu solide et tressé étroitement prit et entortilla une de ses pattes dans une sorte de lacet. Plus le prisonnier se débattait, plus les nœuds du piége se resserraient. Tandis qu'il tentait des efforts désespérés pour se remettre en liberté, le dytique, avec la rapidité du vautour, s'abattit sur lui, saisit une de ses pattes de derrière, la trancha d'un double coup de mandibule, remonta jusqu'à la surface de l'aquarium, et, tout en nageant, dévora le membre sanglant qui palpitait encore. Le triton, exaspéré par la douleur, brisa enfin les liens qui le retenaient captif, et se hâta de cacher sa honte et ses souffrances au fond de la vase. Celle-ci, brusquement secouée, s'éleva en nuages noirs et fangeux, enveloppa le blessé, le déroba aux regards, et troubla pendant quelques instants la pureté de l'eau. On eût dit un démon qui rentrait dans l'abîme.

L'épinoche, qui, du seuil de sa retraite, regardait les péripéties de ce drame, ne tarda point à reprendre paisiblement ses travaux. Dix minutes après, il ne lui restait plus rien à faire qu'à se complaire dans son œuvre, satisfaction qu'elle s'accorda pendant quelques secondes.

Tandis qu'elle allait d'un bout à l'autre de son nid, inspectant de ses gros yeux jusqu'aux plus infimes détails, et ne trouvant pas le moindre brin d'herbe à changer de place, une transformation merveilleuse s'opérait en elle : chacune des écailles de sa robe grise s'irisait des tons les plus splendides de l'arc-en-ciel, et ruisselait des reflets chatoyants de l'or, de la pourpre et de l'opale. Ainsi parée, elle se pavanait, elle sautait, elle dansait en quelque sorte. Son corps souple frôlait l'eau de mille coquettes façons, et lui faisait rendre un petit claquement qu'on aurait pu, sans trop d'exagération, comparer aux jacasseries d'une paire de castagnettes. Attiré par ce bruit et par ce manége, un mâle accourut de l'autre bout de l'aquarium. Aussitôt, l'épinoche rentra brusquement dans son nil, pondit une trentaine de gros œufs sur une petite couche d'herbes soyeuses façonnée en berceau, et céda sa place à l'autre poisson. Celui-ci couvrit les œufs de sa laite comme on enveloppe un nouveau-né dans des langes, et s'éloigna gravement.

Dès qu'il fut parti, l'épinoche, dont la robe avait repris sa couleur modeste, s'occupa de rendre encore plus étroite l'entrée de sa maison : à peine lui restait-il la place nécessaire pour sortir et pour rentrer.

Elle sortit cependant, picora des petits vers et des œufs d'insectes, et déposa ses provisions entre deux larges feuilles de la vallisnère, transformées ainsi en garde-manger. Définitivement de retour, elle se plaça ou plutôt elle se coucha près de ses œufs, immobile et absorbée dans une tendre méditation.

Tandis que s'accomplissaient ces miracles de maternité, le nid au sein duquel ils se passaient parut tout à coup s'émouvoir et s'animer à son tour. La touffe entière de la vallisnère sembla frissonner par je ne sais quelle commotion magnétique. Un bouton de fleur sortit d'entre les feuilles qui l'entouraient et apparut fixé à un long pédoncule, espèce de queue mince, verte et nuancée de légères taches jaunes.

Ce pédoncule, replié en spirale sur lui-même, se déploya peu à peu, s'étendit, s'allongea et amena à la surface de l'eau la fleur fermée encore, blanche et suave.

La fleur acheva de s'épanouir à la tiédeur de l'atmosphère, s'ouvrit, exhala une bulle d'air, un soupir sans doute, se pencha mollement et se laissa aller avec une voluptueuse indolence aux légers remous qui balançaient son oreiller liquide.

A l'autre extrémité de l'aquarium, c'est-à-dire à un mètre environ du nid de l'épinoche, poussait une vallisnère mâle, enseveli sous l'eau : entre ses feuilles étroites et longues, surgissait un court pédoncule que couronnait un gros cylindre renfermé dans une de ces enveloppes grisâtres que les botanistes désignent sous le nom de spathe. Au moment où la vallisnère femelle apparut hors de l'eau, la spathe se déchira de haut en bas, en deux larges bandes, s'abaissa gracieusement, et se recourba pour figurer la double anse d'une amphore. Au milieu de cette amphore apparut une gerbe de petits boutons, clos encore, et qu'attachaient à un cône verdâtre des pédicelles frêles et menus.

Quand la spathe se fendit, une bulle d'air s'en échappa, remonta, et éclata hors de l'eau ; peut-être était-ce encore un soupir répondant cette fois au soupir de la fleur qui flottait sur l'aquarium.

Les boutons qui composaient la gerbe parurent éprouver ensuite une sorte de frémissement sur leurs pédicelles, qui se rompirent tout à coup vers le sommet. Soudain ils s'élevèrent comme des ballons rendus libres, — ils contiennent, en effet, un peu d'air, — et vinrent surnager à la surface de l'aquarium. On eût dit des perles qui s'égrenaient.

Après avoir erré çà et là, ils s'arrêtèrent et se réunirent en groupe.

La vallisnère femelle sembla se soulever et les appeler vers elle.

On vit alors les boutons, attirés par une puissance magnétique, se diriger sur la corolle de la vallisnère, lentement, mais sûrement, la heurter, s'ouvrir brusquement, comme par la détente d'un ressort, et lancer en vapeur lumineuse le pollen qu'ils renfermaient. Puis, tout à fait épanouis et ressemblant aux trèfles d'une ogive gothique, ils s'écartèrent soit par le recul de leur propre explosion, soit par la force mystérieuse qui les avait attirés, et s'en allèrent à la dérive, inertes et flottant au hasard.

La vallisnère, couverte de pollen, ferma sa corolle et se glissa dans l'eau. Le pédoncule en spirale qu'elle surmontait frémit, se crispa, se resserra, se raccourcit, et ramena la fleur jusque sur la vase.

Désormais la coquette, que le désir de plaire avait appelée de l'humble retraite où elle était née, au sommet des régions supérieures de l'eau, va reprendre son existence cachée. Comme l'épinoche, sa voisine, elle se consacrera aux soins de sa lignée, sans autre souci des époux que, fatale Circé, elle a tués par ses maléfices, et dont les cadavres, flottant au hasard, commencent déjà à se décomposer. Mais que lui importe à elle? Elle est mère, et la maternité l'absorbe tout entière, la purifie, la transfigure!

Voyez ! sa corolle ne garde rien de la somptuosité qui la parait naguère et retombe en sévères et chastes plis ; elle ne tardera pas à rejeter ces restes d'ornements, prendra la forme et le nom vulgaire de gousse, et ne vivra plus que pour obtenir la maturité des graines qu'elle porte dans ses flancs. Ces germes précieux déposés dans la vase féconde, sa mission maternelle accomplie, elle s'abandonnera à l'expiation de sa vie passée. Elle mourra sur son pédoncule, qui se détachera lui-même de la racine natale. Fleur et pédoncule, coupable et complice, subiront pareil châtiment et mourront ensemble. Œnone ne survivra point à Phèdre.

II

Un visiteur vint brusquement interrompre le rêveur dans la contemplation de ces ineffables miracles de la création. Il s'agissait d'une affaire sérieuse, qui rejeta le naturaliste dans les âpres réalités de la vie matérielle. Les soucis, les ennuis, la maladie elle-même, accoururent à la suite de cette affaire, et tracassèrent si fort et si bien le pauvre garçon, que, pendant je ne sais combien de jours, il ne songea ni à l'épinoche, ni à la vallisnère, encore moins au triton et au dytique. Il ne jeta même pas un seul regard attentif sur l'aquarium placé constamment sous ses yeux.

Ce ne fut qu'un matin, après une nuit de fièvre, agité, nerveux, mal à l'aise, cherchant en vain dans son fauteuil une attitude sans souffrance, que ses regards se portèrent machinalement vers le lac en miniature. La corolle de la vallisnère avait disparu sans laisser de traces ; le dytique s'occupait à filer, au sommet d'une feuille repliée une coque pour y déposer ses œufs, et le triton continuait à errer çà et là, tout aussi stupide et tout aussi affamé qu'autrefois. Seulement le membre naguère amputé par le dytique commmençait à repousser, et la patte entière, complètement reformée, sortait de l'épaule comme d'une manche repliée ; on apercevait même un commencement de l'avant-bras.

Ce lézard, animal à sang froid, il est vrai, mais dont les membres, comme ceux des mammifères, comme les nôtres se composent d'os, de muscles, de nerfs, de veines et d'artères, ce lézard, dis-je, possède l'étrange propriété de repousser et de se reconstituer par bourgeons, ni plus ni moins qu'une plante. Des expérimentateurs ont successivement coupé les quatre membres d'un triton, et le triton a fait membres neufs. On lui a enlevé la moitié des mâchoires, les mâchoires sont revenues ; on a en partie vidé son cerveau avec la pointe d'un scalpel, et la boîte osseuse du cerveau s'est remplie de nouveau ! Quant aux yeux, on a pu les enlever à un triton, oui, ses yeux ! sans que la nature ait consenti à laisser aveugle la pauvre bête si cruellement torturée par la science !

Le boiteux dont la patte repoussait si gaillardement ressemblait, quant au moral, à ces hommes de 1815 qu'on accusait de n'avoir rien appris et de n'avoir rien oublié ! Il n'avait pas oublié le nid de l'épinoche, il n'avait point appris, malgré une expérience passablement rude, les périls auxquels on s'exposait quand on voulait en forcer l'entrée. Il louvoyait donc devant l'ouverture étroite de ce nid et semblait contrarier beaucoup l'épinoche.

A la fin, celle-ci perdit patience et dressa sur son dos neuf épines, longues, roides, fortes, acérées, ; ses nageoires de devant devinrent elles-mêmes des dards de pareille nature. Ainsi accoutrée en guerre, elle s'élança sur le triton presque sans moyen de défense, et qui prit la fuite : elle le poursuivit jusqu'à l'autre bout de l'aquarium, où il se réfugia parmi les feuilles de la vallisnère mâle. Là, exaspérée, implacable, l'épinoche l'accula contre une souche de racines, lui perça et lui reperça le corps à l'aide des épieux qui la hérissaient, le cribla de blessures, et ne le quitta que sanglant et mort.

Débarrassée de lui, elle replia sur son dos les armes dont elle venait de se servir avec tant de férocité et de succès, retourna à son nid, et sans y entrer, donna sur le seuil un signal, en frappant l'eau de sa queue. Aussitôt accourut une bande de petits poissons, longs au plus de deux où trois lignes. Les espiègles se bousculaient à la manière des écoliers qui sortent de classe. La mère, par quelques tapes qu'administrèrent à propos ses nageoires, ramena la discipline chez les mutins, et les conduisit vers les herbes au milieu desquelles gisait le cadavre du triton. On vit alors les bouches de tout le fretin s'ouvrir avec convoitise et happer les parcelles de chair et de sang caillé éparpillées dans l'eau. Ce repas de cannibales terminé, la mère ramena sa couvée au logis et fit rentrer ses poussins un à un devant elle. Quand elle les eut tous comptés avec la sollicitude d'un maître de pension qui s'assure que nul de ses élèves ne fait l'école buissonnière, elle ferma la porte à l'aide d'une large feuille qu'en quelques coups de tête elle fixa solidement par ses deux extrémités, puis elle alla aux provisions.

Ce qu'elle rapporta et ce qu'elle emmagasina de vers et de détritus ne saurait se figurer : il y en avait pour plus d'une semaine de provende.

Hélas! cette provende devait servir à bien peu de ces petits poissons, si franchement goulus, si gaiement indisciplinés! Un matin, un choléra vivant frappa la couvée tout entière de l'épinoche. C'était une bande d'argules foliacées. Crutacés parasites, la bouche armée d'une trompe aiguë et flanquée de deux ventouses dentelées à la manière des requins, les pattes de devant terminées par des ongles aigus qui ne lâchent jamais la proie qu'ils tiennent, ils se ruèrent dans la demeure de l'épinoche. Chacun de ces brigands choisit et saisit sa proie, s'y attacha avec ses griffes, s'y cramponna avec sa double ventouse, et vampire inassouvissable, ne la quitta que morte. Un seul de ces monstres ne suffisait-il pas, ils se réunissaient deux, quatre, vingt, s'il était nécessaire. En moins d'une semaine, il ne restait plus que trois ou quatre épinoches échappées par miracle à ces routiers sans miséricorde. La mère avait succombé l'une des premières, vaincue par le nombre, et après une résistance inutile.

On voyait son squelette, gisant au fond de l'eau près des débris du triton. La même tombe réunissait la meurtrière et sa victime.

N'allez pas croire que les merveilles qui se passent dans l'aquarium et dont je vous ai dépeint quelques scènes soient rares ou difficiles à rencontrer. Les dytiques pullulent dans toutes les mares, en compagnie des tritons et des épinoches. Celles-ci foisonnent, en outre, dans les fontaines, les ruisseaux, les lacs, les canaux et les étangs. On les y pêche souvent avec tant d'abondance, qu'on les emploie à la fabrication d'une huile recherchée par certaines industries, et que dans quelques pays, en Écosse, par exemple, on recouvre les champs de millions de leurs cadavres, l'un des meilleurs engrais connus.

La vallisnère, qui sert également à fumer des terres, tapisse le fond des eaux douces, non-seulement de l'Europe méridionale et tempérée, mais encore de l'Asie et de l'Amérique. Suivant M. Trécul, elle s'avance même jusqu'au milieu des eaux salées du golfe du Mexique. Elle encombre parfois tellement le Rhône, qu'elle nécessite de grands travaux de curage, sans lesquels la navigation de ce fleuve éprouverait de sérieux obstacles.

HISTOIRE D'UN ARBRE DES CHAMPS-ÉLYSÉES

Aux Champs-Élysées, non loin du Rond-Point, se trouve un orme que, dans ma jeunesse, j'ai connu le plus bel arbre de son allée ; seul, il l'ombrageait presque tout entière.

Provenant de la pépinière de Trianon, cet arbre fut, en 1759, déplanté de la terre natale et transplanté à la place qu'il occupe aujourd'hui. Il pouvait compter alors une dizaine d'années, et ses formes grêles ressemblaient quelque peu, je dois l'avouer, à un échalas. Les racines déchaussées, mutilées et dépouillées de la terre natale, son tronc cahoté sur une mauvaise charrette, son écorce meurtrie et avariée, le pauvret arriva mourant à sa destination.

On fit, tant bien que mal, un trou dans le sol à la fois argileux et foisonnant de pierres, on l'y planta tel quel, et on l'abandonna à la grâce de Dieu.

Ce fut sous la direction du célèbre botaniste Thouin que s'accomplit cette plantation, dont les procédés nous semblent aujourd'hui grossiers, et qu'on admira cependant sincèrement à l'époque où on les mit en œuvre.

Dans de si fâcheuses conditions, l'orme languit longtemps, sans, du reste, qu'on s'en inquiétât beaucoup. Les premières années, il ne porta qu'une feuillée jaune, chétive, tardive, sans durée. A la longue, néanmoins, la force de la jeunesse aidant, il finit par prendre le dessus. Il enfonça, au plus profond du terrain, une partie de ses racines, tandis qu'il en allongeait, à la superficie, d'autres horizontales, noueuses, rameuses, organisées comme des tiges, et douées d'une propriété merveilleuse de succion. On le vit donc grandir, grossir, verdir et prendre des proportions à la fois élégantes et robustes.

Par malheur, quand survint cette crise salutaire, les événements politiques avaient subi de grands revirements : la royauté s'ébranlait, on en était déjà à M. le marquis de la Fayette. Un gamin, qui préférait de beaucoup les ovations patriotiques aux travaux de son atelier, arracha les plus belles branches de l'orme convalescent pour les jeter sous les pieds du cheval blanc du héros des deux mondes.

Ce pauvre arbre, meurtri, brisé, couvert de plaies béantes, qui laissaient écouler sa sève, faillit donc, une seconde fois, succomber. Mais de bons temps survinrent bientôt pour lui. Pendant toute la Révolution, et même pendant le Consulat et les premières années de l'Empire, il vécut, paisible, dans une solitude et un oubli profonds, sans qu'on songeât même à émonder ses branches plantureuses, qui poussaient à leur gré, deçà, delà, en haut, en bas, de travers, de côté, et qui finirent par former une voûte épaisse et inextricable de verdure sous laquelle nichaient des bandes de moineaux, de pinsons et de ramiers. Il fleurit même. Un savant, qui sans doute n'avait pas autre chose à faire, s'amusa à compter ses graines et en trouva trois cent vingt-neuf mille. Avouons cependant que pas une seule de ces graines ne poussa, et qu'elles servirent toutes de pâture aux oiseaux qui habitaient la ramée.

Nul ne passait près de notre orme, si ce n'est le savant dont nous parlons, et, quelquefois, les hôtes sinistres de l'allée des Veuves et des bouges infâmes qui environnaient ces quartiers réprouvés. Un jour même, on trouva, étendu au pied de l'arbre, un vieillard baigné dans son sang, criblé de coups de poignard et dépouillé de sa montre et de sa bourse : c'était notre infortuné botaniste. Mais personne n'y prit garde et ne songea à connaître et à livrer ses assassins à la justice. Alors de pareils crimes se commettaient fréquemment et impunément dans ce coin de Paris où florissent aujourd'hui le Moulin-Rouge, le jardin Mabille, d'innombrables restaurants, et je ne sais combien de milliers de becs de gaz. La gaieté d'un certain monde a choisi et adopté, pour s'y épanouir, des lieux si longtemps hantés par le vice, par le crime, par les ténèbres, et devenus, à l'heure qu'il est, les plus bruyants et les plus illuminés de la capitale. Là, où les brigands, le poignard à la main, demandaient la bourse ou la vie, des courtisanes déploient leurs séductions, aussi dangereuses, tenez-le pour certain ; elles dépouillent plus de dupes en une saison que tous les voleurs de l'allée des Veuves ne l'ont fait en vingt années.

En 1814 et en 1815, l'orme vit camper sous ses rameaux les hordes des Cosaques. Elles y suspendirent les produits de leurs pillages ; leurs chevaux, aussi sauvages qu'elles, broutèrent son écorce ; enfin les hideux enfants du Don allumèrent contre son tronc les feux de leurs bivouacs, qui le brûlèrent d'une façon outrageuse et le stigmatisèrent de cicatrises ineffaçables.

Pendant la Restauration l'orme se refit un peu. La Restauration avait à songer à autre chose qu'à s'occuper des arbres des Champs-Élysées. Elle ordonna bien que des réverbères y fussent accrochés de distance en distance ; mais ces réverbères ne servaient, suivant l'expression de Dante, qu'à rendre les ténèbres visibles.

La Révolution de juillet arriva, et ce fut à jamais fin du repos et de la santé de notre orme !

Le nouveau roi voulut embellir Paris et commença par les quais et les Champs-Élysées. Aux premiers il donna des arbres, aux seconds l'éclairage au gaz !

Le gaz ! il lui faut des canaux souterrains et des conduits en fonte qui vont chercher les racines sous le sol, les mutilent, les écrasent, les broient, les déchirent et les empêchent de s'étendre ! Il a des fuites qui les infectent d'hydrogène carboné et les empoisonnent littéralement ! Il a des clartés qui rendent impossibles au pauvre arbre le repos et le dormir. Ces clartés fatales infectent le feuillage, l'enfument, le grillent et le privent du sommeil nocturne dont les végétaux ont tout autant besoin que les êtres du règne animal ; enfin elles pervertissent l'économie de ses fonctions naturelles et l'asphyxient en l'empêchant d'aspirer et d'expirer l'acide carbonique et l'oxygène !

Vinrent après cela les trottoirs d'asphalte, qui ne permirent plus à la pluie de pénétrer la terre et de s'en évaporer; ils empoisonnaient l'atmosphère de leurs vapeurs et de leur fumée! Comment, dans ces funestes conditions, un orme pouvait-il conserver sa constitution robuste? résister aux brusques changements de la température? supporter tour à tour, dans une même journée, le froid et le chaud? subir les fureurs des vents qui brisaient ses rameaux, qui creusaient sur les plaies béantes qu'elles faisaient des crevasses et des gouttières d'où s'écoulait avec la pluie la séve extravasée?

Notez bien que je n'ai pas encore parlé des illuminations, le plus redoutable peut-être de tous les fléaux! Malheur aux racines que les poteaux nécessités par ces illuminations vont chercher jusqu'au fond de la terre! malheur aux feuilles et aux branches qu'enfument et grillent, pendant une soirée tout entière, des lampions aux exhalaisons fétides! Une suie gluante les recouvre d'une couche corrosive, sur laquelle s'accumule, en outre, la poussière formidable soulevée par les piétinements de la foule.

Aussi notre orme et bien de ses compagnons commençaient-ils à dépérir en 1848. Leur feuillée flétrie tombait avant le temps et jonchait les allées de débris sans forme et sans nom. Les passants, même les plus indifférents, remarquaient leur langueur, leur aspect piteux et leur écorce sèche, rude, craquelée, soulevée de toutes parts.

Un soir de printemps, un petit coléoptère s'abattit sur le héros de cette histoire, et se glissa insidieusement

entre les sinuosités de son écorce. Long tout au plus de
deux lignes et demie, les élytres et les pattes d'un roux
marron, la tête couverte d'une sorte de perruque en duvet
jaunâtre, le front orné de deux longues antennes, le corps
noir, ciselé de petits points, il se mit à fureter de çà et de
là, jusqu'à ce qu'il eut rencontré un endroit propre à ses
perfides desseins. Il s'arrêta sur une place de l'écorce qui
formait une sorte de vallée microscopique, protégée de
tous les côtés, en façons de collines, par de hautes rugo-
sités. Au milieu de la vallée, se trouvait une matière
molle, humide, qu'avaient à demi décomposée le temps,
les intempéries, les misères et les souffrances de l'arbre.

Dans cette matière, l'insecte que les entomologistes
nomment *scolyte destructeur* ne tarda point, en s'aidant
de ses pattes et de ses mandibules, à s'ouvrir l'entrée
d'une gerçure, formée naturellement dans l'écorce soulevée. Une fois qu'il eut pénétré entre cette écorce et
l'aubier, il se mit à creuser de bas en haut une galerie
parallèle aux fibres corticales. Il ne travaillait pas droit
devant lui, mais il se livrait à des courbes et à des lignes
serpentines, capricieuses en apparence, quoique réellement elles eussent pour motifs d'insurmontables obstacles
opposés par la dureté de certaines parties du bois. Ce scolyte était une femelle. Quand elle eut assez sillonné et per-
foré, elle pondit ses œufs, les recouvrit de la poussière
végétale qu'avaient produite ses dégâts, reprit le chemin
par lequel elle était entrée, s'arrêta à l'ouverture, la ferma
hermétiquement à l'aide de son corps, et mourut, en assurant par ce dernier acte de tendresse la conservation de
ses œufs.

Il naquit de la ponte du scolyte une centaine de larves armées de robustes mandibules, qui, à peine écloses, commencèrent à commettre d'affreux dégâts, à dépecer le bois et à y creuser des sillons dans tous les sens. Quand elles furent rassasiées de destruction, elles se métamorphosèrent en chrysalides et devinrent, quinze jours après, des scolytes complets qui s'envolèrent, se marièrent, et revinrent pondre à leur tour.

Cette race de fouisseurs se multiplia d'une façon si rapide et si effrayante, qu'un an après il ne restait pas, dans tous les Champs-Élysées, un seul arbre complètement intact.

Jamais une invasion n'a eu lieu sans amener à sa suite une populace d'ennemis et de parasites. Une fois les scolytes maîtres des arbres des Champs-Élysées, il accourut de toutes parts des ichneumons, qui se glissaient sous les écorces pour y déposer des œufs destinés à produire des larves avides de larves de scolytes; puis survinrent les mille-pieds, les cloportes, les fourmis, les forficules, tous contribuant, chacun selon ses forces et ses habitudes, à l'œuvre générale de destruction. Aussi vit-on l'écorce de l'orme, naguère si beau, se soulever, se décoller, tomber par larges plaques, et laisser nus et sans défense les humides et délicats tissus de l'aubier.

M. le comte de Rambuteau, dont la ville de Paris conserve avec reconnaissance le souvenir, se sentit ému de compassion pour tant de beaux arbres menacés de mort. Il leur chercha un médecin, et il finit par en trouver un. C'était, soit dit en passant, un véritable docteur en médecine.

Sous la direction de ce médecin, on attaqua sans pitié les écorces qui servaient de repaire aux scolytes ; on détruisit des milliards de ces insectes ; on goudronna les écorchures ; on pratiqua au pied des arbres des tranchées, disposées en rayons, profondes de cinquante centimètres, remplies de pierrailles, et destinées à laisser arriver jusqu'aux racines l'eau et l'air ; on adossa verticalement aux racines de l'arbre des tuyaux de drainage, dont un tuileau recouvrait l'ouverture ; on rabota ou on enleva les écorces tout à fait malades ; enfin on emmaillota littéralement les arbres décortiqués. Encore aujourd'hui, vous pouvez les voir, semblables à des malades dans leur capote d'hôpital ! Par-dessus le marché, vous sourirez à la vue du haut de leur tronc, entouré d'une sorte d'entonnoir en fer-blanc qui ressemble à la fois à un pot à tisane et à l'instrument que Molière n'a pas hésité à placer entre les mains de ses matassins.

Parmi les plus mélancoliques, les plus malades, les plus entortillés de compresses et les plus cerclés de gouttières, se trouve l'orme dont nous nous sommes fait l'historiographe. Échappera-t-il à la mort ? reprendra-t-il sa vigueur et sa verdure d'autrefois ? Dieu seul le sait, et l'avenir nous l'apprendra ! Comme tous les romans réels, —c'est Balzac qui l'a dit, — son histoire manque de dénoûment.

En attendant, un ancien ministre, un membre de l'Institut, M. le comte Jaubert, a consacré à ces grandes infortunes botaniques une charmante notice dans laquelle il prodigue à la fois la science et la compassion.

Cet exemple a enhardi l'auteur de ces notes à faire à son tour l'histoire d'un orme ; et puis, comme suprême excuse, il s'est rappelé cette légende de son cher et doux pays natal :

Il y avait, sur le haut d'un rocher, un château inexpugnable qu'habitait un baron qui désolait tout le pays, à dix lieues à la ronde, par ses exactions, ses pillages et ses meurtres.

Une nuit, ce baron rêva que son heure suprême avait sonné et qu'il se trouvait en face de Dieu, à ce moment fatal où, comme le dit l'Église dans son terrible chant du *Dies iræ*, le juste se sent à peine rassuré : *Cum vix justus sit securus.*

L'ange Raphaël tenait une balance d'or ; Satan accumulait dans le plateau de gauche tous les péchés mortels du baron représentés par les démons qui les avaient inspirés. On en comptait sept qui tournoyaient en se tenant par la main autour d'un groupe de dix autres ; enfin six se cramponnaient à l'extrémité du fléau et s'efforçaient de le faire baisser de leur côté.

Les premiers disaient :

« Orgueilleux ! avare ! luxurieux ! envieux ! glouton ! colère ! lâche ! »

Les seconds hurlaient :

« Impie ! blasphémateur ! brûleur d'églises ! mauvais fils ! homicide ! menteur ! luxurieux ! adultère ! »

Les troisièmes glapissaient avec un rire triomphant :

« Les dimanches il se battait et pillait ! jamais il n'a mis le pied dans une église ! jamais il ne s'est approché du tribunal de la pénitence ! il a profané les vases sacrés ! au lieu de jeûner, il se gorgeait de viandes, même le vendredi saint ! »

Sur le plateau de droite, on ne voyait qu'un tout petit ange. Seul, il contre-balançait le poids de la gigantesque et hideuse horde de l'Esprit du mal.

« Qui donc es-tu, doux protecteur qui me sauves de l'éternité de l'enfer? demanda le baron. Avant que je descende au purgatoire, dis-moi ton nom. Car, hélas! dans ma triste et coupable vie, je ne me rappelle point avoir fait une seule bonne action.

— La veille de ta mort, répondit l'ange, tu as trouvé au milieu de ton jardin une fleur à demi desséchée par l'ardeur du soleil. Elle gisait flétrie à terre; tu l'as relevée de tes mains; tu l'as étayée à l'aide d'une baguette que tu as taillée avec ton poignard; enfin, pour l'arroser, tu as puisé dans ton casque de l'eau à la fontaine voisine. Voilà ce qui te sauve de la damnation! »

La légende ajoute que le baron s'éveilla en sursaut, et que, attendri et touché de l'immensité de la miséricorde divine, il se convertit, distribua son bien aux pauvres, fit de son château un couvent, prit le froc, et mourut en odeur de sainteté.

Il doit se tenir dans le paradis à côté de saint Fiacre, patron des jardiniers.

DANS UNE FEUILLE

Quoiqu'elle fût assise sous un plantureux berceau d'aristôloches dont les larges feuilles l'abritaient contre les ardeurs du soleil, quoiqu'elle se trouvât au milieu d'un magnifique jardin à travers lequel serpentait un joli petit ruisseau, enfin quoique son mari, — son mari depuis six mois! — se tînt couché sur l'herbe à ses pieds, Madeleine ne put réprimer un léger bâillement.

Ce bâillement alla droit au cœur du pauvre André, qui aimait éperdument Madeleine, et qui, pour l'épouser, avait peut-être un peu, disait-on, compromis son présent et son avenir.

« Tu t'ennuies! s'écria-t-il, tu t'ennuies!... Et à peine depuis huit jours habitons-nous ce petit nid que tu as rêvé, trouvé, convoité et possédé presque à la fois! Paris l'obsédait! et à peine à la campagne tu t'ennuies! tu t'ennuies près de moi! »

Une larme coula sur sa joue, une larme de chagrin et peut-être de dépit.

« Vilain tyran! répliqua Madeleine avec un de ces sourires et une de ces inflexions de voix qui n'appartiennent qu'à la femme aimée, et qui pénètrent jusqu'au fond de l'âme. Vilain tyran! ajouta-t-elle en faisant voluptueusement frissonner André sous son adorable regard; si tu n'étais à mes pieds, je t'y ferais mettre pour me demander pardon. Puisque tu y es, restes-y!... Ou plutôt lève-toi et embrasse-moi; je me sens en veine de clémence.

— Ah! dit André en posant ses lèvres sur le front de Madeleine, je t'aime tant, je te veux si heureuse, que, vois-tu, je ne sors pas de transes! Un froncement de sourcil, un regard moins limpide, un soupir, un tressaillement, un bâillement, tout me fait peur!

— Aie donc peur ! reprit-elle avec un charmant despotisme... Et, puisque tu es un savant, explique-moi comment, depuis hier, la plupart des feuilles de cet aristoloche se teintent de jaune. Voyons, parle vite, je préfère la botanique à la jalousie.

— Regarder des feuilles, quand je peux te regarder !

— Il craint que je ne sois pas assez heureuse! fit Madeleine en levant vers le ciel, par un geste comique, ses bras accomplis que lui eût enviés la plus belle statue antique; il le craint, et il me rend la plus infortunée des femmes en résistant à mes caprices! Suis-je ta maîtresse, oui ou non? es-tu ma chose ou ne l'es-tu pas? »

En parlant ainsi, elle appuyait une de ses mains effilées et blanches sur l'épaule d'André, et, de l'autre, elle lui présentait une loupe qu'elle avait, au préalable, nouée aux deux longs rubans roses de sa ceinture.

Bon gré, mal gré, André plaça son œil sur la loupe, et regarda les feuilles jaunies de l'aristoloche.

« Ceci me paraît singulier! dit-il après un assez long examen, que Madeleine, penchée sur l'épaule de son mari, suivait elle-même avec une curieuse attention.

— Quoi donc? fit-elle en se penchant plus fort encore, si fort, qu'elle effleura de sa joue tiède et veloutée le visage de son mari et qu'elle l'inonda de ses longs cheveux blonds.

— Oui, c'est ma foi bien cela!

— Mais parle donc! qu'est-ce?

— Un papillon inédit ou peu s'en faut, puisque jusqu'à présent le docteur Herrich Schœffer, de Ratisbonne, l'a seul décrit : le *choreutis dolosona*.

— Peut-on appeler de cet affreux nom un papillon!

— Regarde, Madeleine, continua André, en qui se réveillait le naturaliste, regarde au milieu de cette feuille d'aristoloche ce petit être à peine visible. Ses ailes supérieures, noires et diaprées de blanc, se détachent sur une seconde paire d'ailes d'une nacré sombre et bitumineuse. Il ne vole pas, il glisse le long des tiges, ou bien il s'élance, à la manière des sauterelles, par un bond brusque et vigoureux. Ne comprend-on pas que ses ailes ne doivent lui servir que de parachute? Dirige ton doigt vers lui : il parcourt, plein de frayeur, les sinuosités de la feuille qui lui sert d'abri, et il gagne une des fleurs de l'aristoloche, fleur bizarre qui ressemble à une pipe turque surmontée d'un chapeau à trois cornes. Là il s'arrête, vaincu par la fatigue et réellement haletant.

« Car les insectes respirent par des stigmates ouverts sur leurs flancs; aussi, remarque-le bien : le dolosona élève et abaisse tour à tour ses ailes à demi étendues, et, par ce quadruple éventail que le Créateur lui a donné, il amène une quantité d'air plus abondant et plus frais sur ses voies respiratoires.

— Mon Dieu, que ces merveilles des infiniment petits excitent d'admiration! murmura Madeleine, dont le souffle caressait le front de son mari et le faisait frissonner.

— Maintenant que sa fatigue, sa peur et son oppression cessent, le papillon se glisse sous un rayon de soleil qui pénètre à travers le feuillage de l'aristoloche et qui tombe comme un point d'or sur la fleur; il se complait à recevoir la chaleur vivifiante de l'astre, il la savoure, il en témoigne sa gratitude et sa joie en faisant glisser doucement ses quatre ailes l'une sur l'autre.

— Cet aristoloche contient des centaines de dolosona, fit remarquer Madeleine. Voici une femelle qui pond ses œufs sur les feuilles; un seul sur chacune d'elles. Avec la loupe, je distingue parfaitement la petite sphère de cet œuf miscroscopique, brunâtre, et enduite d'une sorte de gomme qui durcit à l'air et le fixe au duvet imperceptible qui veloute ces feuilles.

— De l'autre côté de la plante, j'aperçois une larve qui sort de l'œuf; elle ronge la partie de la feuille qu'elle occupe; insensiblement elle s'enfonce dans l'épiderme et disparaît peu à peu sous la pellicule qu'elle a soulevée.

— Tu as raison, la place de la feuille attaquée par

la chenille se décolore déjà et prend une teinte livide.

— Dans cet asile, elle ronge la matière colorante (nous appelons cela le parenchyme) de la plante qui l'a vue naître. Elle grossit et ne tardera pas à subir ses divers changements de peau, car, dès que les chenilles se sentent trop à l'étroit dans leur vêtement, elles le dépouillent. En voici d'autres plus vieilles et arrivées à leur développement complet : elles se retirent dans un coin de la galerie, si vaste pour elles, qu'elles ont creusée dans l'épaisseur du tissu végétal, et y filent une coque qui prend d'abord la forme et ensuite la couleur d'une lentille légèrement oblongue. Transparente et d'un blanc mat, elle se teinte plus tard en jaune paille, et finit par devenir opaque et d'un brun rougeâtre. Regarde, je viens de cueillir une série de feuilles qui réunissent ces différents aspects. En soulevant avec la pointe d'une aiguille la pellicule de la coque d'un brun rougeâtre, on trouve la chenille transformée en chrysalide.

— Et en plaçant cette coque contre le jour, dit joyeusement Madeleine, fière de sa découverte, on distingue les mouvements de l'insecte qui s'accommode dans le linceul d'où il ressortira transfiguré en papillon !

— Bravo, ma jolie naturaliste! tu observes comme un ange ! dit André ravi. Le hasard nous sert au mieux, et, en moins d'une seule heure, il nous aura montré toutes les transformations du dolosona, que nul entomologiste n'a pu encore ni voir ni étudier. Regarde là, presque sous ta main, une coque se brise et s'ouvre; un papillon en sort rapidement, s'accroche à un débris de feuille et développe ses ailes encore repliées et plissées par les étreintes de ce que tu nommais tout à l'heure, si justement, un linceul. Il se chauffe au soleil, il essaye de s'envoler, il s'envole, et il poursuit une femelle qui tournoyait autour de lui, impatiente d'appeler à elle cet adolescent ; pauvre adolescent, qui deviendra bientôt pire qu'un vieillard ; car, pour les insectes, l'amour, c'est la mort !

— O la jolie mignonne d'abeille ! interrompit la jeune femme ; elle rivalise de petitesse avec les imperceptibles papillons.

—Malheur aux dolosonas! répondit André. Cette abeille, qui atteint à peine aux proportions d'un grain de millet, se nomme la chalcidite sans tache (*chalcis immaculata*). Sais-tu quel crime elle vient de commettre parmi les feuilles où gisent cachées les chenilles? — Elle enfonce son aiguillon dans leur peau, y dépose un œuf, et va recommencer plus loin le même attentat sur une autre victime. De cet œuf une larve éclôra sous la peau de la chenille, et s'y nourrira de la substance du pauvre insecte. Toutefois, elle se gardera de toucher à la moindre de ses parties vitales. Elle le suivra dans toutes ses métamorphoses, et ne le tuera qu'au moment même où, après tant de travaux, d'épreuves et de transformations, il allait devenir enfin papillon. Revêtue de sa cuirasse de bronze, la tête, les ailes et les pattes brillant des reflets de l'acier, en quelques secondes, la chalcidite, comme un vieux soudard dont elle semble porter l'armure, a opéré sa ponte mortelle sur plus de cinquante victimes. Maintenant elle s'envole avec un bourdonnement qui ressemble au roulement lointain d'un tambour et quitte à tire-d'aile les lieux où elle laisse la souffrance et la mort.

— Que de mystères s'accomplissent dans l'épaisseur de cette feuille, aussi mince que l'étoffe de mon mouchoir de batiste! que de drames s'y passent! que de douleurs s'y subissent! que d'espérances s'y éteignent. Là, comme partout, règne fatalement cette inexorable loi de la reproduction par la destruction. Cela serre le cœur! soupira-t-elle.

— Tu le vois, l'étude de l'histoire naturelle t'attriste; ne nous en occupons plus!

— Au contraire, dit-elle, occupons-nous-en. Pour te faire aimer davantage la science, je veux l'aimer moi-même! Dès aujourd'hui je partagerai toutes tes études; je serai ton aide naturaliste, ton secrétaire, ton rapin ès entomologie! Tu dicteras tes notes, je les écrirai. Cela sera gentil, n'est-ce pas? Tu me diras ce que tu veux observer, je l'observerai pour toi. Tu m'as conté l'autre jour que Hubert, l'admirable historien des abeilles, devenu aveugle, chargea son domestique de voir pour lui et de lui prêter ses yeux... je te prêterai les miens... tout en te laissant les tiens, bien entendu.

— Tu es un ange!

— Je sais que tes amis voulaient t'empêcher de m'épouser. Ils prétendaient que l'amour ne pouvait marcher de pair avec la science! Je leur donnerai un bel et bon démenti! Tu deviendras célèbre par toi et pour moi! tu feras de gros livres que je te copierai, fussent-ils ennuyeux!... mais ils ne le seront pas. Je ne veux pas que tu écrives rien d'ennuyeux!... Que de bonnes journées, que d'heureuses soirées nous passerons!

— Ensemble! toujours ensemble!

— Toujours ensemble, mon André! toujours en tête-à-tête!... à moins, balbutia-t-elle en rougissant et en baissant chastement les yeux, à moins que Dieu ne réalise les espérances que depuis quelques semaines...

— Tu veux donc me faire mourir de bonheur aujourd'hui? Quoi! Dieu m'accorderait le plus ardent de mes vœux, un enfant! un fils! Ah! le bonheur me rend fou!

— Conserve ta raison, André, tu en auras grand besoin pour élever notre fils; pour en faire un savant célèbre, comme..., tu le deviendras. Tu comprends qu'il faut à notre enfant, fût-ce même une fille, un père décoré et membre de l'Institut! Je te broderai de mes mains ton costume, et jamais palmes vertes ne se seront plus brillamment épanouies que sous mes doigts! Me vois-tu, heureuse mère, me promenant aux Tuileries, mon fils à la main et entendant dire autour de moi : C'est le fils, c'est la femme d'André, membre de l'Institut! d'André, dont les ouvrages font autorité dans la science; d'André, dont les deux mondes savent le nom; d'André, à qui la France doit tant de brillantes et d'utiles découvertes! Et cet enfant qui écoutera cela de toutes ses oreilles, comme il en sera fier! comme il en relèvera coquettement sa jolie tête, toute panachée de beaux cheveux soyeux comme les tiens!

— Les doux rêves! les doux rêves! mon adorée Madeleine!

— Des rêves, monsieur, fi donc! des réalités! L'enfant est là dans mon sein; la gloire, la fortune, sont là dans ta tête! Marchons donc en nous tenant la main, fidèlement et tendrement! Montrons-nous dignes des bienfaits dont nous comble la munificence de Dieu! Assez riches pour n'avoir rien à craindre des rudes épreuves de la misère, assez pauvres pour ne pouvoir écouter les perfides conseils de l'oisiveté, ne possédons-nous pas tous les trésors qui font la vie heureuse et vaillante : la santé, l'intelligence, la jeunesse, la volonté, l'espérance?...

— Et l'amour! l'amour surtout! » s'écria André, qui tomba aux genoux de sa femme, lui prit les mains, et les couvrit de baisers et de larmes de bonheur.

Je me suis rappelé, l'autre jour, les détails de cette histoire, au cimetière, en passant près de la tombe dans laquelle reposent Madeleine, André et leur enfant!

Madeleine est morte à dix-neuf ans, André à vingt-six, et leur enfant en naissant.

Une main amie a écrit sur leur pierre funèbre ces paroles de l'apôtre saint Paul :

Maintenant nous voyons sous des images obscures, alors nous verrons face à face.

LA VALLÉE DE GOLDAU

Le 2 septembre 1806, le docteur hollandais Frantz Fagel arriva vers midi dans la vallée de Goldau.

Abritée et dominée par le Rossberg, montagne haute de cinq mille pieds, la vallée de Goldau était un des sites les plus pittoresques et les plus fertiles des environs des Lucerne.

On labourait les champs. Des vignobles sur les flancs du Rossberg ; dans la vallée, des troupeaux de bestiaux et un grand village couvert de ces jolies maisons en bois qui n'appartiennent qu'à la Suisse, présentaient aux regards du voyageur un délicieux spectacle.

D'autant plus que la pluie, qui n'avait cessé de tomber à torrents depuis près d'un mois, s'était tarie dès le matin, comme par enchantement, et qu'un ciel sans le moindre petit nuage ajoutait encore à l'aspect riant de la vallée.

Tandis que le docteur Fagel, sur le seuil de la principale auberge, devisait avec la fille de l'hôtesse, et qu'il déjeunait d'une grande tasse de laitage que lui avait servie la belle enfant, le ciel se couvrit tout à coup de nouveau. La pluie recommença. De sinistres craquements se firent entendre. Des pierres même se détachèrent des flancs de la montagne, composée de masses de roches, arrondies, cimentées entre elles et désignées par les Allemands sous le nom de *Nagelfluhe* (pierres à têtes de clous).

Vers deux heures, ce ne fut plus des pierres, mais une énorme masse de roc qui tomba brusquement et enveloppa la vallée d'un nuage de poussière noire et âcre. A la base de la montagne, le terrain semblait s'affaisser; Fagel y enfonça son bâton de voyage et il vit, non sans terreur, ce bâton, mû par un mouvement oscillatoire, s'agiter avec vivacité. Bientôt il remarqua une vaste fissure qui s'élargissait rapidement. Les sources cessèrent de couler; les pins de la forêt chancelèrent, et les oiseaux s'enfuirent en poussant des cris de terreur.

Puis la montagne sembla glisser sur elle-même, lentement, lentement, mais sans s'arrêter.

Tout à coup elle perdit l'équilibre, s'abattit sur la vallée et la broya sous une masse d'une lieue d'étendue, haute de deux cents pieds et large de trois mille.

Comment le docteur Fagel échappa-t-il à cette catastrophe? Dieu seul le sait.

Le Rossberg s'écroula à cinq heures, avec un bruit tel que jamais oreille humaine n'en avait entendu de pareil; et le pauvre Hollandais resta jusqu'au coucher du soleil dans un état complet d'anéantissement. La seule commotion causée par le déplacement de l'air l'avait à demi étouffé et douloureusement courbaturé de tous ses membres. Des bourdonnements sinistres l'assourdissaient. Il lui semblait qu'une main de fer étreignait son front.

A la fin, il retrouva assez de force pour chercher à porter des secours aux malheureux, en bien petit nombre, que le fléau avait épargnés.

Trois villages étaient anéantis : Busingen, Rothen et Goldau, dont on retrouva la cloche à plus d'un kilomètre de distance.

Un gouffre, image hideuse du chaos, des millions de rochers brisés, pêle-mêle, nus, informes, ravagés, se dressaient, rampaient, grouillaient dans un désordre inexprimable.

Puis ce furent des torrents qui vomirent des flots de boue, nivelant et souillant tout ce qu'ils atteignaient. La fange suivit la pente qui se dirigeait vers le lac de Lowertz et ensevelit une partie de la bourgade qui porte le nom de ce lac. Les rocs, au contraire, conservèrent leur direction en ligne droite, rasèrent la vallée et coururent vers le Righi; enfin les blocs les plus élevés, dont la force d'impulsion s'accroissait en raison de leur poids et de leur rapidité, parvinrent à une hauteur considérable sur la pente opposée de ce même Righi, et y écrasèrent tout ce qu'ils rencontrèrent en route. Une telle avalanche de pierres tomba dans le lac de Lowertz, à trois lieues du Rossberg, qu'elle combla en partie ce lac et qu'une vague monstrueuse, passant au-dessus de l'île de Schwanau, élevée de soixante-dix pieds au-dessus du niveau de l'eau, submergea la rive opposée et revint ensuite sur elle-même, non sans entraîner avec elle plusieurs maisons qu'elle engloutit. La chapelle d'Olten, bâtie en bois, fut transportée à deux kilomètres de la place où elle se trouvait construite.

Voici un des épisodes de cette épouvantable journée. Nous l'empruntons au docteur Fagel et au docteur Zai. Ce dernier, en 1806, habitait Arth, village situé à trois kilomètres de Goldau, sur le lac de Zug, entre la base du Righi et celle du Rossberg.

« Un habitant, éperdu de frayeur, prit deux de ses enfants dans ses bras, et s'enfuit, en recommandant à sa femme de se charger d'une autre petite fille nommée Marianne et âgée de cinq ans.

« Comme celle-ci rentrait pour prendre l'enfant, elle rencontra Francisca Ulrich, sa servante, qui traversait la chambre en tenant Marianne par la main. Au même instant, ainsi que Francisca l'a raconté depuis, la maison fut détachée de ses fondations (elle était en bois), et se mit à tourner sur elle-même. « Quelquefois, dit-elle, je « me trouvais sur la tête, et d'autres fois sur les pieds, « dans une obscurité totale. Alors, je fus violemment « séparée de l'enfant. »

« Quand le mouvement de la maison cessa, Francisca resta embarrassée de tous côtés, la tête en bas, et couverte de blessures. Elle s'imaginait être enterrée vivante à une grande profondeur. Ce fut avec beaucoup de difficulté qu'elle parvint à dégager sa main droite et à essuyer le sang qui coulait de ses yeux. Tout à coup elle entendit de légers gémissements : c'était Marianne qui les poussait ; elle l'appela. L'enfant lui répondit qu'elle se trouvait sur le dos au milieu de pierres et de buissons

qui la retenaient fortément, mais que ses mains étaient libres, et qu'elle voyait la lumière et même quelque chose de
vert. Elle demanda si quelqu'un ne viendrait pas bientôt
les secourir. Francisca répondit que c'était le grand jour
du jugement, et qu'il ne restait personne pour les assister ;
mais que la mort allait bientôt les délivrer, et qu'elles se-
raient heureuses dans le ciel. Elles se mirent l'une et
l'autre à prier. Enfin, le son d'une cloche, que Francisca
reconnut être celle de Steinen, frappa l'oreille des infor-
tunées. Sept heures sonnèrent dans un autre village. La
servante commença donc à espérer qu'il existait encore
des êtres vivants sur la terre, et s'efforça de consoler
l'enfant. La pauvre petite fille demandait avec instance à
manger ; mais bientôt ses cris s'affaiblirent, et à la fin
ils cessèrent tout à fait. Francisca, toujours la tête en bas,
ensevelie dans des terres humides, éprouvait un froid
insupportable aux pieds. Après des efforts prodigieux,
elle réussit enfin à dégager ses mains. Plusieurs heures
s'étaient écoulées dans cette situation, lorsqu'elle entendit de nouveau la voix de Marianne, qui recommença
ses lamentations.

« Le malheureux père, après avoir conservé avec beaucoup de difficulté sa vie et celle de ses deux enfants, revint au point du jour à sa maison, pour chercher à sauver
sa famille et sa servante. Un pied qui sortait de terre lui
fit découvrir sa femme ; elle était morte avec un enfant
dans ses bras. Les cris de cet homme et le bruit qu'il faisait en creusant le sol furent entendus de Marianne, qui
l'appela. Il parvint à la débarrasser, mais elle avait une
cuisse brisée ; et, lorsqu'elle dit que Francisca n'était pas

loin, de nouvelles recherches conduisirent à la délivrance de cette dernière. Elle était dans un tel état, qu'on désespéra de sa vie ; elle demeura aveugle pendant plusieurs jours, et resta toujours depuis sujette à des accès convulsifs de terreur. Il paraît que la maison, avec ses infortunés habitants, avait été entraînée à quinze cents pieds environ de l'endroit où elle était située auparavant.

« Dans un autre lieu on trouva un enfant de deux ans, sans la moindre blessure, et couché sur sa paillasse ; mais il fut impossible de découvrir aucun vestige de la maison enlevée. »

Le docteur Fagel, échappé par miracle à la catastrophe de Goldau, voulut chaque année visiter les ruines de cette vallée.

Quatre ans ne s'étaient pas encore écoulées, qu'il remarqua sur la plupart des pierres nues et stériles une teinte verdâtre.

Il prit une loupe, examina cette couleur, et constata aisément qu'elle devait son origine à une immense quantité de conferves et de céramies.

Il distingua parfaitement les filaments tubuleux et coriaces de la conferve, *scytonema*, constata la présence de la *sphacellaria*, et recueillit des fruits de la *pilayella*, globules qui se développent à la suite les uns des autres, à l'extrémité de rameaux ; sans compter la *monillina*, à gemmes ovoïdes, la *gaillonella*, à gemmes sphériques, coupées en travers de leur diamètre, et ressemblant à de petites boîtes à savonnette ; sans oublier enfin seize espèces de céramies, sœurs et voisines des conferves.

Trois ans après, les détritus de ces plantes, dont l'œil

avait besoin de l'aide de la loupe pour distinguer les formes, avaient produit assez d'éléments nutritifs pour que
les lichens, les mousses et les champignons commen-
çassent à se montrer çà et là.

L'année suivante, les cryptogames avaient tout envahi.

Vers 1815, les lichens et les champignons, en naissant, en mourant, en renaissant, en se multipliant,
avaient formé les premiers principes d'une véritable terre
végétale, dont les surfaces commençaient à se montrer
inégales et à s'onduler de petits sillons d'humus.

Dès 1818, cette couche légère s'était accrue de beaucoup, et produisait des graminées et des crassulées, aux
familles desquelles appartiennent le chiendent et les
joubarbes.

En 1825, les ronces, les bruyères, la famille des sinan-
thérées (ornées de fleurs), les centaurées, les hélianthes,
les véroniques, les chardons, poussaient et prospéraient
partout.

Deux ans après, l'ortie, l'herbe à lapin (polygonome),
dont les tiges partent d'une seule racine en pivot, et couvrent parfois la surface d'un mètre de terrain, le bouton
d'or, la colchique, aux fleurs d'un violet rougeâtre, le
jonc aux feuilles glabres, le gouet (pied-de-veau) vénéneux, la sudorifique saponaire, la mauve médicinale, la
valériane, qui apaise les spasmes ; la rue sinistre, la stellaire, qui ne prospère que dans les buissons ; la sabline,
qui ne hante que les coteaux arides ; le bluet virginal, la
violette, le cytise, la luzerne, le souci, la primevère, la
chrysanthême, la pâquerette, la narcotique jusquiame, la
fumeterre officinale, l'âcre pyrètre, la mercuriale aux

mystérieuses amours, l'hermaphrodite pariétaire, l'anti-scorbutique cresson des prés, la julienne aux folioles bossues, l'odorante giroflée, la lunetière jaune des rochers, la conyse des bois (l'herbe aux mouches); l'aster, que la culture des jardins transforme en reine-marguerite; le tussilage, qui affectionne exclusivement les glaises et reçoit le nom populaire d'herbe aux ânes; le seneçon, le mouron, la patience rouge, que les pharmaciens nomment sang-de-dragon, et qui est à la fois amère et astringente; la daphné, dont les grappes de fleur jaunes possèdent l'énergique propriété de l'émétique; l'herbe à hirondelle (stellère), et mille autres, pullulèrent partout à l'ombre, au soleil, à l'humidité, dans les sables, entre les insterstices des rochers, en haut, en bas, le long des berges, au fond de l'eau, dans les marécages, parmi les cailloux, au milieu de la fange, en pleine poussière.

Si bien qu'en 1832, dans les débris de ces végétaux de tant de diverses natures, accumulés, desséchés par les vents, brûlés par le soleil; décomposés par les pluies, par les neiges et par les gelées, et transformés en un fumier riche et fécond, se dressaient déjà les rameaux d'arbustes nombreux où l'on remarquait les viornes, les nerpruns, le genêt, les sureaux aux grappes de fleurs blanches et parfumées, et même les saules.

À leur tour survinrent, Dieu sait comment, les graines conifères, qui se glissèrent dans les moindres fissures des masses calcaires, des grès et des granits. Elles y germèrent; leurs racines s'y développèrent, y grossirent, et, avec la force irrésistible et lente dont les a douées la nature, finirent par élargir les étroites ouvertures qui les logeaient, par les briser même, et par étaler partout des bouquets de châtaigniers, de hêtres et de chênes. Un platane était venu s'installer dans le tronc brisé d'un sapin; il prospérait au milieu de cette caisse originale, et y balançait, au moindre caprice des vents, son tronc encore souple et sa tête déjà couronnée d'une opulente verdure.

Aujourd'hui, en 1861, ces arbres élèvent vers le ciel leurs rameaux et leurs feuilles, répandent autour d'eux l'ombre et la fraîcheur, et abritent des colonies d'oiseaux.

A leurs pieds, et sous les épais fourrés de plantes qui recouvrent la terre, des hordes d'insectes aiment, pondent, picorent, creusent le sable, le sillonnent et le bouleversent en tous sens. Le jour, des nuages de papillons, parés de livrées éclatantes, et, la nuit, des myriades de phalènes revêtues d'un duvet épais, voltigent dans les airs. La taupe, le mulot, le lézard, la couleuvre, les grenouilles, labourent, grimpent, nagent et font la chasse et la guerre.

Des cabanes disséminées se dressent çà et là; les faucheurs mettent en meules leurs récoltes de foin; les jeunes filles conduisent leurs troupeaux au pâturage, à travers les hautes herbes, dans lesquelles ils entrent jusqu'aux genoux.

Les rameaux se balancent et murmurent au souffle du vent. Les oiseaux chantent, les insectes bourdonnent, les clochettes tintent, les bergères échangent des appels gutturaux. La sauterelle domine ces bruits de son cri aigu.

La vie foisonne, regorge, resplendit, déborde, éclate, au fond de la vallée, sur ses lisières, sur les flancs des collines, au sommet des montagnes, partout! Il n'y a plus que jeunesse et beauté là où, morne et sans partage, régnait il y a un demi-siècle la désolation !

Comment un pareil miracle s'est-il opéré? Hélas! la science humaine, riche pourtant, depuis Socrate et Platon, de vingt-trois siècles de progrès, ne peut aujourd'hui, comme elle l'a fait jusqu'à présent, comme elle le fera éternellement, que répéter, en rougissant et en baissant la tête, ces paroles du *Phédon* :

« Je ne sais qu'une seule chose, c'est que je ne sais rien ! »

HISTOIRE D'UNE BOTTE DE FOIN

Hier, un vieillard de haute taille et d'une physionomie à la fois douce et rêveuse remontait lentement les hauteurs de la montagne Sainte-Geneviève. Il se donnait cet adorable plaisir qu'on ne peut se procurer qu'à Paris : il flânait.

Les étalages des marchands de gravures de la rue Saint-Jacques l'arrêtèrent d'abord ; il fit une longue station devant une grossière image des fabriques d'Épinal représentant les *Infortunes d'une crinoline*. Ses lèvres, à la fois fines et charnues, s'entr'ouvrirent par un sourire bien franc et bien gai. Il s'amusa, comme un véritable enfant qu'il est parfois, des plaisanteries au gros sel de la caricature à un sou.

Tout à coup, une jeune fille, appuyée sur le bras d'un

jeune homme, passa près du flâneur, en le frôlant de sa robe de soie. Il oublia les images pour suivre d'un regard mélancolique l'heureux couple devisant à coup sûr d'amour et d'avenir, et il soupira en répétant tout bas ce vers de la Fontaine :

> Ai-je passé le temps d'aimer?

Puis, comme sans doute la réponse qu'il se fit à cette question était affirmative, il reprit lentement sa marche et oublia ses pensers mélancoliques à la vue d'un pauvre chien à la queue duquel des polissons avaient attaché un vieux soulier. Il appela si doucement et de si bonne amitié la malheureuse bête, il s'y prit avec tant de bonté, de patience, et si bien, que l'animal ahuri s'arrêta dans sa course effrénée, s'approcha de l'ami inconnu qui lui venait en aide, et se laissa délivrer de l'instrument de supplice qui le rendait fou de terreur. Après quoi, il lécha les mains de son bienfaiteur, le suivit pendant quelques secondes; s'arrêta pour happer un débris de viande qui gisait dans le ruisseau, et ne pensa plus ni au tourment passé, ni au bienfaiteur qui l'en avait délivré.

Heureusement le vieillard ne prit point garde à cet acte d'ingratitude. Deux moineaux qui se disputaient un grain d'avoine, un chat qui guettait traîtreusement, sur une fenêtre, des serins enfermés dans une cage, s'étaient déjà emparés de son attention.

Ce fut ainsi qu'il arriva à l'endroit de la place où se trouve une station de fiacres. Alors il alla droit aux voitures, et, sans tenir compte ni des pieds des chevaux qui pouvaient le blesser, ni des rires des cochers qui le gouaillaient, il se mit gravement à examiner un à un les brins de foin, reste de la provende des chevaux étalée sur le pavé.

Il ramassa un de ces brins, essuya avec son mouchoir de poche la boue qui le souillait, et le plaça soigneusement dans son portefeuille.

« Que faites-vous donc là? lui demanda un de ses amis, qui le surprit dans cette singulière occupation.

— Je complète l'histoire d'une botte de foin, travail dont je m'occupe depuis près d'un an, répondit-il.

— D'une botte de foin? s'écria l'ami.

— Eh oui. Pourquoi cette surprise? Depuis des siècles et des siècles que l'homme fauche du foin, le bottèle, l'emmagasine dans ses granges ou dans ses greniers, et le donne à manger à ses chevaux, sans doute personne avant moi n'a songé à demander de combien de plantes différentes se composait ce fourrage et quelle était la nature de chacune de ces plantes.

— Peut-être avez-vous raison, répliqua son ami.

— Pas une seule de ces plantes ne possède pourtant ni le même goût ni la même composition chimique, ni les mêmes propriétés. Vous savez que la variété des aliments est une condition indispensable, générale, universelle de la vie des animaux. Eh bien, Dieu, en créant des animaux destinés à se nourrir exclusivement d'herbes, a eu soin de donner à chacune de ces herbes une nature différente, de façon à mettre la variété dans l'unité.

Et comme il vit que son ami l'écoutait avec attention, il s'arrêta un moment, alluma un cigare et reprit :

« Une botte de foin se compose, en moyenne, d'une trentaine de plantes différentes que l'on peut diviser en deux classes : les *graminées* et les *légumineux.*

« Toutes, d'après l'analyse chimique que j'en ai faite, se composent d'eau, de fibres ligneuses, de graisse, de cire, d'albumine et d'azote. Ces divers éléments varient de doses à l'infini; les uns abondent chez certaines et chez d'autres se révèlent à peine par quelques traces.

« Quant au goût et aux propriétés que la science humaine, sans savoir ce qui les cause, constate dans ces plantes, vous pouvez juger de leur variété, rien que par la courte énumération que je vais vous en faire; car nous voici arrivés devant ma maison, et vous m'accompagnerez chez moi, n'est-ce pas, pour voir mon herbier d'une botte de foin? »

Ils entrèrent en effet dans le modeste cabinet de travail du savant.

« Tenez, dit ce dernier en ouvrant un grand cahier rempli de plantes desséchées et attachées à l'aide de petites bandes de papier blanc sur des feuilles de papier buvard; tenez: voici la *canche*, la *glume des chiens*, deux espèces de *flouve*, l'*avoine laineuse*, la *crételle*, le *dactyle*, la *fétuque des prés*, la *fétuque rouge*, l'*herbe à la manne* et l'*avoine blonde*. Elles appartiennent toutes à l'immense et mystérieuse famille des graminées. C'est pour ainsi dire le pain des herbivores. L'eau et l'azote prédominent dans leur composition; elles sont plus ou moins sœurs de notre froment. Quant à la diversité de leur aromes, jugezen. La flouve sert dans les manufactures impériales à aromatiser le tabac; l'avoine blonde contient un principe stimulant qui relève les forces abattues des bestiaux et leur rend de la gaieté; l'épi en crête de la crételle provoque la salivation, et les épillets nombreux et pelotonnés du dactyle absorbent cette salivation. Les feuilles laineuses des fétuques, roides au toucher, voisines des feuilles du roseau, raniment l'appétit et causent sur la langue une sorte de saveur assez analogue à celle de la menthe.

« Une autre graminée, la *glycérie* ou l'*herbe à la manne*, produit des semences essentiellement alimentaires que l'homme ne dédaigne pas toujours. Elle dresse, hors des coins humides où elle pousse, sa tige haute et ses épillets étalés; l'*alpiste*, qu'on nomme encore *graine de Canarie*, et la *fléole*, que les Anglais désignent par le surnom emphatique de *thimtoy-grass*, se reconnaît à son épi violet et à l'empressement passionné que les chevaux, du bout de leur langue souple et adroite comme un doigt, mettent à la rechercher et à la trier dans le fourrage de leur râtelier.

« Voici encore le *paturin*, que ses propriétés purgatives et son goût sucré font appeler *manne de Prusse*; l'*avoine à chapelet*, le *chiendent* rafraîchissant, le *brome mou*, le vulpin, et deux espèces d'ivraie, l'*italique* et la *perpétuelle*.

« L'ivraie devient vénéneuse quand les bestiaux la mangent fraîche en trop grande quantité ; mais, mélangée à petite dose dans le fourrage, elle produit sur les bœufs à peu près l'effet qu'un verre d'eau-de-vie produit, dit-on, sur l'homme après un copieux repas; elle stimule le cerveau et favorise la digestion. Quant à la *fléole des prés* et au *trèfle rampant*, *filiforme* ou *des prairies*, que voici, ce sont des légumineux qu'il faut bien se garder de donner frais en trop grande abondance aux hôtes de l'étable, car ils produiraient une fatale maladie nommé tympanite. Secs, ils ne présentent aucun danger, augmentent la sécrétion du lait chez les vaches, et procurent au beurre une saveur exquise et fine.

« La *vesce des haies* à gousses glabres, la *gesse* ou *pois de serpent*, qu'Arthur Young, le célèbre agronome, vante comme le roi des fourrages, le *lotier à fleurs jaunes*, que la dessiccation, comme vous le voyez, rend vertes, le *vulpin* enfin, complètent, sauf deux plantes dont j'ai encore à vous parler, la liste de que contient d'ordinaire une botte de foin. Plus savoureux que nutritifs, les légumineux donnent du goût aux graminées, et ne présentent néanmoins aucune trace de la cire, de l'albumine et de la graisse, souvent fort abondante chez les derniers.

« Les graminées sont le pain des herbivores, je vous l'ai dit tout à l'heure ; les légumineux sont leurs mets savoureux.

« Les deux plantes dont j'ai encore à vous parler, ce sont des ennemies. Regardez ce *chardon* : armé d'épines, ligneux, dur, souvent il blesse la bouche délicate des chevaux, quoique l'âne trouve une ineffable volupté à le broyer sous ses dents.

« Mais ce n'est rien que les aiguillons du chardon en présence de cette jolie fleur, à laquelle les botanistes ont donné le nom effrayant, du moins à l'oreille, de *lychnis agrostemma githago*, les habitants de nos campagnes celui de *nielle*, et les enfants celui de *compagnon rouge*. Elle est charmante à la vue, avec la jolie collerette verte qui garnit la gorge de sa corolle, et ses étoiles pourprées qui cachent une pulpe farineuse d'un blanc pur, sans odeur et sans saveur. Et cependant, malheur aux bestiaux quand ses graines, échappées des champs de blé qu'elles infestent, viennent à tomber dans les prairies et à s'y mêler aux plantes fourragères ! Les herbivores qui les mangent ne tardent point à gonfler d'une façon étrange ; leur œil s'injecte ; une sorte de délire s'empare d'eux, et ils succombent bientôt en poussant de lamentables mugissements.

« Hélas ! là ne s'arrêtent point les méfaits de la nielle ! Chaque année, cette plante fatale fait des victimes parmi les enfants, que séduit la beauté de ses fleurs. Les petits imprudents portent à leurs lèvres ses graines, qu'ils broient sous leurs mignonnes dents blanches, et ils meurent empoisonnés !

« Laissons là ces tristes idées et revenons à l'analyse chimique du foin sec ; elle ne diffère guère de celle du foin frais que par la quantité d'eau qui s'est évaporée ; en revanche, l'azote s'y rencontre plus abondamment.

« Voilà, mon ami, le premier chapitre de l'*Histoire d'une botte de foin.* Il reste bien à faire encore à la science pour expliquer comment de telles plantes, poussant côte à côte, dans le même sol, contiennent des principes si différents de leurs voisines.

« Ainsi, l'*herbe à la manne* (*glyceria fluitans*) contient 77 parties d'eau, 8,50 de fibres ligneuses, 0,5 de cire et 0,311 d'azote, tandis que l'*avoine blonde* (*avena flavescens*) ne donne que 59,0 d'eau, 16,5 de substance ligneuse, 0,8 de cire, et 0,520 d'azote. Pourquoi cette différence? Sans compter que la dernière est excitante, presque enivrante, et l'autre nutritive et calmante. »

Il feuilleta silencieusement son herbier, quoique ses yeux n'en regardassent pas les pages, et qu'il se laissât évidemment aller à une profonde rêverie.

Puis se réveillant comme en sursaut :

« Avant qu'on sache l'histoire complète d'une botte de foin, reprit-il en soupirant, il s'écoulera peut-être encore des siècles et des siècles! Il faudra de grandes conquêtes de la chimie, des milliers de découvertes de la botanique, des études et des expériences sans nombre de l'agriculture. La science, c'est l'horizon qui recule toujours à mesure qu'on avance. »

LES SAISONS DES CHAMPS

I

LE PRINTEMPS

Béni soit le printemps quand il revient! le printemps avec ses tièdes ondées de pluie féconde, avec son ciel bleu, avec son soleil vivifiant, avec ses soirées étoilées! Partout s'épanouit et foisonne le « renouveau, » comme disaient nos pères dans leur langage naïf et poétique. Le foyer s'est éteint jusqu'aux premières brumes de l'automne; le jour vient tôt et s'en va tard; il fait bon à se lever matin pour humer l'air frais qui dilate la poitrine et pour se mettre en quête de quelque endroit ombreux et herbeux, comme il n'en manque point même proche des barrières de Paris. Là on peut à son aise admirer les fleurs sauvages, qui se montrent en ce moment plus fraîches et plus belles qu'à aucune autre époque de l'année.

Par exemple, venez avec moi au bois de Vincennes ; voyez ce coin humide qui ressemble à un petit marais, et qu'on dirait, au premier coup d'œil, un tapis de verdure uniforme. Regardez avec attention : d'abord, ce ne sera que des formes confuses, emmêlées, enlacées, enchevêtrées ; puis, peu à peu, vous distinguerez des feuilles, des fleurs, des tiges, chacune avec leur caractère particulier et incontestable. Voici, par exemple, la *pulsatille* aux jolies fleurs violettes. Ne vous fiez, toutefois, ni à son nom populaire d'*herbe aux vents* ni à ses feuilles découpées ; elle produit une teinture utile, je l'avoue, mais elle est vénéneuse. A ses côtés pousse la *grenouillette*, renoncule aquatique ; le *populage*, dont le suc est caustique ; la *cardamine* ou le *cresson de pré*, excellent antiscorbustique ; la *corne de cerf* à fleurs blanches, qui possède les mêmes propriétés astringentes, le *sisymbre amphibie*, frère du cresson comestible ; l'*herbe de sainte Barbe* (*eresymum*), qui raffermit les gencives ; la *spartioute noueuse*, aux formes étranges ; le *cresson de cheval* (la *véronique*), l'*iris*, dont la racine cultivée fournit un parfum délicat et voisin de la violette. Enfin, au milieu de cent autres plantes affublées de noms barbarement latins par les botanistes, et baptisés de noms caractéristiques et pittoresques par le bon sens populaire, se détachent le *rubanier*, dont la longue tige flottante mesure plus d'un pied ; la *massue d'eau* (l'*herbe au bedeau*), qui fournit un aliment excellent ; le *pigamon*, qui a reçu le nom honorable de *rhubarbe des pauvres*; et le sinistre *glaïeul*, connu encore sous le nom de *faux acore*.

Vous êtes en présence d'une des plus redoutables armes du moyen âge et de la renaissance. Le glaïeul, plante commune, répandue partout où il y a peu d'eau, placée sous la main de chacun, a servi pendant bien des siècles à la superstition, à la cupidité et au crime: Dieu sait combien de drames terribles se rattachent à l'histoire de cette touffe qui s'épanouit paisiblement au bord de l'eau, avec ses feuilles semblables à la lame d'un cimeterre et ses charmantes fleurs qui invitent à les cueillir !

La sorcellerie faisait usage de glaïeul pour fabriquer l'onguent dont on s'oignait avant de partir pour le sabbat. « Cueillez du glaïeul au printemps, disent les li
« vres de magie, et entre autres le *dragon rouge*; râpez
« sa racine fraîche, et mettez immédiatement cette râ
« pure dans de l'huile blanche. A l'été, vous mêlerez
« l'huile avec du suc de pavot, réduit à l'état de
« pâte, et vous vous en frotterez le front, les ais
« selles et autres parties délicates du corps. Après
« quoi, vous tomberez dans un sommeil profond, et à
« votre réveil, vous vous sentirez si léger, qu'il ne
« vous restera qu'à enfourcher un bâton et à partir
« pour le rendez-vous de minuit. »

On le voit, ce mélange de racine de glaïeul et de pavot n'était autre chose qu'une sorte de haschisch qui troublait la raison des soi-disant sorciers et leur causait des rêves et des hallucinations.

Les bergers, ces grands jeteurs de sort, ne décimaient

les troupeaux de leurs ennemis et ne causaient des maladies aux hommes qu'à l'aide du glaïeul. Ce fut encore,
dit-on, avec la racine pilée de glaïeul, fort semblable
à la poudre d'iris, que fut empoisonnée la mère de
Henri IV. La reine de Navarre porta, pendant toute une
journée de chasse, des gants parfumés et faits, suivant
la mode du temps, de forte peau de daim ; les mains de
Jeanne d'Albret devinrent moites sous l'épaisse enveloppe qui les tenait emprisonnées, et absorbèrent la
substance vénéneuse.

En nous-éloignant de la mare pour revenir à Paris,
suivons ce sentier, qui, d'un côté, borde le bois et,
de l'autre, longe un vieux mur, la crête tapissée de
mousses, de graminées, de *joubarbes* et de *giroflées sau-*
vages, dont les fleurs d'or, comme l'enseigne leur nom,
exhalent une senteur pénétrante, voisine des parfums
du girofle. Il y a de ces plantes qui ne poussent qu'au
Nord ; on les nomme vulgairement *violiers jaunes*, et
le suc de leurs tiges à feuilles denticulées s'exprime
aisément sous les doigts. D'autres, au contraire, très-li-
gneuses, et à feuilles entières, ne prospèrent qu'au Midi.
Ce sont les *chiranti fructiculosi*. A ces deux crucifères
néanmoins il faut également des murs, entre les pierres
disjointes desquels elles puissent enfoncer leurs racines
rameuses et chevelues.

Du côté du bois, à vos pieds, près de ce petit buisson,
s'épanouit le *gouet-pied-de-veau*, aux longues feuilles
lisses, d'un vert foncé, tachées de noir, et qui ressemblent
à l'empreinte que le pied d'un veau laisserait sur le sol.
Ses fleurs, d'un blanc sale en dedans, donnent naissance

à des baies écarlates. Toutes ses parties contiennent un suc laiteux, brûlant, de saveur âcre et piquante, employé autrefois en guise de purgatif et abandonné aujourd'hui à cause des nombreux accidents qu'il causait. Toutefois, quand elle est sèche, qu'on la râpe et qu'on la réduit en pâte, elle fournit une nourriture aussi saine que la pomme de terre. Parmentier indiquait le *gouet* comme un aliment précieux dans les moments de disette.

La racine du pied-de-veau donne encore un excellent dentifrice ; elle rend de la force au vin devenu trop faible et le dispose à se convertir en vinaigre ; elle remplace, jusqu'à un certain point, le savon pour le blanchissage du linge ; enfin dans le midi de la France, quand le *gouet* atteint sa floraison complète, il acquiert un degré de chaleur assez fort pour élever le thermomètre de 48 à 55 degrés centigrades. En 1777, Lamark, pour la première fois, constata ce phénomène. La chaleur du gouet est indépendante de l'action de la lumière ; elle se manifeste avec la même puissance pendant la nuit.

Les gourmets romains faisaient grand cas du *gouet comestible* de l'Égypte, qui n'a rien de vénéneux ; on en transportait d'immenses quantités d'Alexandrie à Rome, et on nommait ce mets *luph* ou *coulchas*.

La *primevère jaune* (le *coucou* et la *clef de saint Pierre* des enfants) foisonne partout et élève ses grappes d'or au-dessus des autres plantes. C'est la favorite des ménagères de village, qui en tressent des couronnes, en ornent les berceaux de leurs nourrissons, préparent avec les jeunes tiges, infusées dans le vinaigre, un condiment délicat et font bouillir les fleurs pour en fabriquer une présure active et qui, mieux que toute autre substance, dispose le lait à se cailler et à devenir d'excellent fromage. Il suffit pour cela d'une légère addition de sel, de sulfate d'alumine et de girofle.

Voici encore l'*aristoloche*, qui hante les buissons et qui fournit un tonique ; le *cabaret* (*asaret*), qui fait éternuer mieux et plus longtemps que le tabac en poudre ; la *tulipe sauvage*, à pétales barbus au sommet ; l'*ail des chiens* (*muscari*), la *jacinthe des bois* à fleurs bleues, la *globulaire* à fleurs violettes ; la *colchique*, fatale aux animaux qui mangent sa bulbe et qui a reçu le sobriquet de *tue-chien* ; la *cinéraire champêtre*, couverte d'un duvet cotonneux ; le *pas-d'âne*, qui affectionne les terres glaises, qu'on classe parmi les meilleurs béchiques et qui fait disparaître les dernières traces des rhumes causés par les rigueurs de l'hiver ; l'*herbe de saint Roch* (*inula*), qui guérit les dyssenteries et foisonne partout.

Pour vous désigner par leur nom chacune des plantes dont la terre, au printemps, couvre son sein fécond, il faudrait une journée entière. Le soleil monte de plus en plus à l'horizon. Voici un omnibus qui passe, vite un signe au conducteur ! Grimpons sur l'impériale, allumons un cigare, et, s'il vous plaît, chemin faisant, laissez-moi vous dire pourquoi le *tamier* ou *vigne noire* à fleurs verdâtres, dont j'ai cueilli, au pied d'une haie, une des longues tiges qui s'y enlaçaient, porte les noms de *sceau de la Vierge* et d'*herbe aux femmes battues*. Ce n'est point parce que son feuillage est d'un vert gai ; ses fleurs jaunâtres et ses fruits rouges ; ce n'est point parce que l'art vétérinaire emploie sa racine âcre et amère ; ce n'est même point parce qu'elle résout le sang épanché dans les contusions et qu'elle guérit les meurtrissures.

Les vrais motifs, les voici :

Un jour, une jeune femme de la campagne se plaignit à un capucin d'être constamment battue par son mari; elle lui montra comme preuve ses bras et ses épaules meurtris de coups.

« La sainte Vierge, répondit le moine, m'a enseigné la connaissance d'une plante miraculeuse, qui non-seulement guérira votre peau marbrée de taches bleues par le fouet conjugal, mais encore qui saura vous empêcher d'être battue désormais. Faites une infusion de l'herbe de Notre-Dame, qui croît si abondamment dans vos haies; bassinez-en trois ou quatre fois par jour vos bras et vos épaules, et les contusions disparaîtront comme par enchantement. — Voilà pour le présent. Lorsque dorénavant votre mari, un peu pris de boisson, rentrera du cabaret, remplissez votre bouche d'infusion d'herbe de Notre-Dame. N'avalez pas surtout cette infusion, car elle vous purgerait énergiquement; ne la crachez pas non plus, car votre mari commencerait immédiatement à vous rosser. »

Là-dessus il partit.

A trois mois de là, il repassa par le village de la brave femme.

« Vous êtes un saint! lui cria celle-ci du plus loin qu'elle aperçut le frère mendiant; non-seulement mes bras sont redevenus en deux jours frais et blancs comme vous les voyez, mais encore je n'ai pas une seule fois été battue par mon mari depuis que, suivant votre conseil, je

remplis ma bouche de l'eau en question, quand le brave
homme me paraît entre deux vins.

— Continuez, répondit le capucin en souriant. Bénissez
la miraculeuse *herbe à la Vierge*, et n'oubliez pas mon
couvent ! »

Elle lui donna une miche de six livres qu'il chargea sur
son âne, et il s'éloigna en murmurant :

« Si j'avais dit à cette femme : Ne répondez pas à votre
mari quand il est ivre, car vous l'irritez et vous le poussez
à vous battre, elle ne m'eût point écouté. Lorsqu'elle a la
bouche pleine d'eau, elle se trouve dans l'impossibilité de
lui riposter, de le mettre en colère et de s'attirer des gour-
mades. Hélas ! comme l'a dit le fabuliste la Fontaine, que
je relis encore parfois, malgré mon froc et mes sandales :

> L'homme est de glace aux vérités,
> Il est de feu pour les mensonges.

« Si je n'eusse point paré ma recette et mes conseils
d'un petit vernis de merveilleux, la pauvre créature serait
battue encore aujourd'hui ! »

Cette légende n'est assurément pas des plus nouvelles,
mais aussi depuis combien d'années déjà le tamier ne se
nomme-t-il pas *l'herbe aux femmes battues !*

L'aubépine a été tardive cette année !

A l'heure qu'il est, elle montre encore dans les haies
du bois de Boulogne, à travers des rameaux tortueux et
des feuilles à peine naissantes, ses charmantes fleurs qui
exhalent un ineffable parfum.

L'aubépine jouait un rôle important dans les cérémonies de l'antiquité : quand on célébrait à Athènes une noce, chacun des invités tenait à la main une branche d'aubépine. A Rome, le marié en portait un rameau en guidant sa jeune femme vers la chambre nuptiale. D'après Pline, il fallait, pour jouir de ce droit, qui remontait aux premiers temps de Romulus, et faisait allusion à l'enlèvement des Sabines (comment, Pline ne le dit pas), être libre, et avoir son père et sa mère vivants.

Péréfixe raconte que, le lendemain de la Saint-Barthélemy, on vit une aubépine fleurie au cimetière des Innocents, et que chacun interprétait ce fait à sa manière, selon qu'il était catholique ou protestant.

Dans le Midi, et particulièrement à Bordeaux, on suspendait encore, il y a quelques années, de grandes couronnes d'aubépine au-dessus des rues : le soir on les illuminait avec des verres de couleurs. Sous ces couronnes, se formaient des rondes. Enfin, dans les Hautes et Basses-Pyrénées, un bouquet d'aubépine fleurie accompagnait toujours la petite croix qu'on plantait, en mai, au bord des champs, et qu'on attachait aux arbres auxquels se marie la vigne. On espérait, par cette pieuse coutume, obtenir les bénédictions du ciel pour les biens de la terre, moissonner d'abondantes récoltes, et faire de riches vendanges.

L'aubépine appartient à la belle et nombreuse famille des rosacées, dont font partie le rosier et le pêcher.

S'il faut en croire le *Journal de pharmacie et de chimie*, elle fournit à la médecine un agent efficace, à l'aide duquel le docteur Awenarius, de Saint-Pétersbourg, affirme avoir guéri, dans l'espace de deux ans, de 1854 à 1856, plus de deux cent cinquante malades atteints de rhumatismes aigus et chroniques. Le docteur atteste que la douleur et la fièvre ont constamment disparu dès le lendemain de l'administration du remède, qu'il nomme *propylamine*.

Voici sous quelle forme il l'administre :

Propylamine. . . . . 20 gouttes.
Eau distillée. . . . . 180 grammes.
   Ajoutez, si c'est nécessaire :
Oléosaccharum de menthe poivrée.   8 grammes.
Dose : Une cuillerée à bouche toutes les deux heures.

La propylamine a été découverte par Wertheim en 1850; on peut l'obtenir, soit artificiellement, soit naturellement, par divers procédés, des substances où elle se trouve naturellement contenue. Elle se rencontre, en effet, soit dans les fleurs de l'aubépine vulgaire, soit, faut-il l'avouer, dans la saumure de hareng ! dans la plus charmante et la plus parfumée fille du printemps, et dans le résidu le plus infect de l'industrie !

La propylamine est un liquide incolore, transparent, doué d'une odeur forte qui rappelle celle de l'ammoniaque.

Elle se dissout dans l'eau, et présente, même à l'état de dissolution étendue, une forte réaction alcaline. Elle sature bien les acides et forme des sels cristallisables. Comme l'ammoniaque, elle produit des fumées blanches à l'approche d'un tube imprégné d'acide chlorhydrique.

L'aubépine ne pouvait manquer de tenir une place honorable dans les légendes du moyen âge.

En effet, s'il faut en croire une tradition dont personne ne connaît l'origine, cette fleur attirait les anges dans les chaumières de la Flandre française, où en effet on l'associe au buis du dimanche des Rameaux pour orner le bénitier placé au chevet des lits.

Une jeune paysanne, d'une rare beauté, et demeurée orpheline à seize ans, vivait de son travail et du produit de son rouet dans un village que baigne l'Escaut naissant, et qui porte le nom de Proville. Elle ne sortait du logis que pour aller vendre, à la ville voisine, chez les *mulquiniers,* ou courtiers de fils, les écheveaux détachés de sa bobine, et si fins, si fins, qu'on les lui payait un grand prix. Les tisserands en façonnaient leurs plus belles batistes; batistes renommées s'il en fut, dont Marguerite de Valois disait que la sainte Vierge seule et sainte Olle, la filandière du paradis, avaient pu en enseigner la façon aux ouvrières flamandes.

Or la jeune fille dont je vous parle, et qui avait nom Perpétue, ne manquait pas de galants, mais elle n'en écoutait aucun. Comme je vous l'ai dit, elle vivait chrétiennement et dans la solitude; quand on venait à lui parler d'amour, elle tenait sa porte et son cœur fermés.

Or parmi ceux qu'enamourait Perpétue, se trouvait le jeune seigneur d'un château voisin, le baron de Cantimpré. Il n'avait pas été plus favorablement accueilli que les autres; Perpétue lui avait répondu, comme une dame du moyen âge, qu'elle était trop chrétienne pour être sa maîtresse, et lui trop grand seigneur pour qu'elle devînt sa femme.

Le baron de Cantimpré n'en poursuivit pas moins avec

ardeur Perpétue. Elle le rencontrait sans cesse sur ses pas, qu'elle allât à la ville ou qu'elle en revînt.

Un soir il l'accosta sur le bord de l'Escaut et lui reparla de son amour. Elle détourna la tête, ne répondit point et se mit à cueillir des feuilles d'aubépine le long des haies.

« Eh bien, s'écria-t-il, puisque vous ne voulez rien donner à l'amour, craignez que je n'aie recours à la violence ! »

En effet, le soir, il le fit comme il l'avait dit, et il s'approcha à pas de loup de la chaumière pour en forcer la porte.

Avant de commettre cette mauvaise action, il regarda par le trou de la serrure. O miracle ! il vit la jeune fille agenouillée devant un crucifix et une image de la Vierge couronnés des fleurs d'aubépine qu'elle avait cueillies en chemin.

A côté d'elle se tenaient quatre anges : l'un portait à la main une branche d'aubépine, avec laquelle il écartait un démon qui cherchait à troubler la vierge dans ses prières ; le second balançait un encensoir ; le troisième disait à voix basse, à l'oreille de la jeune fille, les prières qu'elle récitait ; le quatrième enfin s'appuyait sur une épée flamboyante. Ce dernier, quand le baron de Cantimpré s'approcha de la serrure, jeta un regard sévère sur le jeune damoiseau, fit un pas vers la porte et leva son glaive.

Le sire de Cantimpré s'enfuit épouvanté. De retour dans son château, il avoua au comte, son père, comment il avait formé de mauvais desseins sur Perpétue, et comment il avait vu les anges qu'amène l'aubépine protéger la jeune fille. Il obtint du vieux seigneur la permission d'épouser celle dont la pureté et les vertus méritaient la protection céleste.

Perpétue, qui aimait en secret le jeune seigneur, ne put refuser, à la demande du père, ce qu'elle avait refusé aux instances du fils. Elle devint baronne, mais une baronne si charitable, si miséricordieuse, qu'elle combla de bonheur son mari, et qu'aujourd'hui les jeunes filles du nord de la France l'invoquent avec autant de ferveur que sainte Catherine, sainte Gudule et sainte Ursule, patronnes du doux pays que baigne l'Escaut.

II

L'ÉTÉ

Ce matin, presque au point du jour, j'ai passé une heure au bois de Boulogne, et j'ai rapporté de cette promenade matinale un bouquet de fleurs sauvages qui, certes, ne le cèdent ni en parfum ni en beauté aux plantes les plus rares et les plus aristocratiques qu'on cultive à grands frais dans les serres.

Ces fleurs sont là dans un vase, sur mon bureau, avec leurs nuances fraiches et délicates, leurs feuilles découpées de cent façons délicieuses et charmantes, et leur douces émanations, qui, réunies, forment cette odeur délicieuse s'exhalant des prairies, et nommée si pittoresquement par les cultivateurs le *goût des prés*.

Regardez! Savez-vous rien de plus fier et de plus aristocratique que la *vipérine (echium vulgare)*? Ses tiges, hautes de près d'un mètre, se dressent en demi-cercle, et forment comme une grande corbeille vivante, au centre protecteur de laquelle foisonnent toutes sortes de petites plantes, telles que le *trèfle jaune* avec ses mignonnes houppes d'or (*trifolium procumbens*); la *gesse* des prés, que recherchent avidement les bestiaux, et dont les calices, couleur de safran, se rassemblent à l'extrémité d'une petite queue rampante; la *douce-amère*, aux feuilles larges, aux fleurs violettes et aux grappes de fruits noirs, semblables à de petits raisins; sans compter le *geranium à bec de grue*, dont la fleur, presque microscopique, montre, à l'aide de la loupe, des teintes merveilleuses de variété et d'harmonie, et qui se transforme, par la maturité, en une sorte de bec d'oiseau.

La vipérine appartient à la famille de la bourrache. Ses corolles, mélangées de pourpre, d'azur et d'or, s'échelonnent depuis le bas jusqu'au haut de sa forte tige parsemée de poils rudes et bruns. La baguette de Moïse, quand le prophète l'eut fleurie, devait ressembler à la vipérine.

Ses graines, par leur renflement et leurs rides, affectent la forme d'une tête de reptile, et sa racine possède, dit-on, la propriété de guérir les blessures que fait la dent venimeuse des vipères; enfin, les Italiennes emploient son suc rouge pour donner plus d'éclat à leur teint.

Au premier coup d'œil, l'*herbe au charpentier*, le *mille-feuilles*, ressemble à un héliotrope rose. Achille, dit-on, s'en servit pour guérir la blessure de Téléphe. Les traditions catholiques du moyen âge racontent qu'un jour saint Joseph, en travaillant à une pièce de bois, se blessa grièvement la main. L'Enfant Jésus, qui jouait au pied de l'établi au milieu de copeaux semblables à de beaux rubans enroulés, se leva, alla cueillir une plante de millefeuilles, l'appliqua sur la plaie du saint ouvrier, et arrêta le sang qui coulait à flots.

La médecine moderne, qui proscrit la plupart des simples, accorde pourtant à celui-ci des propriétés astringentes et balsamiques; elle en emploie les feuilles et les racines.

La *convallaire*, le *muguet de mai*, doit le nom de *sceau de Salomon* à la forme de ses feuilles roides, épaisses, gravées de linéaments, et qui rappellent la forme des sceaux ovales du moyen âge. Si sa fleur à grelots, quand elle est sèche, provoque, je l'avoue, les éternuments, du moins elle n'a rien des propriétés vénéneuses de la *renoncule*, joli bouton d'or qui se balance gracieusement sur sa tige élastique, mais qui donne la mort.

L'*euphorbe* ne vaut guère mieux. Il ressemble à un bouquet disposé artistement, composé de fleurs d'or mat, d'une feuillée qu'on dirait découpée par les ciseaux fantastiques d'une fée, et de glands de bronze florentin, qu'auraient ciselés les petits doigts d'un gnome. Brisez-la, et de toutes ses parties suintera un suc blanc qu'on serait tenté de prendre pour du lait, de porter aux lèvres. Ce n'est qu'un poison, odieux au goût et presque toujours funeste à la vie.

Le *millepertuis* ressemble également à un bouquet, mais on n'a rien à craindre ni de sa fleur, houppe cotonneuse qui s'étale gaiement au soleil; ni de ses feuilles opposées entre elles et qui laissent tamiser la lumière par des milliers de petites ouvertures, d'où lui vient sans doute le nom de *millepertuis* ou *mille trous*. Elle aussi sécrète un suc abondant, gommeux, résineux, rougeâtre, mais sinon utile, du moins sans danger.

Lorsqu'on froisse les grappes blanches de la *stachide*, dont chaque petite fleur blanche, teintée de rose à l'intérieur, ressemble à une gueule d'animal ouverte, il s'en exhale une odeur âcre et désagréable. En revanche, on mange la partie de sa tige qui se trouve ensevelie dans la terre, la médecine populaire la classe parmi les fébrifuges et les emménagogues; on en obtient une belle couleur jaune.

La *barbe de bouc*, sœur du salsifis, rampe comme un reptile. Garnie de feuilles seulement à la base, elle relève sa tête, qui ressemble à ces soleils de convention audessous desquels Louis XIV plaçait sa fière devise : *Nec pluribus impar*, et qu'il continua à faire sculpter sur tous les monuments, en dépit de l'audacieuse plaisanterie des Hollandais, avec lesquels il se trouvait en guerre. Ceux-ci avaient pris pour emblème Josué arrêtant le soleil, et pour devise le mot biblique : *Sta !*

Par malheur pour les Hollandais, ils n'arrêtèrent point Louis XIV comme Josué avait arrêté le soleil, et le conquérant continua à marcher victorieusement à travers leurs villes prises d'assaut.

Le *mélilot* a tous les caractères botaniques du trèfle;

mais pour un profane, comme vous et moi, il ne lui ressemble en rien. Vous le reconnaîtrez à ses grappes de fleurs d'or qui demeurent épanouies presque tout l'été et qui embaument le foin dans lequel elles abondent; les abeilles y butinent sans cesse; les ménagères de village enferment ces fleurs dans des sachets pour donner une bonne senteur à leur linge, et surtout pour éloigner de leurs armoires les insectes.

Les parfumeurs en extraient une eau distillée fort agréable, et les teinturiers une de ces couleurs jaunes que la nature prodigue à tant d'espèces végétales. La médecine en a fait longtemps usage et ne s'en sert plus aujourd'hui.

Le mélilot entre encore dans la composition des fromages aux herbes, ou *fromages verts*, que l'on prépare en Suisse, dans le canton de Glaris, et en France dans quelques montagnes du Jura. Certaines localités de l'Allemagne le dessèchent pour en faire, l'hiver, une sorte de thé, moins excitant et aussi aromatique que la boisson chinoise. Les chevaux le mangent avec passion; Homère en parle et raconte le soin que met Achille à en nourrir son attelage divin. Les Anglais le nomment *timothy*; enfin on l'appelle dans certaines parties de la France *houblonnet*, à cause des têtes ovales de ses fleurs, qui présentent quelque ressemblance avec les chatons du houblon.

A peine vous ai-je parlé d'une dizaine des fleurs composant mon bouquet, et déjà la place me manque! Il faut que je passe sous silence beaucoup de leurs sœurs, aussi belles qu'elles, aussi intéressantes, aussi variées de formes, de mœurs, d'histoire et d'emploi. Laissez-moi cependant vous dire encore quelques mots du bluet et du chardon, et vous raconter une légende que j'ai apprise en Flandre, et que, sous des formes différentes, j'ai retrouvée en Bretagne, sur les bords du Rhin, en Norvége, et enfin en Algérie, où un Kabyle me l'a redite. Tous les pays et toutes les religions l'ont inventée ou se la sont appropriée.

Une fois, me raconta-t-il, tandis que, assis sur le seuil de son gourbi, nous devisions, la longue sibsi aux lèvres, et au milieu de nuages parfumés de latakié, une fois, deux inconnus vinrent demander l'hospitalité à un Kabyle. Celui-ci, tout pauvre qu'il était, s'évertua à recevoir de son mieux les hôtes que le prophète lui envoyait. N'ayant point d'esclave, et vivant seul dans sa maison, construite en pierres ramassées au bord de la plaine, il donna lui-même à layer aux deux voyageurs, se dépouilla de son propre burnous, pour le placer sous leurs pieds, tua le seul mouton qu'il possédât et le leur servit sans vouloir se mettre à table avec eux. « Un hôte, dit-il en citant le « Koran, est un seigneur pour celui qui le reçoit et qui « devient son serviteur. »

Au bout de deux jours, toutes les provisions de cet homme selon l'esprit d'Allah se trouvèrent épuisées. Alors il se prosterna en pleurant devant les voyageurs, se frappa la poitrine, leur fit l'aveu de sa pénurie, et les conduisit lui-même chez un riche *ulémah* du voisinage. Celui-ci reçut les étrangers à l'entrée de son vaste gourbi, leur débita un long et magnifique discours sur l'hospitalité, et leur exprima ses regrets de ne pouvoir les héberger, attendu qu'il fallait qu'il partît à l'instant même pour Algésair.

Il leur fit néanmoins servir, par un de ses esclaves, quelques rafraîchissements mesquins.

Tout à coup, le visage des voyageurs devint resplendissant comme le soleil; et les deux musulmans se jetèrent la face contre terre, car ils avaient reconnu que leurs hôtes étaient des anges.

« Des messagers d'Allah, dirent ceux-ci, ne peuvent quitter la terre et remonter dans le Paradis sans faire un don à leurs hôtes. Ne cultivez point vos champs, nous nous chargeons de les ensemencer. »

Et ils s'envolèrent dans les nuages.

Un mois après leur départ, l'ulémah vint annoncer à son voisin que ses champs se couvraient de charmantes fleurs bleues.

« Si les fleurs ont tant de beauté, ajouta-t-il, jugez donc ce que seront les fruits !

— Moi, répondit le Kabyle, je ne vois pousser dans mon petit champ que des chardons d'une grande taille. »

L'ulémah se prit à rire.

« Les anges se sont joués de vous ! s'écria-t-il. Que n'arrachez-vous toutes ces mauvaises herbes ?

— Je m'en garderai bien; ce serait douter de la bonté divine. *Mectab Allah !* Dieu l'a voulu ! J'attendrai. »

L'ulémah s'éloigna en haussant les épaules.

Quand le moment de la récolte fut venu, les anges descendirent de nouveau sur la terre.

« Récolte ces chardons, dirent-ils au pauvre Kabyle, et garde-les avec soin. Tes femmes ne savent comment carder les étoffes qu'elles filent; non-seulement les têtes de chardons leur serviront à cet usage, mais encore tu pourras

les vendre un bon prix aux autres tribus. Allah a béni
ta charité. »

Quand l'ulémah apprit cela, il s'écria :

« Si de vilains chardons hérissés d'épines valent tant
de douros et servent si utilement, qu'en sera-t-il des
fruits que produiront mes jolies fleurs bleues! »

Hélas! à la grande déception de l'ulémah, elles ne
donnèrent qu'une petite graine ailée qui s'envola dans
les airs.

Or, conclut le narrateur arabe, il faut tirer cette morale
de mon histoire qu'on ne doit jamais chercher à inter-
préter les décrets d'Allah, parce que les plus savants ne
sauraient rien y comprendre, que l'ange de la justice
rend au centuple le bien pour le bien et le mal pour le
mal, et qu'enfin il ne faut point juger sur les apparences.

Au sortir du bois, je m'étais assis sur le rebord
d'un fossé, près d'un champ de blé, et je suivais des
yeux une bande de fourmis qui faisaient une razzia de
pucerons. Elles prenaient délicatement dans leurs fortes
mandibules ces insectes, qui leur servent de vaches, de
chèvres et de brebis ; elles couraient de toutes leurs forces
vers la fourmilière, elles ne s'arrêtaient que vaincues par
la fatigue et seulement pendant le temps nécessaire pour
reprendre haleine ou pour se désaltérer. Celles que la
soif pressait trop posaient leur butin à terre, titillaient, à
l'aide de leurs antennes, les tétines bizarres dont les pucerons se trouvent pour ainsi dire hérissés, buvaient la
liqueur laiteuse qu'elles obtenaient par cette singulière
façon de traire, et reprenaient leur course vers le domicile commun.

Tout à coup, des voix jeunes, fraiches et rieuses qui chantaient et qui babillaient à qui mieux mieux me firent lever la tête. C'était une dizaine de jeunes gens; ils subissaient cette sorte d'enivrement que produisent l'air pur de la campagne et l'aspect radieux de la nature sur les Parisiens soustraits, par hasard, à l'atmosphère lourde et malsaine de la vieille Lutèce.

« Est-ce du blé, est-ce du seigle, ça? demanda une charmante jeune fille dont les joues palies et étiolées dans un comptoir et à la clarté du gaz se teintaient, pour la première fois peut-être, d'une légère nuance de rose.

— Ma foi! je n'en sais trop rien, répondit un beau jeune homme, chef de rayon de l'un de nos premiers magasins de nouveautés.

— Ça doit-être du blé! objecta une petite modiste. Cette année, dans ma maison, on fait aux seigles, fort à la mode pour chapeaux, des barbes bien plus longues que je n'en vois aux herbes de ce champ.

— Et le déjeuner! le déjeuner qui nous attend là-bas dans ce petit bois! s'écria le factotum de la troupe. — Allez-vous l'oublier? Qui a faim me suive! »

Et chacun, sans plus songer à cette discussion botanique, se mit à marcher sur les pas du joyeux garçon. Tous, sans doute, avaient faim, comme on a faim un dimanche, un jour de congé et à vingt ans.

La petite fleuriste avait raison. C'était bien un champ de blé qu'ils avaient vu. Mais Dieu sait combien de plantes étrangères se trouvaient mêlées au froment et confondaient leur feuillage à ses hautes tiges à peine en fleur!

Sans l'appétit qui la talonnait, sans la voix qui l'appelait à déjeuner, la volée de jolies filles n'eût point tardé à découvrir comme moi ces fleurs, à s'abattre sur elles et à les fourrager sans pitié pour s'en faire des bouquets. Une Parisienne, comme le chante la romance, *donnerait Bagdad pour une rose*, et même pour un bluet!

Loin de moi la pensée de médire des plantes exotiques, cultivées à grands frais dans les serres ou admises dans les collections des horticulteurs; mais je n'en sais point de plus charmantes que les filles des champs; celles-ci ne doivent rien à l'art, et poussent là ou là, parce que c'est leur gré, et qu'elles savent mieux que les plus habiles jardiniers du monde ce qu'il leur faut de terre ou de sable, de soleil ou d'ombre, de sécheresse ou d'humidité.

Témoin cette nielle à fleurs d'un bleu clair, qu'on nomme *cheveux de Vénus* (*nigella arvensis*). Il ne faut point toutefois la porter aux lèvres, car, presque sœur de l'ellébore, elle exerce, dit-on, une action nuisible sur le cerveau. Gardez-vous surtout, ajoutent les mêmes traditions, qu'une jeune femme prête à devenir mère place un bouquet de *cheveux de Vénus* à son corsage; elle ne donnerait point le jour à un enfant vivant.

Les Égyptiens, qui nomment *abésodé* la graine de la nigelle, en saupoudrent leurs pains et leurs gâteaux; ils la broient aussi et la réduisent en pâte pour en faire des pastilles fort recherchées dans les sérails, attendu qu'elles développent, dit-on, l'obésité de façon à satisfaire les amateurs les plus exigeants de ce genre de beauté orientale. On en fabrique encore, avec du gingembre et de la cannelle, une confiture préférée par les Osmanlis à la conserve de roses.

Lamouroux a découvert qu'en infusant des graines de *cheveux de Vénus* dans l'alcool, on obtient une liqueur qui possède le parfum des fraises, et qui permet, l'hiver, de préparer des glaces et des crèmes à l'essence de ce fruit. Le chimiste ne partage point, on le voit, l'opinion populaire qui attribue à la nielle des principes vénéneux.

Regardez, à côté de la nielle, cette autre plante à l'aspect élégant, aux feuilles finement découpées, aux fleurs d'un rouge vif. Encore consacrée à Vénus, elle porte le nom populaire de *goutte de sang d'Adonis*. Elle possède une saveur mucilagineuse, légèrement astringente, et répand au loin une odeur aromatique d'une extrême distinction. On peut l'employer efficacement pour guérir les toux invétérées, quoiqu'elle possède toutefois des propriétés moins efficaces que ses sœurs des Antilles et d'Italie, avec lesquelles les pharmaciens préparent le sirop de capillaire.

La *dauphinelle* se compose de fleurs en bouquet lâche et formant à peine épi. Les moissonneurs la nomment *pied d'alouette*.

La *fumeterre* s'appelait autrefois *fumée de terre*, à cause du goût âcre et amer, semblable à celui de la suie, que ses feuilles, mâchées, laissent sur les lèvres et dans la bouche. On en compte plusieurs espèces agrestes, parmi lesquelles on remarque la *fumeterre jaune*, dont les fleurs blanchâtres se succèdent pendant huit mois de l'année. On l'administre en infusion dans les maladies de la peau, et les médecins de campagne l'emploient comme toute-puissante pour guérir les faiblesses d'estomac.

Tantôt l'*oxalide corniculée* (l'*alleluia*) monte en tige de seize à vingt centimètres, tantôt elle rampe et étale sur le sol ses feuilles velues et ses fleurs jaunes. A l'instar de sa sœur, la *surelle des bûcherons*, qui affectionne les montagnes et les haies, elle produit, mais en moins grande abondance, une substance blanche, d'une extrême acidité, et qu'on nomme improprement *sel d'oseille*. On s'en sert pour combattre les maladies inflammatoires et les fièvres putrides. L'acide que l'*alleluia* contient enlève, sur le linge, les taches de rouille et d'encre. Les ménagères, qui connaissent parfaitement cette dernière propriété, enveloppent un vase d'étain rempli d'eau chaude de l'étoffe qu'elles veulent nettoyer, et la frottent légèrement avec des feuilles d'*alleluia*. Les taches disparaissent instantanément et comme par miracle.

On reconnaît l'*armoise* (*artemisia vulgaris*) à sa tige cannelée, rameuse, rougeâtre, à ses feuilles découpées, vertes en dessus, blanches en dessous, et couvertes de poils tellement entrelacés, qu'elles ressemblent à du feutre. La famille des armoises est cosmopolite : on la retrouve partout, au Japon, en Judée, en Orient et en Tartarie. Cultivée dans les jardins, cette famille prend le nom de *citronnelle*; et alors ses feuilles laissent aux doigts qui les touchent une odeur vive et suave ; enfin, dans nos potagers, elle devient l'*estragon*, et fournit un condiment aromatique qui jouit, avec les cornichons et les petits oignons, du privilége de figurer sur nos tables parmi les hors-d'œuvre.

Ainsi que l'absinthe, l'armoise des champs possède des propriétés excitantes et toniques; on la regarde, au Japon, comme un remède efficace contre la goutte. En Judée et en Perse, ses graines fournissent au commerce un vermifuge populaire ; partout, même en France, c'est le *semen contra*.

Comme l'armoise, le *guillet* ou *caille-lait* est cosmopolite ; l'espèce qui foisonne dans les environs de Paris se nomme *gratteron*. Des poils crochus hérissent sa tige rampante, ses feuilles et ses fruits. Le voici au pied de la haie qui borde le champ ; mon bras l'a effleuré, et ses fruits restent attachés à mon habit et ne s'en détachent qu'avec peine.

Les croyances populaires attribuent au *gratteron* deux propriétés que, par malheur, il ne possède pas. Elles le regardent comme un spécifique contre la rage et comme un excellent moyen de cailler le lait. De nombreuses expériences, faites entre autres par MM. Deyeuse et Percheron, ont démontré l'erreur de cette double croyance. Toutefois, les fermiers du comté de Chester attribuent au *gratteron*, qu'ils mélangent à la présure, les qualités gastronomiques qui caractérisent leur célèbre fromage.

Ajoutons que la famille du gratteron (les rubiacées), compte parmi ses membres de grandes illustrations, et entre autres le quinquina, le café, la garance et l'ipécacuana.

Les plantes que je viens de vous montrer se trouvent réunies dans un coin du champ et occupent à peine, au milieu du blé, un espace de quelques mètres ; encore ne vous ai-je point désigné l'*alchimille* ou *pied de lion*, le *trèfle*, dont les amoureux cherchent, pendant des journées entières, une tige à quatre feuilles ; la *scabieuse*, qui af-

fectionne le bord des terres labourées et que recherchent
avidement les bestiaux, parce qu'elle les engraisse et les
rafraîchit.

Les abeilles voltigent et bourdonnent toujours autour
de cette dernière plante, dont elles aiment à butiner les
fleurs, d'un bleu rougeâtre. Quelques médecins prescri-
vent encore le suc de ses feuilles contre les affections cu-
tanées; enfin, fraiche, elle fournit à la teinture un assez
beau vert, et, sèche, un jaune estimé.

Ne touchez pas à cette *coronille*. Les animaux, servis
par un merveilleux instinct que l'homme ne possède point,
hélas! ne paissent jamais ni sa tige, grande d'un mètre,
ni ses fleurs, admirablement panachées de rose, de blanc,
de violet, et disposées avec une élégante symétrie, en
couronnes et par groupes de douze à quinze. Ils évitent
surtout ses feuilles ailées et ses racines, qui serpentent
au loin et qui étalent souvent leurs jets nombreux sur plus
d'un mètre de circonférence.

On ne peut se faire une idée de la multitude de plantes
qui vivent dans un champ, non point aux dépens, mais
au milieu des moissons. Il y en a plus de cent espèces. Ni
le vannage ni le sarclage ne parviennent jamais, je ne
dirai point à les évincer complétement, mais à en dimi-
nuer le nombre. Tandis que le froment a besoin de cultures et de soins incessants, que les pluies, le soleil, le
vent, la grêle, la gelée, lui font une guerre acharnée, les
plantes sauvages prospèrent en tout temps et par tous les
temps. Souvent les panaches rouges des coquelicots et
les couronnes des bluets ne laissent plus apercevoir les
épis; souvent la terre disparaît sous les innombrables

parasites qui la recouvrent comme d'un tapis ; ils grimpent le long des tiges, ils s'étalent et se dressent ; ils en-
vahissent tout, ils reprennent victorieusement et incessamment possession du sol, dont le travail de l'homme
veut en vain les chasser.

Le soir, à la veillée, on raconte, dans ma chère Flandre, l'histoire d'un paysan qui demanda pour toute récompense à son seigneur, dont il avait sauvé la vie, le
fermage gratuit d'un bout de champ jusqu'au jour où un
âne ne trouverait plus de chardons dans les cultures voisines.

« Il y a mille ans de cela, ajoute le narrateur en sabots ;
et au jour d'aujourd'hui et à l'heure qu'il est, la famille
du malin paysan profite encore de la propriété du champ.
On a eu et on a beau arracher les chardons, il en repousse
toujours quelqu'un dans quelque coin. Lorsque les chardons finiront, le monde finira.

« Ce ne sont certes pas les ânes qui s'en plaindront ! »
conclut-il en clignant gaiement de l'œil, et désignant d'un
signe de tête un de ses auditeurs.

III

L'AUTOMNE

Nous entrons à peine dans l'automne, et déjà les fleurs
agrestes qui foisonnaient partout commencent à devenir
rares. Naguère on les comptait par centaines d'espèces au

bord du moindre ruisseau; aujourd'hüi elles apparaissent en petit nombre, çà et là, à travers les herbes incrustées de poussière, moins souples et d'un vert plus sombre.

Parmi ces précurseurs de l'hiver, on remarque le *myosotis vivace*, que les amoureux de tous les pays ont baptisé de noms charmants, et qu'ils appellent *forget me not, vergiss mein nicht, ne m'oubliez pas*, et *plus je vous vois, plus je vous aime*. Le myosotis vivace se distingue des autres myosotis par le tube de sa corolle, qui s'évase, et par ses fleurs plus grandes et d'un bleu plus foncé. Aussi les enfants, en Flandre, les cueillent-ils pour les porter pieusement aux lèvres, en disant qu'ils « baisent les yeux du petit Jésus. »

Près du myosotis vivace se rencontrent presque toujours deux variétés de la menthe : des fleurs rouges surmontent la tige velue de la première; l'autre, plus haute, plus fière, grande parfois de cinquante centimètres, dresse, à l'extrémité de ses rameaux, de petits épis rougeâtres : c'est la *menthe poivrée*, qui exhale, quand on la froisse entre les doigts, une odeur voisine de l'âcre senteur du camphre, et qui produit une huile avec laquelle les confiseurs préparent des pastilles stomachiques.

La menthe est une des rares plantes dont la mythologie raconte la légende. Fille du Cocyte, Menthos inspira à Pluton une passion violente qu'elle ne tarda point à partager.

La jalouse Proserpine surprit le secret de ce coupable amour, saisit Menthos par les cheveux, l'entraîna sur la terre et la frappa, en pleine poitrine, du funèbre trident qui servait de sceptre au dieu des sombres bords.

Vénus, témoin de ce meurtre, changea Menthos en fleur, et Pluton prit désormais le surnom d'*Amenthès*, que lui donne Ovide, qui signifie *privé de Menthos*, et dont Appien, contemporain de Septime-Sévère, raconte l'origine dans ses *Halieutiques.*

On appelle ainsi un poëme grec consacré à la pêche, et destiné à faire suite à un premier poëme sur la chasse.

A quelques pas de la *menthe poivrée* et de la *menthe crépue*, voici le *millepertuis* aux feuilles semblables à des tamis de fée et le *vulpin genouillé*, qu'à tort on confond parfois avec le chiendent, dont il se distingue par un chaume roide, des épis droits et des feuilles légèrement velues.

Ne touchez pas à la *lobélie brûlante !* Elle contient un suc laiteux, âcre et vénéneux. Une dose modérée de la racine de cette campanule excite la transpiration ; prise en plus grande quantité, elle agit à la fois comme l'émétique et comme le séné.

Vers le milieu du dix-huitième siècle, parmi les disciples enthousiastes de Linné se trouvait un Lillois, nommé Matthias Delobel. Non-seulement il se consacra exclusivement à la botanique ; mais il entreprit des voyages d'outre-mer pour étudier *de visu* la flore exotique.

En 1759, il revint de la Jamaïque et se hâta de se rendre près de Linné avec l'herbier et les échantillons précieux qu'il avait recueillis. Après avoir placé sous les yeux de son illustre maître tous ses trésors et toutes ses conquêtes, il lui montra complaisamment une plante vivante qu'il avait réservée pour la « bonne bouche, » comme il l'écrit lui-même dans une lettre que nous avons sous les yeux.

« Je n'ai vu nulle part, dit-il, cette campanulacée à fleurs blanches ; je la crois, sinon unique, du moins nouvelle. Dieu sait le mal qu'elle m'a donné et les dangers auxquels elle m'a exposé. Pendant la traversée, plus d'une fois je me suis privé d'eau pour l'arroser ; plus d'une fois, au milieu d'une tempête, j'ai serré dans mes bras et contre ma poitrine, pour qu'elle ne se brisât point, le pot qui la contenait.

« Cependant, il eût suffi qu'une de ses branches se rompît et effleurât ma peau d'une goutte du suc qu'elle contient pour me causer des ulcères rongeants, à peu près impossibles à guérir. L'odeur seule du long épi de ses fleurs rouges excite des vomissements cruels. Une de ses feuilles qui touche les yeux enfante des ophthalmies purulentes, et très-souvent cause la perte de la vue ! »

Pendant que Delobel parlait ainsi, Linné l'avait tout doucement amené près d'un petit ruisseau, et là, du bout de sa canne, il désignait au botaniste lillois une plante semblable à celle que Delobel venait de lui montrer.

« Regardez, mon enfant ! lui dit-il. Sauf la couleur, voici votre campanulacée ! La fleur de la Jamaïque est rouge, celle-ci est, je l'avoue, bleue, mais elle n'en vaut pas mieux pour cela. »

Delobel ne put retenir un geste de découragement.

« Si méchante et si redoutable qu'elle soit, continua Linné, elle vous prouvera cependant que les absents n'ont point toujours tort avec moi. Tenez, lisez cette page de ma *Bibliotheca botanica*, et vous y verrez que j'ai désigné sous le nom de mon cher Delobel une famille de campanulacées ; elle se nomme *lobelia*. »

Delobel voulut répondre, mais il ne put qu'essuyer une larme et baiser la main de Linné...

De tels souvenirs scientifiques ne se rattachent point à la *marrube*, qui pousse là paisiblement près de la *lobélie*. Elle croît presque dans l'eau. Son odeur fortement musquée; ses tiges carrées, épaisses, rameuses, velues, grisâtres; ses feuilles opposées, crépues, cotonneuses et d'un vert foncé; ses fleurs, d'un blanc douteux, ramassées et verticillées, ne manquent point d'élégance. Les médecins de campagne la recommandent avec raison comme un stimulant actif, et la désignent à leurs malades sous le nom de *faux dictame*.

Saluons en passant le *chanvre aquatique*, le *bident penché*, qui donne une teinture jaune et fournit une filasse grossière, d'une solidité à toute épreuve, et longeons ce vieux mur, au pied duquel croissent d'une façon luxuriante l'*herbe au charpentier*, qui guérit si bien les coupures, et les *orties*, armées de dards invisibles et acérés.

Ce n'est point un paradoxe que je vais dire : après l'âne, réhabilité si éloquemment par Buffon, je ne sais rien au monde de plus calomnié que l'ortie.

Vous ne tarderez point à partager cette opinion si vous me laissez vous énumérer les qualités de l'ortie, dédaignée par l'ignorance, et par son frère et par sa sœur plus stupides encore, le préjugé et la routine.

L'ortie offre aux bestiaux une nourriture fraîche et d'autant plus précieuse qu'au renouveau on la voit apparaître la première. Elle augmente la masse et la quantité du lait chez les vaches et chez les chèvres qui s'en nourrissent, et donne à ce lait une crème plus abondante et une saveur plus sucrée. Il suffit, au printemps, d'arracher les jeunes pousses de l'ortie et de les laisser un peu se faner à l'air. Pourvu qu'on les mêle ensuite, dans la proportion d'un quart environ, au foin et à la paille, on n'a rien à craindre de l'action de leurs aiguillons sur la bouche des animaux, qui les mangent avec avidité. Les fermiers intelligents recherchent beaucoup le fumier qui résulte de ce mélange, et qui favorise singulièrement la culture.

Les volailles s'engraissent rapidement quand on les met au régime des graines d'ortie ; on extrait de ces graines une huile d'un goût délicat et qui, prise en décoction, rappelle chez les jeunes mères la sécrétion du lait. Elle produit encore une dérivation dans certaines maladies ; appliquée à l'extérieur, elle ranime la sensibilité des tissus de la peau, augmente l'élasticité des muscles et rend plus facile le jeu des articulations.

Olivier de Serres, le père de l'agriculture française, enseigne que « l'ortie rend une exquise matière dont sont faictes des belles et desliées toiles ; mais dont, par malheur, il y en a si peu qu'on n'en sauroit faire autre estat que pour la curiosité. » En effet, depuis un temps immémorial, on fabrique en Chine des toiles merveilleuses, tissées avec la filasse que donne l'ortie. L'ortie lutte avantageusement contre les plus fins produits du plus beau lin ; enfin elle a sur ce dernier le remarquable avantage de se rouir complétement après un séjour d'une semaine sous l'eau.

Malgré tant de perfections, l'ortie reste, en Europe,

reléguée parmi les parias des champs. On l'arrache impitoyablement partout où elle pousse si abondamment d'elle-même. Ni Olivier de Serres en 1620, ni Rozier en 1771, ni Valmont de Bomare en 1780, ni Bartolini en 1809, ni Milloix en 1825, n'ont pu, malgré des expériences concluantes et des essais faits en grand, obtenir qu'on se mît à cultiver l'ortie et à profiter des immenses profits qu'elle offre à ceux qui consentiraient à l'exploiter.

Lorsque, en 540, saint Waast apporta dans les Gaules la lumière de l'Évangile, il remarqua un jour, dans les campagnes désolées par les soldats de Ragnacaire, un paysan qui s'évertuait à enlever de son champ, sur lequel avaient campé les barbares, le fumier laissé par leurs chevaux. Le front baigné de sueur, le pauvre diable le transportait à grands efforts de bras dans un fossé éloigné.

« Mon ami, lui dit le saint, chaque pelletée de fumier que vous enlevez de votre champ est une gerbe de récolte que vous en ôtez. »

L'Atrébate haussa les épaules et rit sans façon au nez du prélat.

« Vous m'en comptez de belles ! répliqua-t-il. Parce que vous êtes un clerc, vous pensez à tort que vous me ferez accroire de pareilles bourdes. Ce fumier qui exhale une si mauvaise odeur, et qui m'empêche de labourer mon champ, empoisonnerait et ferait pourrir le blé que je compte y semer. Allez chercher autre part des imbéciles à gausser ! »

Le saint fit un signe de croix sur le fumier, qui, de lui-même, se transporta aussitôt et tout entier dans un champ voisin.

Le propriétaire de ce champ se prit d'une violente colère, courut sus à saint Waast et faillit lui faire un mauvais parti.

« Quel tort vous ai-je causé, méchant sorcier? s'écria-t-il, pour que vous encombriez mon champ de pareilles ordures? Si vous ne les faites point disparaître, comme vous les avez amenées, au moyen d'un maléfice, je vous brise la tête d'un coup de ma hache de pierre. »

Le saint répondit :

« Puisque vous ne voulez point de ce fumier fécond, je vais l'envoyer dans les dépendances de mon évêché. »

Et, d'un signe de croix, il le fit comme il l'avait dit.

La moisson venue, les champs des deux paysans ne produisirent que des épis maigres, chétifs et rares, tandis qu'une récolte magnifique couvrait le domaine de saint Waast.

Le prélat vint en personne inviter les deux entêtés routiniers à s'assurer par leurs yeux des effets que produisent les engrais ; ni l'un ni l'autre ne voulut se déranger.

« Jamais les ordures ne seront bonnes à quoi que ce soit ! » répliquèrent-ils obstinément.

Il fallut encore plus de deux siècles pour que les habitants du Cambrésis et de l'Artois se décidassent enfin à fumer leurs terres.

N'est-ce point là un peu l'histoire de l'ortie et du dédain qu'elle inspire.

Un jour, — peut-être demain, peut-être dans un siècle, — on se demandera comment l'agriculture française a pu si longtemps méconnaître l'ortie, et négliger un moyen facile et peu coûteux de nourrir les bestiaux, et de se procurer, presque sans travail, un produit pour le moins aussi utile que le lin.

Voici pourtant déjà trois siècles qu'Olivier de Serres, avec l'autorité de son nom et de sa science agricole, a professé sur l'ortie les enseignements qu'après cet illustre agronome nous répétons humblement aujourd'hui.

Ce n'est point seulement près de l'eau que se montrent les fleurs d'automne. On en compte bon nombre sur les bords des chemins. Là, on rencontre à chaque pas la *saponaire*, que le pharmacien récolte comme sudorifique, et de laquelle les ménagères de campagne se servent en guise de savon pour lessiver leur linge; l'*ansérine blanche à tige canelée*, que les oiseaux préfèrent au millet et dont les feuilles rivalisent de goût avec l'épinard ; l'*amarante à queue de renard*, qui produit de longues grappes de fleurs cramoisiés.

Le nom de l'amaranthe signifie, en grec, *qui ne se flétrit point*. Les anciens la consacraient aux morts; les sorciers du moyen âge attribuaient des vertus magiques à sa fleur, entre autres le don de valoir à ceux qui en portaient des couronnes, les faveurs de la fortune et des grands.

Malherbe dit dans des vers adressés au roi Henri IV :

> La louange dans mes vers
> D'amaranthes couronnée
> N'aura sa fin terminée
> Qu'en celle de l'univers.

La reine Christine de Suède institua, en 1653, un *ordre de l'Amaranthe*. La croix en émail, portée par les chevaliers représentait une amaranthe avec cette devise : *Dolce nella memoria*. Enfin, Molière, dans les *Femmes savantes*, fait sur l'amaranthe un calembour, le seul peut-être que contiennent ses œuvres entières il ; est juste d'ajouter qu'il le met dans la bouche de Trissotin :

> L'amour si chèrement m'a vendu son lien,
> Qu'il m'en coûte déjà la moitié de mon bien ;
> Et quand tu vois ce beau carrosse,
> Où tant d'or se relève en bosse,
> Qu'il étonne tout le pays,
> Et fait pompeusement triompher ma Laïs,
> Ne dis plus qu'il est *amaranthe*.
> Dis plutôt qu'il est de *ma rente!*

L'arthémise vulgaire, qu'on nomme dans les campagnes *l'herbe aux cent goûts*, et dans le langage médical *l'armoise*, se reconnaît à ses tiges rameuses et rougeâtres, à ses feuilles découpées, vertes en dessus, blanches et cotonneuses en dessous, à ses fleurs, que recouvre une sorte de duvet. Elle jouit de la plupart des propriétés de *l'absinthe*, à côté de laquelle l'ont classée longtemps les botanistes.

Les distillateurs substituent trop souvent l'armoise à l'absinthe pour fabriquer la liqueur qui, en Afrique, a plus décimé nos armées que les Arabes et les fièvres paludéennes.

Il y a trois espèces d'absinthe : la *grande* se plaît dans les lieux arides, pierreux et montueux. Ses tiges droites atteignent jusqu'à quatre pieds de hauteur ; ses feuilles, profondément découpées, sont argentées, et ses fleurs, qui s'épanouissent vers le mois d'août, se dressent en grappes d'or pâle. Elle possède un principe tellement amer, qu'il se communique au lait des bestiaux qui la broutent.

Pline prétendait que les brebis qui mangeaient de l'absinthe n'avaient point de fiel ; nous n'avons pas besoin d'ajouter qu'en parlant ainsi il se faisait l'écho d'une erreur populaire. Quoi qu'il en soit, l'absinthe était en honneur chez les Romains. Aux courses de char, qu'on donnait pendant les féeries latines, on offrait au vainqueur une décoction d'absinthe. Les uns veulent voir dans cette coutume un hommage rendu aux propriétés salutaires de la plante. Selon les autres, l'amertume du breuvage devait rappeler au vainqueur que la gloire n'est jamais sans mélange. Peut-être n'était-ce tout simplement qu'une tradition de l'usage antique qui voulait que les Égyptiens initiés aux mystères d'Isis portassent à la main des rameaux d'absinthe.

Quand on mélange d'eau la liqueur d'absinthe, elle blanchit et devient savonneuse. Ce phénomène est dû à la présence de l'huile essentielle qu'elle contient.

Durant les premières années de la guerre d'Afrique, l'usage du vin d'absinthe se répandit peu à peu dans l'armée française. Des officiers elle passa aux soldats, et ne tarda pas à produire de tristes effets.

Ce fatal mélange de teinture alcoolique et de vin blanc délabre les estomacs les plus robustes, abrutit de nobles intelligences, et prive de leur raison des milliers de braves soldats.

Les compagnies de discipline recrutent la plupart de ceux dont elles se composent, parmi les buveurs d'absinthe.

L'ivresse que produit ce funeste breuvage a quelque chose de sinistre. Plus dangereuse que le vin et que l'eau-de-vie elle-même, elle rend ses adeptes sombres, hébétés et disposés à la violence ; une fois qu'on a contracté l'habitude de ce poison, rien n'en peut guérir.

En 1845, j'ai vu, au camp d'El-Arouch, un zéphir qui venait de passer trois mois au fond d'un silos. Il avait commis, sous l'influence de l'absinthe, les fautes les plus déplorables. J'obtins sa grâce du commandant : le surlendemain, on rapportait au camps le malheureux sans vêtements et dans un véritable état de démence. A peine libre, il s'était enfui et il avait vendu son uniforme, ses souliers et jusqu'à sa chemise, pour pouvoir s'enivrer d'absinthe.

Ce jeune soldat appartenait à une famille riche et honorable. Engagé volontaire, intelligent, d'une excellente conduite, brave à toute épreuve, il avait rapidement conquis les grades inférieurs. Ses camarades l'adoraient pour son courage et pour sa gaieté ; ses chefs s'estimaient heureux de contribuer à son avancement. Déjà sergent-major, encore un peu il allait échanger l'épaulette de laine pour l'épaulette d'argent du sous-lieutenant quand il prit goût à l'absinthe.

Un an après on le dégrada. Il comparut ensuite devant un conseil de guerre, et on l'incorpora dans une compagnie de discipline. Il finit par déserter et par passer à l'ennemi ; les Arabes, fatigués de ses violences, s'en débarrassèrent un jour en l'assassinant.

Revenons bien vite à nos fleurs d'automne.

Regardez encore la *fetuque bleue*, dont les feuilles

d'un vert miroitant produisent de brillants reflets ; l'*é-pervière*, à la taille élancée et aux fleurs d'un jaune citron ; la *chondrille*, la *mercuriale* à l'odeur suspecte, et qu'en Suisse les jeunes mariées mangent aux risques de s'exposer à un long assoupissement et parfois à des vomissements, pour que leur premier-né soit un garçon ; enfin la *pariétaire*, dont les tiges fibreuses et velues se couvrent de feuilles en forme de lance. Lorsqu'on touche à ces fleurs, elles lancent au loin le pollen qu'elles contiennent, et en forment un petit nuage.

Telle est la phalange des plantes sauvages de l'arrière-saison.

Il ne faut point, toutefois, oublier de citer encore parmi ces courtisans du malheur que n'empêchent de fleurir ni les brumes, ni les pluies, ni les premiers froids, la *gentiane* et l'*arroche*, qu'on appelle la *belle et bonne dame*, qu'on mange en salade, et qui, mélangée à l'oseille, en adoucit l'acidité. Sa sœur, l'*arroche puante*, exhale une odeur fétide quand on l'écrase.

La *pâquerette* ou *marguerite des prés* fleurit en toutes saisons.

La première, au printemps, elle émaille de ses étoiles blanches au cœur d'or les prairies, les bois, les bords des fossés ; on la rencontre partout où viennent un peu d'humidité et de soleil ; on la retrouve encore à l'automne, mais cette fois plus pâle et plus petite. Au moment où tombe la neige et où la gelée durcit la terre, elle se flétrit ; mais qu'un vent moins âpre et moins inclément vienne à souffler, que le sol s'amollisse si peu que ce soit, et elle renaît tant bien que mal. Comme l'espérance dans le cœur de l'homme, elle persiste à fleurir jusqu'à la mort.

Il y a des plantes qui donnent des fleurs deux fois l'année : c'est le *pavot*, la *coronille* ou *faux baguenaudier*, l'*astrocarpus*, espèce de réséda ; le *pissenlit*, injustement dédaigné, et la *lavande*, qui affectionne les roches de Fontainebleau.

La lavande forme de charmants petits buissons, parfois hauts de près d'un mètre ; un duvet blanchâtre revêt ses feuilles glauques ; et ses fleurs d'un bleu pâle se trouvent réunies en épis au sommet de ses rameaux.

La médecine emploie la plante entière comme cordial, et la pharmacie en extrait une huile qui contient beaucoup de camphre, et dont le parfum pénétrant rappelle trop souvent l'odeur de la thérébenthine.

Dans le département de Vaucluse, les habitants voisins du mont Ventoux s'occupent de la récolte et de la distillation de la lavande. On en fabrique, en moyenne, chaque année, trois mille kilogrammes d'huile essentielle. Hélas ! le commerce, comme il n'en a que trop l'habitude pour la plupart des produits qu'il met en circulation, falsifie cette huile ! Il y mêle de l'huile d'œillettes ou y fait infuser des plantes étrangères !

La lavande ne veut accepter aucun servage. Dès qu'on essaye de la cultiver dans les jardins, elle ne tarde point à dégénérer ; ses fleurs bleues pâlissent peu à peu et deviennent blanches. Si l'on reporte la lavande au milieu de ses chers rochers, elle reprend immédiatement sa verdeur et ses fleurs d'azur.

La lavande jouait au moyen âge un rôle important

dans les opérations magiques ; on en faisait des philtres, surtout des philtres amoureux. Les pères Jacob-Jacques Sprenger et Jean Nider, maîtres-profès des inquisiteurs, dans leur ouvrage latin intitulé *Malleus maleficiorum* (le *Marteau des Sorciers*), publié à Lyon en 1669, la signalent comme un des agents les plus actifs de la séduction diabolique. « Quand on peut obtenir, disent-il, qu'une femme se baigne le visage et la poitrine d'eau de lavande préparée dans un pot neuf, à minuit et pendant le premier quartier de la lune, elle ne peut se défendre contre les séductions du mécréant qui a obtenu d'elle qu'elle pratique cette onction réprouvée. Matthieu Lebrun a été brûlé vif sur le Marché aux Veaux pour avoir mené à male fin, au moyen de l'eau de lavande, Jehanne Lormay, femme de Pierre Vanin, baigneur de la rue des Étuves. Il fit, avant de monter sur le bûcher, après avoir été mis à la torture, la confession de la méchanceté du sort qu'il avait jeté sur ladite Jehanne, laquelle a été rasée et mise en un couvent de pénitentes, où elle demeurera jusqu'à sa mort. »

Aujourd'hui, grâces à Dieu, l'eau de lavande n'est plus qu'un parfum équivoque et inoffensif. Elle ne mène plus personne, ni au bûcher, ni au cloître. On prétend même qu'elle contribue à conserver les cheveux et à les empêcher de tomber. J'ai bien peur qu'il n'en soit de cette vertu-là comme de ses propriétés maléficières.

UNE POIRE

Jamais on ne vit un luxe pareil à celui qui, sous le Directoire, succéda subitement à la Terreur. On jeta bien vite au coin de la borne les *carmagnoles*, sorte de veste que chacun devait porter presque sous peine de mort ; on se vêtit de costumes aussi somptueux qu'extravagants, et l'on se mit à prodiguer l'or pour acheter ces plaisirs dont on avait été si longtemps privé.

On aura une idée de cette singulière époque, en se rappelant l'histoire de la fameuse poire de beurré dont tout Paris s'occupa pendant une semaine et que j'ai été assez heureux pour entendre raconter par Brillat-Savarin lui-même.

Exposée au mois d'août, chez Chevet, dans sa boutique du Palais-Royal, trois des gourmets de l'époque, le notaire

Noël, M. d'Aigrefeuille, et le marquis de Villevielle se
disputaient la poire en question, au milieu de la foule
rassemblée autour d'eux par leur singulier débat. D'Aigrefeuille, parasite célèbre de Cambacérès, et qui mit un
crêpe à sa fourchette le jour où il perdit son protecteur,
avait découvert le magnifique fruit au moment où on le
déballait. Il en offrait un écu de six livres quand le marquis de Villevielle, rival de d'Aigrefeuille, entra dans le
magasin, et doubla l'enchère. Le notaire Noël survint,
jeta deux louis d'or sur le comptoir et se disposait à emporter la poire, malgré les protestations de ses deux
compétiteurs, lorsqu'un jeune homme fendit tout à coup
la foule.

« Messieurs, dit-il, vous n'estimez pas à sa valeur véritable une pareille primeur. Jamais, depuis dix ans, on
n'a vu une poire de cette grosseur, sans compter sa parfaite maturité et l'exquise saveur de son essence, qu'at-
testent les parfums qui s'en exhalent ! Ce n'est point
deux louis, mais cinq, qu'elle vaut. »

En achevant ces paroles, il jeta à son tour sur le
comptoir cinq pièces d'or.

« J'en donne le double ! s'écria le notaire.

— Alors quinze louis ! » riposta le jeune homme.

Et sans laisser à M. Noël, stupéfait, le temps de répliquer, il s'empara du fruit, tira de sa poche un petit cou-
teau d'argent, coupa la poire en quatre, et avec une
grâce exquise en offrit, sur une assiette de dessert, un
quartier à chacun de ses concurrents.

D'Aigrefeuille, l'eau à la bouche, saisit avidement le
morceau succulent qu'on lui présentait ; M. de la Ville-

vielle fit un profond salut et imita d'Aigrefeuille ; M. Noël hésita un instant.

« Un si parfait connaisseur ne me fera pas le chagrin de me refuser l'honneur de partager cette poire avec moi, » fit le jeune homme, qui mit en œuvre une charmante insistance.

Le notaire sourit, s'inclina et savoura le troisième quartier de poire. Son amphitryon ne se montra pas un amateur moins passionné et moins digne appréciateur de la dernière portion du fruit.

La poire mangée, d'Aigrefeuille sortit en saluant assez cavalièrement son amphitryon, M. de la Villevielle fit une révérence profonde, et M. Noël dit :

« Monsieur, vous mettriez le comble à vos gracieusetés en daignant m'apprendre le nom de la personne à qui je dois l'exquisse sensation que je viens d'éprouver. De pareilles bonnes fortunes ne peuvent s'oublier ; on aime à associer le nom du bienfaiteur au souvenir du bienfait.

— Je me nomme Grimod de la Reinière, répondit le jeune homme.

— C'est un nom qui restera gravé dans ma mémoire. »

Et ils se séparèrent, non pas en se donnant la main, car cette coutume anglaise n'existait pas encore à Paris, mais en se saluant jusqu'à terre.

Si bonne, si rare que soit une poire, je ne pense point qu'aujourd'hui elle reçoive de pareils honneurs et qu'on la paye un si grand prix. Cependant des savants distingués font un cas extrême de ce fruit, témoin le chapitre qu'un botaniste anglais a consacré à une *poire de bergamotte*, dans un livre remarquable intitulé : *The Fo-*

rist and Garden Miscellany. Il fait d'abord observer que les nombreuses et excellentes variétés de poiriers cultivées aujourd'hui ont une origine moderne, et il rapporte à ce propos le passage dans lequel Pline, exprimant son opinion sur celles qu'on cultivait de son temps, dit que toutes les poires ne sont bonnes que cuites. Il ajoute que, vers le milieu du dix-septième siècle seulement, les délicieuses qualités de ce fruit ont commencé à se développer. Depuis cette époque, leurs progrès sont immenses, bien qu'on soit autorisé à penser qu'il en reste encore beaucoup à obtenir.

« La bergamotte de Huysche, dit-il (*Huyshe's Bergamot*), est d'origine récente. Elle a été obtenue par M. John Huyshe, de pépins de la *marie-louise*, fécondée avec la *bergamotte de Gansel*. Trois pieds provinrent de ce semis ; l'un d'eux donna du fruit pour la première fois en 1856 ; il en produisit encore en 1857, et ce fut alors que, le mérite de la nouvelle poire paraissant bien constaté, on lui donna le nom sous lequel elle est connue aujourd'hui. »

Voici ce que, d'autre part, contient le *Gardener's Chronicle* :

« Cette poire est digne de ses auteurs, et on ne peut rien dire de mieux pour la vanter. C'est un magnifique fruit dont un beau brun cannelle clair, un peu plus foncé d'un côté que de l'autre, colore la peau fine. A l'état de maturité parfaite, sa chair ressemble à celle du *beurré Brown* ou de la *Bergamotte de Gansel*. Comme bonté et fondant, elle ne le cède en rien à ces deux variétés. En 1856, où les poires ne se conservaient pas, elle était mûre à la fin de novembre. Dans les années ordinaires on peut compter qu'elle sera bonne à manger à Noël.

« On assure que le nouveau poirier est très-productif, et l'on dit qu'il convient surtout pour pyramides. »

Veut-on connaître l'origine des poires les plus célèbres et les plus recherchées?

Merlet apprend qu'on doit la *poire de Saint-Germain* à un sauvageon trouvé, en 1667, sur le bord de la petite rivière de la Fare, près de Saint-Germain-de-Lude (Sarthe). La Quintynie a fait connaître le premier la *poire de Colmar*. Le *bon chrétien*, résultat des greffes d'un maître d'école du Berkshire, date de 1770; la *chaumontel* a été découvert en 1768 à Luzarches; Mollet, jardinier de Louis XIII, greffa le premier le *beurré*; le pied-mère de la *poire du curé* existait encore en 1823 à Châtillon-sur-Indre; la *fondante des bois* est de Destingue, en Flandre, et provient de semis. J'en passe et des meilleures!

Qu'il vous suffise de savoir que chaque espèce de poire a son généalogiste et son historien; sans compter que M. Decaisne, membre de l'Académie des sciences et professeur au Muséum de Paris, ne dédaigne pas de publier une monographie des poires.

La greffe et le semis ont enfanté toutes ses variétés, qui diffèrent tant d'aspect et de goût; enfin on est parvenu à produire des poires d'une dimension monstrueuse.

On savait déjà que le sulfate de fer (vitriol vert), appliqué sous forme de dissolution dans l'eau, stimule beaucoup les fonctions absorbantes des feuilles, qui attirent alors une plus grande quantité de sève des racines. M. Du Breuil, horticulteur distingué, a eu la pensée de mouiller

la surface des jeunes fruits avec une dissolution de sulfate de fer, et ces fruits ont pris alors un accroissement
extraordinaire.

La dissolution minérale active les fonctions absorbantes
des fruits, qui attirent à eux une plus grande quantité de
séve au détriment des feuilles et deviennent plus gros.
Il serait sans doute difficile de donner ces soins à tous les
fruits, mais on pourra les réserver du moins pour les plus
précieux.

Les poires ne servent point seulement à délecter les
gourmets et à fournir de magnifiques desserts, elles peuvent encore, au besoin, faire des mariages.

Il y a quelques dizaines d'années, un jeune compositeur
de beaucoup d'avenir était fort amoureux d'une jeune
personne charmante, fille unique d'un célèbre gastronome. Ce dernier jouissait d'une jolie fortune ; l'amoureux
ne possédait que son talent ; d'ailleurs il avait pour père
un obscur cultivateur. L'ami et le disciple de Brillat-Savarin le jugea donc un gendre peu convenable et lui enjoi-
gnit de chercher femme ailleurs.

Ni les larmes de la jeune fille, ni les instances du compositeur, ne purent parvenir, je ne dirai point à changer,
mais même à ébranler cette fatale résolution.

Au désespoir, l'artiste se retira à la campagne, chez
son père ; le brave homme, voyant le chagrin du pauvre
garçon, lui dit : « Rassure-toi ! avant un mois, j'obtiendrai
le consentement qui doit faire ton bonheur. »

Dès le lendemain, le gastronome reçut d'un inconnu,
qui l'avait déposée chez son concierge, une petite caisse
contenant une poire exquise, d'une essence inconnue, et

soigneusement emballée, de manière à ne souffrir en aucune façon des chocs du voyage.

Il la mangea à son dessert et déclara que jamais il n'a-
vait rien goûté de si fondant et de si savoureux.

A deux jours de là, nouvel envoi de poires. Il en fut
ainsi pendant une semaine.

Puis tout à coup il n'arriva plus rien que cette lettre :

« On prend, sur l'honneur, l'engagement de vous donner encore deux cents poires semblables à celles que vous
avez reçues, si vous consentez au mariage de votre fille
avec le compositeur P. »

Le gourmet s'indigna d'abord d'une pareille proposition... Mais son dessert lui parut bien insignifiant ce jour-
là. Il remarqua en outre que sa fille pâlissait, qu'elle essuyait à chaque instant des larmes furtives, et qu'après
tout rien ne faisait mieux digérer que de la bonne musique entendue au sortir de table.

A quelque temps de là le compositeur reçut la permission de recommencer ses visites chez le gastronome; trois
mois après, il épousait celle qu'il aimait.

Au repas de noces, le père du marié voulut placer sur
la table une corbeille dorée remplie des fameuses poires,
mais le père de la mariée s'y opposa.

« De simples beurrés feront aussi bien l'affaire de nos
convives, qui ne s'y connaissent guère, lui dit-il, tandis
qu'à moi, qui sais les comprendre, ces poires-là fourniront
encore cinquante bons desserts. »

Il emporta donc les poires et les enferma immédiatement dans un fruitier fermé à triple tour et dont lui seul
gardait la clef.

L'auteur de cette chronique a eu l'honneur insigne de
déguster, en 1860, une de ces fameuses poires. La chose
n'eût point été possible il y a quelques années, car le
vieux gastronome vivait encore en 1855.

Or, il avait fait inscrire au contrat, comme clause ex-
presse du mariage de sa fille, que lui seul aurait le mo-
nopole des *poires de la mariée*. C'est ainsi qu'on les avait
nommées.

Elles proviennent de la greffe de la *Royale d'hiver*, ori-
ginaire de Constantinople, que l'ambassadeur de France
envoya comme une merveille à Louis XIII, et qu'on a mi-
tigée et améliorée successivement par d'autres greffes em-
pruntées au fameux *Spina Corpi* des *Italiens*, et au *Mes-
sire Jean*, que déjà Olivier de Serres citait avec éloge dans
son *Théâtre d'agriculture et mesnage des champs*, imprimé
en 1600.

LES FLEURS LUMINEUSES

Vraiment c'est un singulier peuple que le peuple chinois ! Toutes les découvertes de la science et de l'industrie européennes se trouvent indiquées dans leurs livres, et surtout dans leurs légendes populaires. On dirait des mineurs qui exploitent à leur gré des mines de diamants, mais qui ne savent point dépouiller la pierre précieuse de sa cangue.

Il y a dans l'encyclopédie chinoise intitulée *Fo-Younen-Tchou-Lin*, livre LII, l'histoire d'une princesse nommée Meï-Chi, qu'aimait éperdument Raçmi, roi du pays de Djambouli. Meï-Chi ne pouvait consentir à donner sa main à Raçmi, parce que ce prince lui offrait des dons magnifiques, mais vulgaires, et qu'elle ne voulait s'unir qu'à un monarque qui pût créer pour elle des merveilles inconnues.

Un soir, après le coucher du soleil, Raçmi arriva devant la maison du Meï-Chi. Monté sur un éléphant doux et bien dressé, il se faisait précéder de mille porteurs de lanternes et suivre d'un cortége de bayadères qui dansaient et faisaient retentir l'air de leurs chants.

De sa fenêtre la jeune fille cria au roi :

« Pensez-vous que je n'aie jamais vu d'éléphant richement caparaçonné, ni entendu chanter des bayadères ?

— Beauté divine ! répondit Raçmi, daignez monter sur cet éléphant ; laissez-vous conduire par le chœur des bayadères dans mon palais, et, si vous n'y voyez point ce que vos yeux n'ont jamais vu, je fais serment de ne plus prononcer devant vous le mot d'amour. »

Meï-Chi haussa les épaules, répliqua que, sans croire un mot de ce qu'il lui disait, elle allait se rendre au palais pour se débarrasser une bonne fois d'un amour qui l'obsédait.

Elle monta donc sur l'éléphant, et se laissa conduire chez le roi. Raçmi l'introduisit dans une galerie pleine de plantes et surtout de capucines, fleurs favorites des Chinois. A peine Meï-Chi était-elle entrée que les milliers de torches qui éclairaient la galerie s'éteignirent, que toutes les fleurs se mirent à flamboyer, et que deux oiseaux rouges chantèrent les vers suivants :

Tu ne veux point, ô Meï-Chi,
Tigre charmant, mais sans pitié,
Tu ne veux pas que tous les cœurs
S'enflamment pour ta beauté!

> Comment ne brûleraient-ils point,
> Puisque même les choses inanimées s'allument
> Et brûlent en ta présence
> D'une flamme céleste et surnaturelle.

Meï-Chi essuya une larme et laissa tomber sa main dans la main de l'heureux Raçmi ; puis, tout à coup se ravisant :

« Ce n'est point vous, prince, s'écria-t-elle, qui avez eu l'idée de me donner cette fête ; elle vous a été suggérée par un autre.

—Oui, par l'amour d'abord, puis ensuite par le boudha, » lui répondit-il.

Meï-Chi soupira.

« Je vous ai donné ma main, gardez-la, dit-elle. C'est toutefois au boudha que je devrais l'accorder ! »

« Elle parlait ainsi pour taquiner le prince, ajoute le satirique conteur de Pékin, car elle savait bien que les princes peuvent acheter des idées, mais qu'ils n'en ont guère par eux-mêmes. »

Les oiseaux parleurs ne manquent pas en Europe, à commencer par les merles de la caserne des Célestins, qui, du haut des arbres où ils perchent en liberté, répètent à la journée les fanfares des trompettes des gardes municipaux.

Quant aux fleurs qui flamboient, elles existent, et j'en ai vu, pas plus tard qu'hier.

En dehors du monde officiel de la science, il est à Paris un petit groupe de personnes qui consacrent modestement et silencieusement à des études persévérantes les rares loisirs que leur laissent les travaux auxquels ils demandent laborieusement le pain quotidien.

Les uns entrent dans la vie et commencent à y tracer le sillon de leur avenir ; les autres, vieillis sous le harnais de l'industrie ou de l'administration, touchent à la fin de leur carrière. Tous, sans exception, ne peuvent qu'à la dérobée, souvent aux dépens de leur sommeil et toujours au prix de sacrifices exorbitans pour leur mince bourse, se livrer à une passion impérieuse et despotique, comme toutes les passions qu'on ne saurait librement satisfaire.

Et cependant de ce cénacle inconnu et pauvre il sort parfois de grandes découvertes, dont quelques-unes déjà se sont fait jour et ont pris rang, mais dont la plus grande partie reste dans l'ombre ! Les brevets d'invention coûtent si cher ! et l'Académie des sciences enterre si bien, bon ou mauvais, tout ce qu'on soumet à son examen ! Elle nomme un rapporteur, c'est vrai, mais le rapporteur ne fait jamais de rapport. Je pourrais vous donner une trop longue liste, hélas ! des inventions et des découvertes acceptées, appliquées partout aujourd'hui, et qui attendent encore, depuis dix ans, un rapport de la commission nommée par l'Institut.

Chez un des pionniers de la science dont je vous parlais tout à l'heure, par un froid piquant au dehors, et dans une petite serre chauffée au moyen de procédés nouveaux et ingenieux où l'électricité joue un rôle, il m'a été donné de voir créer, à peu près à volonté, les phénomènes lumineux que présentent certaines plantes, et qui ont si fort émerveillé Linné et Gœthe.

Au mois de juillet 1762, Élisabeth-Christine Linné, fille du célèbre naturaliste, en se promenant le soir dans un jardin, remarqua, non sans une vive surprise, que de petits éclairs jaillissaient des fleurs d'une touffe de *tropœolum majus*. Or, savez-vous ce que les botanistes nomment *tropœolum* ? c'est la *capucine!* la capucine, cette plante populaire et grimpante! la capucine, si vulgaire que sa fleur a donné son nom à une couleur !

Élisabeth courut aussitôt chercher son père et quelques amis qui l'accompagnaient et les rendit, à leur tour, témoins du phénomène qui l'avait étonnée. Peu de temps après, elle publia, dans les *Mémoires de l'Académie de Stockolm*, une note à ce sujet.

Ce n'est point seulement chez la capucine, mais encore chez le souci (*calendula officinalis*), chez le lis bulbeux (*lilium bulbiferum*), chez le grand œillet d'Inde (*tagetes erecta*), chez l'œillet du Mexique (*tagetes patula*), chez l'héliante annuel, frère du topinambour, enfin chez le pavot oriental, que j'ai pu, avec une dizaine d'amis, observer un si charmant phénomène.

L'obscurité la plus complète enveloppait la serre. Nous nous assîmes en face d'une large plate-bande où se trouvaient rassemblées les plantes que je viens de citer, et qu'on avait obtenues par une culture artificielle.

Après dix minutes d'attente, le pavot oriental commença le premier et lança un éclair de telle dimension, qu'il permit, non-seulement de voir la fleur qui le produisait, mais encore de distinguer parfaitement ses voisines.

Ces éclairs se répétèrent plusieurs fois et se confondirent bientôt avec ceux que les autres plantes ne tardèrent point à lancer à leur tour, quoique avec une densité moindre.

Ces éclairs se montraient tantôt vifs, tantôt faibles. Pâles, presque blancs, et grands de huit à dix centimètres, on ne saurait mieux les comparer qu'à la lumière du jour. En élevant la température de la serre, et en y amenant un léger courant électrique, on voyait l'illumination fantastique prendre plus de célérité, de vivacité et de force.

Je ne pense pas que jusqu'ici personne, excepté la fille de Linné et M. Friès, directeur du jardin botanique d'Upsal, ait été témoin, comme je l'ai été, d'un phénomène encore mis en doute par un grand nombre de naturalistes. Je ne pense pas surtout qu'ils l'aient vu se produire, au mois de novembre, presque à volonté, dans un lieu clos.

Les botanistes n'admettaient jusqu'à présent que des plantes phosphorescentes, et niaient, ou du moins contestaient au règne végétal cette singulière propriété de produire spontanément de véritables étincelles électriques.

Gesner avoue qu'il n'a rien vu de ce genre dans son écrit très-rare, intitulé : *De raris et admirandis herbis, sive quod nocte luceant, sive alias ob causas lunariæ nominantur* (De quelques herbes rares et admirables qui, soit parce qu'elles brillent la nuit, soit pour d'autres causes, sont nommées *lunaires*). Le fait le plus connu est celui que présente le bois pourri ; la phosphorescence que manifeste cette matière a été d'abord attribuée à la présence du *byssus phosphorea* ; mais les observations de

Retzius, de Humboldt, et celles toutes récentes de M. Hartig (*Bot. Zeit.*, 1855, n° 2), ont prouvé qu'elle réside dans la substance ligneuse elle-même.

D'autres parties des végétaux en voie de décomposition peuvent se couvrir également de phosphore. Meyen a vu des champignons plus ou moins pourris devenir lumineux dans l'obscurité ; M. Tulasne a étudié, de son côté, et décrit avec soin la phosphorescence des feuilles mortes du chêne ; M. de Martius a signalé, dans son *Voyage au Brésil*, la vive lueur que lui a offerte le suc laiteux de l'*euphorbia phosphorea*, au moment où l'on exprimait ce suc de la tige ; enfin, une observation analogue a été faite au Brésil par Mornay, sur une liane.

La phosphorescence s'offre également sur quelques végétaux vivants et parfaitement intacts. L'exemple le plus connu et le plus fréquemment étudié est celui du *Rizomorpha subterranea*, champignon qui se développe sur le bois des galeries de mines ; l'extrémité de ses filaments donne une lueur si vive que, d'après Meyen, de Candolle et Humboldt, elle permet de lire à sa clarté.

Un autre champignon, très-remarquable sous ce rapport, est l'*agaricus crepidosus* du midi de l'Europe. D'autres espèces, des régions tropicales, possèdent la même faculté de devenir lumineuses dans l'obscurité ; tels sont les *agaricus gardneri*, *igneus* et *noctilucens*.

Une mousse, le *schiiostega osmundacea*, qui croît dans les grottes et les cavernes, présente au jour, dans certaines circonstances, une belle lueur d'un vert d'émeraude. Bridel a montré que cette lueur provient de la réflexion et de la réfraction de la lumière diurne, par de petits filaments conservoïdes qui se trouvent sous cette mousse.

Combien de merveilles tout aussi inconnues, tout aussi intéressantes reste-t-il à découvrir, le hasard aidant? Car le génie humain consiste à tirer certaines déductions qui resultent de faits que présente le hasard, faits déjà peut-être mille fois vus par des esprits vulgaires.

Puisque j'ai commencé par une histoire chinoise, je veux également finir cette chronique par un apologue de même origine. Il est intitulé : *De ceux qui ne voient que la superficie des choses*, et fait partie du *Livre des cent comparaisons* (Pe-yu-King).

« Il y avait un Richi qui s'était retiré sur une montagne pour tâcher d'acquérir l'intelligence (Bôdhi). Il avait obtenu les six facultés surnaturelles et était doué d'une vue divine qui pénétrait partout. Il pouvait voir clairement toutes les choses précieuses que l'on avait cachées dans le sein de la terre.

« Quand le roi en eut été informé, il fut ravi de joie et dit à ses ministres : « Comment faire pour que cet « homme reste constamment dans mon royaume, n'aille « pas ailleurs, et que mon trésor s'enrichisse d'une mul- « titude de choses précieuses? »

« Un des ministres, dont l'esprit était fort borné, alla sur-le-champ trouver ce *Richi*, et lui arracha les deux yeux, puis il les apporta au roi et lui dit : « Comme je « lui ai arraché les yeux, il ne pourra plus s'en aller et « restera constamment dans ce royaume. »

« Le roi lui dit : « Si j'ai désiré vivement que ce *Richi* « restât dans mon royaume, c'était parce qu'il pouvait

« voir tous les trésors cachés au fond de la terre. Main-
« tenant que vous lui avez arraché les yeux, qu'ai-je en-
« core besoin de le faire rester? »

Hélas! que de savants, en Europe, — je parle des savants officiels, — traiteraient volontiers leurs jeunes
rivaux de la façon dont le courtisan traita le Richi!

LA LÉGENDE DE SAINTE OLLE

Dans mon enfance, les bonnes femmes du Nord racontaient à la veillée qu'un soir une veuve, les yeux rougis par les larmes et fatigués par le travail, filait solitairement dans sa chaumière. Toute la journée elle avait sarclé en pleins champs ; la nuit venue, elle maniait la quenouille, et son pied, qu'engourdissait le froid, manœuvrait la pédale du rouet. Il ventait et il pleuvait ; au dehors, on entendait l'eau tomber par torrent et se briser sur le toit ; la bise pénétrait à travers la porte mal close, tourmentait la flamme vacillante de la lampe, et s'engouffrait dans la cheminée, où achevait de se consumer une botte de ces tiges d'œillettes qui reçoivent dans le pays le nom d'étieulée.

La veuve, au murmure de son rouet, rêvait à son bonheur perdu. Elle se remémorait le temps d'autrefois, où son mari travaillait pour elle et veillait le soir à ses côtés. Dieu le lui avait donné, Dieu le lui a repris ! Que sa volonté soit faite ! La sainte Vierge aidant, elle retrouvera dans le ciel cette âme angélique, trop parfaite pour vivre ici-bas !

Voilà quelles pensées chrétiennes elle avait, et cependant, je vous l'ai dit, des larmes emplissaient ses yeux et roulaient sur ses joues.

Tout à coup elle tressaillit. Une voix gémissait au dehors et demandait l'hospitalité ; la veuve essuya ses yeux et alla promptement ouvrir, car il ne faisait pas bon à laisser, par ce mauvais temps, un chrétien dehors. L'huis pesant tourna donc sur ses gonds, et la veuve trouva, au seuil de la porte, une femme, appuyée sur un bâton, trempée de pluie et grelottant de froid. La veuve la prit par la main, l'amena devant l'âtre, dont elle raviva la flamme, lui donna une jatte de lait et un morceau de pain, et ôta de dessus les épaules de son hôtesse un manteau mouillé qu'elle fit sécher, tandis que la voyageuse se réconfortait de grand appétit.

Cependant la pluie avait cessé comme par enchantement ; le vent ne soufflait plus, la lampe brûlait paisiblement, et la lune, en tout son plein, jetait une telle lumière dans la chaumière, qu'on y voyait presque aussi clair qu'en pleine vesprée.

L'étrangère se leva, reprit son manteau, s'en revêtit, et chercha son bâton pour se remettre en route.

« Eh quoi, lui demanda la veuve, vous trouvez-vous si mal en ce logis que vous veuillez déjà vous en aller?

Que n'y passez-vous la nuit? Demain, au point du jour, vous continuerez votre voyage.

— Mon voyage n'est point de ceux qu'on remet, reprit l'étrangère en souriant. Adieu! Que Notre-Seigneur et la sainte Vierge vous bénissent pour votre charité envers les pauvres! »

Pendant que la voyageuse parlait ainsi, la veuve cherchait en son esprit quelle aumône elle pourrait donner à cette femme courageuse que la fatigue et la nuit n'arrêtaient pas. De l'argent? il ne se trouvait pas un double au logis. Des provisions? il n'y en avait guère plus. Elle détacha de son rouet la bobine qu'elle était en train de garnir, et qui, déjà rondelette, valait bien quinze sous; car personne n'eût pu, à dix lieues à la ronde, faire un fil aussi fin et aussi régulier. Elle enveloppa donc, de son mieux, cette bobine, à l'aide d'un chiffon, et la glissa discrètement et prestement dans la besace de l'inconnue.

Alors celle-ci se retourna. Son visage resplendissait d'une jeunesse et d'une beauté qui n'étaient pas de ce monde.

« Mon enfant, dit-elle à la veuve, Notre-Seigneur a souri à votre aumône, comme il a souri, aux temps de l'Évangile, au denier de la veuve. Je suis sainte Olle, patrone de ce village, où seule vous m'avez accueillie quand j'errais en mendiant de porte en porte. Votre récompense vous attend près de votre mari, près de moi, aux pieds de Jésus, dans le ciel où je remonte. Mais, en attendant la fin de vos épreuves terrestres, reprenez votre bobine, et replacez-la sur votre rouet. Rouet et bobine fileront, nuit et jour, sans que vous y mettiez la main, sans s'arrêter, et tant que vous le voudrez. Ils fileront le fil aussi beau que le vôtre ; je ne dis pas plus beau, car les anges eux-mêmes n'en sauraient faire. »

En achevant ces paroles qui comblèrent de joie, et qui ne laissèrent point que de flatter doucement l'habile fileuse, sainte Olle, la tête ceinte d'une couronne lumineuse et enveloppée d'un manteau d'azur constellé d'étoiles, remonta doucement au ciel.

Déjà le rouet, qui ne devait plus s'arrêter, tournait et filait tout seul.

La veuve devint riche, grâce à ce rouet miraculeux, elle fonda deux églises un couvent et quatre hôpitaux. Dieu et les pauvres eurent leur ample part de la prospérité et de l'immense fortune de la sainte veuve.

Quand elle alla chercher dans le ciel la récompense de ses vertus, le rouet disparut sans que personne pût savoir ce qu'il était devenu.

Lorsque j'écoutais de toutes mes oreilles d'enfant cette merveilleuse histoire, ni la conteuse, ni l'auditoire, ni moi, ne pensions qu'un jour le miracle de sainte Olle se renouvellerait en plein dix-neuvième siècle, dans les lieux mêmes où une vieille femme en racontait autrefois la légende.

En effet, le rouet de sainte Olle se retrouve en Flandre, car nulle part plus que dans le nord de la France on ne compte un aussi grand nombre de filatures de lin.

Ce fut un problème longtemps cherché que la filature et le tissage du lin à la mécanique, tandis que son rival l'exotique coton se prêtait de bonne grâce à ces deux opérations, le lin indigène, avec la ténacité de la routine, résistait à tous les essais et déconcertait toutes les tenta-

tives. Depuis un petit nombre d'années, cependant, il a
cédé, et le vieux Gaulois égale maintenant en obéissance
le doux et facile Indien.

A qui doit-on le renouvellement du miracle de sainte
Olle? Qui a retrouvé ou reconstruit le rouet qui file toujours et tout seul?

Je vous ai raconté une légende du moyen âge, laissez-moi
vous dire à présent une histoire du dix-neuvième siècle.

En 1845, on rencontrait presque chaque soir, chez Frantz
Listz, dans son appartement de la rue Laffite, un veil-
lard tantôt morne et tantôt parleur à l'excès.

Il restait des heures entières sans souffler mot, et puis
il sortait tout à coup de cette somnolence apparente, pour
s'élever passionnément contre l'ingratitude de la France,
qui lui refusait un million légitimement gagné.

Quand il commençait à traiter cette question, il fallait
le respect dû à la vieillesse pour qu'on ne l'interrompît pas.

Hélas! chez tous les hommes, voire chez les intelligents,
voire chez tous les meilleurs, n'y a-t-il pas toujours quelque
chose de ce triste sentiment qui portait les Athéniens à
frapper d'ostracisme Aristide, qui les fatiguait en leur
montrant constamment les mêmes vertus?

On écoutait donc les plaintes et les récriminations du
vieillard, mais on les écoutait d'une façon distraite et
avec une fatigue qu'on ne parvenait pas toujours à dissimuler. Lui seul ne s'en apercevait pas. Grâce à Dieu! il
n'entendit jamais, même une seule fois, Puzzi, le filleul
de Listz et de George Sand, murmurer : «Bon, voilà papa
million qui commence, je file. »

Aujourd'hui, Puzzi, brisé, dégoûté du monde, fatigué

de la vie, a pris le froc dans un des ordres les plus aus-
tères, chez les carmes déchaussés, et se nomme le père
Hermann, Augustin-Marie du Saint-Sacrement. Le vieillard disait ses plaintes aux hommes, qui ne l'écoutaient
même point ; le père Hermann dit les siennes à Dieu, qui
l'écoute et le console.

Le fait est que ces mêmes doléances du vieillard, répé-
tées chaque soir, eussent fini par agacer les nerfs les plus
solides. Le pauvre homme, malgré son grand âge, n'avait
point encore appris qu'il faut cacher avec soin ses douleurs les plus légitimes, même à ceux qui, d'abord, y ont
sincèrement compati. On se lasse aussi vite d'entendre
nommer un homme le malheureux, qu'on se lasse de
l'entendre nommer le juste.

Un soir ce vieillard, toujours si triste, entre radieux et
triomphant.

« Enfin, s'écria-t-il, enfin Dieu et la France m'ont pris
en pitié!... Mon cœur, si longtemps et si douloureusement
comprimé, se dilate et s'épanouit. Je viens de recevoir
une récompense vraiment nationale : le ministère peut
maintenant, tant qu'il le voudra, me contester mes droits
au million qu'il me doit ; ce n'est plus qu'une vulgaire
question entre créancier légitime et débiteur de mauvaise
foi. La société des inventeurs m'a voté une pension de six
mille francs ! Elle atteste elle proclame ainsi qu'à moi
seul la France doit l'invention de la filature du lin à la
mécanique. »

Listz prit dans ses mains les mains du vieillard :

« Mon cher Philippe de-Girard, lui dit-il, voilà qui
vaut mieux que ce million honteusement marchandé !

Quand la nation parle si haut, qu'importent les refus que murmure en rougissant un ministre?

—Oui, répliqua Girard, avec un noble orgueil; oui, vous avez raison! Un jour, le gouvernement de Louis-Philippe regrettera d'avoir refusé d'accomplir le devoir que lui avait légué l'empereur Napoléon. L'Empereur avait offert un million à l'inventeur de la filature du lin à la mécanique. Louis-Philippe dénie ce million. L'histoire fera la part de chacun! »

Il laissa tomber sa tête sur sa poitrine, et reprit après un long moment de silence :

« Et dire, depuis que j'ai fait cette découverte, —depuis trente ans!— dire qu'il m'a fallu errer de par le monde, vendre mes inventions à l'étranger, et lui salarier mon génie. Et cependant, depuis la lampe qui vous éclaire jusqu'au linge qui vous revêt, depuis la machine qui fabrique vos crosses de fusils jusqu'au condensateur de la machine à vapeur qui vous transporte, vous devez tout à l'homme que vous avez fait pauvre et errant!

« Personne, excepté votre ministre du commerce, ne me conteste plus cela. Chaptal, Michel Chevalier, Charles Dupin, Arago, le prouvent et le proclament. Eh bien, vous verrez que je mourrai sans que ces gens-là acquittent les promesses de Napoléon! Oui, ils me laisseront mourir sans que je sente, même un seul jour, sur mon cœur cette croix créée par celui qui avait promis les honneurs et la fortune à l'inventeur de la filature mécanique du lin! J'ai doté la France d'une industrie grâce à laquelle elle cesse de payer à l'étranger un tribut de plusieurs centaines de millions!»

Hélas! Philippe de Girard n'avait que trop raison! Trois

mois après, il mourut, et la société des inventeurs seule lui avait rendu justice.

Ce que n'a point fait alors un ministère, la France l'a fait dignement après la mort de Philippe de Girard.

Le nom de Philippe de Girard brille au premier rang parmi les noms glorieux, inscrits sur la façade du Palais de l'Industrie; une pension a été faite par l'État à sa famille, et un monument élevé à Lille, au centre même d'un département rempli de filatures de lin, proclame hautement le génie de Philippe de Girard et ses droits à la reconnaissance et à l'admiration nationales.

« Maintenant, suivez-moi, je vous prie, dans une de ces filatures, source si féconde de richesses pour l'industrie française.

La filature et le tissage du lin à la mécanique sont les plus grandes découvertes industrielles du dix-neuvième siècle. On sait les obstacles que présentait ce genre de tissus à la fabrication en grand, et combien il était difficile de substituer des machines aux fileurs et aux tisserands à la main.

Chaque jour, grâce à Dieu, cette industrie fait de rapides progrès. Aujourd'hui, on tisse à la vapeur des toiles de lin de toutes natures, et rien n'est ingénieux comme les procédés qu'on emploie.

L'usine se compose d'une série d'ateliers où ont lieu les différentes préparations que doit subir le fil, pour le débouillissage, le crémage et le blanchiment.

En entrant dans la fabrique, le fil y est, suivant les qualités des toiles à la confection desquelles il doit servir, débouilli, crémé ou blanchi.

De l'atelier de débouillissage il passe à celui des préparations; la trame est d'abord battue par une machine spécialement disposée dans ce but.

La trame est mise sur les espouloirs, soit en bobines, soit en simples écheveaux, d'après l'espèce de toile à laquelle elle est destinée. L'espouloir consiste en un métier à broches, muni de tringles marchant de bas en haut, pour répartir également le fil sur l'espoule; une ouvrière surveille l'espouloir, et une seule suffit pour diriger tout un côté de l'espouloir, ou vingt-quatre broches.

Le fil de chaîne, mis sur les écheveaux, se dévide et se bobine sur des machines composées chacune de soixante-dix petits tambours, et se répartit sur les bobines d'une manière égale, par un mouvement constant de va-et-vient; les ouvriers, enfants ou jeunes filles, n'ont qu'à surveiller le dévidage des fils et à les rattacher lorsqu'il y a rupture. Chacun de ces ouvriers peut rendre ainsi, par jour, environ quarante kilogrammes de fils de numéros moyens bobinés.

Du bobinage, les fils de chaîne vont à l'ourdissage; les bobines remplies sont placées par des chevilles en fer sur un banc triangulaire, en nombre calculé d'après la nature et la largeur de la toile; tous ces fils, passés dans un peigne spécial, s'enroulent méthodiquement sur une ensouple-dresseur, qui contient ordinairement la longueur de vingt-cinq pièces, soit environ deux mille trois cents mètres. Un cadran mobile est adapté à l'ourdissoir; le cours de son aiguille est calculé d'après la longueur à donner à chaque pièce; lorsque la longueur voulue est atteinte, un coup de sonnette, provoqué par l'aiguille, avertit l'ourdisseur, qui alors indique par une marque rouge la séparation de deux pièces de toiles. Cette marque continue à servir pour le dressage et pour le tissage.

Chaque ourdissoir, conduit par une seule ouvrière qui surveille le passage des fils et les rattache au besoin, prépare vingt-cinq pièces ordinaires par jour. Tous les fils, depuis ceux à toiles à bâches, ou à voiles d'emballage, jusqu'à ceux pour les toiles les plus fines, peuvent être ourdis de cette manière par une même machine ; il n'y a d'autre changement que celui qui consiste à restreindre ou à augmenter la longueur des ensouples et des peignes.

De l'ourdissoir, les chaînes vont aux machines à parer et à dresser, pour chacune desquelles on peut mettre à la fois jusqu'à quatre ensouples de chacun des deux côtés de la machine. Tous les fils passent dans un peigne et sont réunis par une nouvelle et seule ensouple qui alors prend le nom d'ensouple-tisseur. Lorsqu'elle est remplie jusqu'à la hauteur des floques (de deux mètres cinquante centimètres à cinq mètres), on coupe les fils au-dessus des peignes ; une nouvelle ensouple remplace celle achevée, sans nouveau passage des fils, et l'opération continue.

Elle consiste dans le mouvement donné au fil par la rotation de deux ensouples, dont l'une attire continuellement le fil qui se déroule de l'autre, en passant par des peignes.

Dans ce parcours, des brosses posées au-dessus et au-dessous des fils et activés par un mouvement de va-et-vient étendent partout d'une manière égale le parage, amené sur la chaîne par un tambour en bois qui plonge constamment dans le bac à parage.

Ainsi brossés et bien conduits, les fils aboutissent à un réservoir de vapeur en fonte dont la chaleur, répartie par un premier ventilateur, commence à les sécher; un second ventilateur à air froid achève cette opération, de telle sorte que les plus gros fils arrivent très-promptement à l'ensouple-tisseur, parfaitement séchés et dressés.

Dans toutes ces dernières opérations, les ouvriers n'ont encore qu'à surveiller la marche de la machine (qu'ils peuvent arrêter au besoin au moyen de poulies folles), à attacher les fils et à alimenter les bacs à parage d'une manière convenable.

Les ensouples, ainsi définitivement pourvues de la chaîne toute parée, sont remises aux passeurs de fils, afin qu'ils y adaptent les peignes et les lames, et qu'ils placent immédiatement la chaîne sur les métiers à tisser. Le métier tient la chaîne constamment tendue, tisse et enroule la toile; l'ouvrier surveille, rattache au besoin les fils, il met les espoules-navettes, et change celles-ci quand l'espoule est achevée.

Arrivée à sa fin, ce que l'ouvrier reconnaît par la marque rouge apposée lors de l'ourdissage, la toile est coupée et le travail continue par une nouvelle pièce, sans autre interruption que la fixation de la chaîne sur un nouveau rouleau.

La toile est immédiatement mesurée par une machine spéciale qui la plie en même temps; cette opération constate la quantité de toile livrée par le métier et établit le salaire du surveillant tisseur.

On met ensuite la pièce sur la machine à frotter, à nettoyer et à retrécir, laquelle remplace l'os dont se servent les tisserands à la main; cette machine fait passer la toile sur un cylindre en l'étendant et en faisant tomber les parcelles de parement qu'elle contient encore après le tissage; en même temps, une ouvrière coupe les bouts de fils laissés dans le tissu et assuré les lisières.

La toile ainsi obtenue par la mécanique et à l'aide de la vapeur possède une solidité et une égalité extrêmes. On ne saurait la distinguer de la toile de lin tissée à la main, et elle en égale au moins la durée.

Enfin, et admirons surtout ce résultat, avec des étoupes, avec une matière qu'on rejetait, il n'y a pas bien longtemps, comme impossible à filer, on fabrique des toiles d'un usage excellent, fines et souples, d'un prix accessible aux plus humbles bourses, et qui ne tarderont point à faire disparaître de l'usage les tissus grossiers et plus coûteux que leur préfèrent encore la routine et l'ignorance.

Saluons ces œuvres utiles et fécondes! Elles contribuent puissamment au bien-être général, c'est-à-dire à l'amélioration morale; car l'homme devient meilleur en raison du bien-être qui lui échoit. Ce qui rend méchant, c'est la misère, c'est l'impossibilité de se soustraire à cette dure nécessité, que le poète latin montre armée de coins de fer et poussant à de fatales extrémités : *Duris urgens in rebus egestas.*

AVENTURES D'UNE FAMILLE ANGLAISE

I

En 1818, tandis que les armées alliées occupaient militairement la France, une prospérité subite et inattendue, en ces temps de désastre, tomba sur les villes du Nord où se trouvaient cantonnés les corps les plus considérables des troupes russes et anglaises. Cambrai, surtout, désigné pour servir de quartier-général à l'état-major de lord Wellington, changea tout à fait d'aspect et devint animé, commerçant et riche ; si bien que, peu à peu, ses habitants se sentirent moins d'aversion et de haine contre ceux que l'on avait vus arriver avec tant de douleur et de colère. Les avances des étrangers, les fêtes charmantes qu'ils donnaient, et surtout l'or qu'ils répan-

daient à pleines mains, achevèrent d'étouffer les répu-
gnances et ne tardèrent point à établir des rapports bien-
veillants et presque d'amitié entre les habitants et les
insulaires. On finit même par se familiariser avec la vue
des troupes et par mettre beaucoup de curiosité et d'empressement à jouir du spectacle qu'offraient les revues et
les parades continuelles dont le généralissime se servait
pour occuper les loisirs de ses soldats. L'admirable précision des manœuvres, l'éclat et la richesse des uniformes, le charme des musiques militaires rendaient fort
excusable cet empressement des habitants ; tout le
monde aurait compris les concessions qu'ils faisaient au
rigorisme de leurs principes patriotiques, à la vue de ces
lignes de troupes vêtues tantôt d'écarlate, tantôt d'un vert
sombre, et parmi lesquelles resplendissaient les plaids
bigarrés de la garde écossaise et ses toques chargées de
plumes noires.

Sitôt que l'on voyait les troupes se diriger vers le champ
ordinaire de leurs évolutions stratégiques, la ville entière
courait donc sur l'esplanade de la citadelle, tandis qu'un
pauvre petit garçon de douze ans, pâle, maladif, et assis tristement dans un fauteuil, placé sur le seuil d'une
librairie, regardait passer avec envie les soldats et la foule
joyeuse. Oh ! que n'eût-il pas donné pour pouvoir aller
courir avec tous ces jeunes garçons qui, dans leur muti-
nerie, imitaient les gestes que nécessitait aux musiciens
anglais le jeu de leurs instruments, et surtout celui du
trombone dont la forme bizarre non moins que les sons
graves étaient restés jusque-là inconnus à Cambrai ! Que
n'eût-il pas donné pour courir, pour bondir, pour s'é-

battre ainsi qu'ils le faisaient ! Mais loin de là, il lui faut passer ses journées dans l'inaction, sans aucun des plaisirs de l'enfance ; il faut que sa mère l'astreigne à mille précautions sans cesse renaissantes, à mille soins toujours craintifs, sans lesquels une existence si chétive s'éteindrait bientôt. C'est une faible lueur qu'il faut protéger de la main contre le moindre souffle ; c'est une plante que dessécherait le rayon de soleil dont verdissent et prospèrent les autres fleurs.

Un jour, cependant, la matinée était si belle, l'air si tiède et si caressant, la musique militaire si pleine d'attrait et d'enivrement, que le petit garçon sentit s'éveiller avec énergie dans son cœur le désir de faire comme les autres enfants de son âge et d'assister une fois à ces belles évolutions militaires dont il entendait parler sans cesse et qui lui restaient péniblement interdites. Il se leva furtivement hors de son fauteuil et se jeta au milieu de la foule, qui l'entraîna dans son torrent. Bientôt la vivacité de l'air, le bruit, le mouvement, l'agitation, l'éblouirent et le frappèrent de vertiges ; il voulut s'arrêter, mais en vain ; il voulut se soutenir, mais personne ne lui tendit la main ; alors les forces lui manquèrent, et il tomba sans connaissance au moment où une charge de cavalerie portait de son côté toutes les troupes et faisait reculer précipitamment la foule.

Le malheureux enfant reçut un coup de pied de cheval à la tête.

Ce fut soudain un cri général de surprise et de douleur. Chacun accourut vers lui. Tandis que l'on contemplait ce corps inanimé, un étranger fendit le groupe épais

des curieux et d'un air d'autorité se fit ouvrir sur-le-
champ un passage jusqu'au blessé. Là, il mit un genou
en terre et ne put se défendre d'un sentiment d'épou-
vante à la vue de la large plaie qui laissait à découvert
une partie du cerveau. Sans perdre de temps néanmoins,
il déchira son mouchoir, posa un premier appareil sur
la plaie, qu'il croyait mortelle, prit l'enfant dans ses bras,
et, s'étant fait indiquer la demeure du petit moribond,
se dirigea, sans vouloir confier à personne son fardeau,
vers la librairie, d'ailleurs peu éloignée de l'esplanade.

Vous pouvez juger du désespoir qu'éprouva la pauvre
mère du jeune garçon, à la vue de ce cadavre sanglant
qu'on lui ramenait. Mais c'était une femme forte, habituée
depuis longtemps à lutter contre les souffrances et le malheur. Au lieu de se livrer à des larmes et à des plaintes,
elle s'arma de courage, prépara un lit à son enfant et
donna les ordres les plus clairs et les plus précis pour
que, sur-le-champ, on fît appeler un chirurgien. Elle in-
diqua le lieu où il faudrait l'aller chercher, dans le cas
où il ne se trouverait point chez lui, ajouta quelques autres détails lucides et intelligents qui devaient hâter les
soins à donner à son enfant, et, sans perdre un instant sa
présence d'esprit, revint près du lit où l'Anglais continuait
de donner des soins au blessé.

« Madame, dit-il après un long examen de la plaie,
madame, je réponds de la guérison, si vous voulez me
confier le soin de la cure. »

La pauvre mère regarda l'étranger avec des yeux où
s'exprimaient tout à la fois le doute, l'espoir, la crainte
et l'hésitation.

« J'ai étudié la chirurgie assez longtemps pour pouvoir amener à bonne fin la guérison d'une blessure de ce genre, continua-t-il ; rapportez-vous-en à moi et ayez confiance dans ce que je vous dis. »

La pauvre mère regarda de nouveau l'homme qui lui parlait ; il pouvait avoir quarante-cinq ans environ ; son front tout à fait chauve, et que garnissaient seulement de rares cheveux blonds vers la partie postérieure de la tête, donnait à l'ensemble de sa figure une expression de force et de sérénité à laquelle ajoutaient encore deux yeux étincelants d'intelligence ; enfin, il était facile d'y reconnaitre, sous les apparences froides d'une physionomie sévère, un vif penchant à la bienveillance.

« Je mets ma confiance en vous, monsieur, dit-elle ; car une voix secrète me dit que vous ne la tromperez point. »

L'étranger sourit froidement, écrivit sur une page qu'il arracha de son portefeuille une note des objets pharmaceutiques qui lui étaient nécessaires, et demanda qu'on les lui apportât sur-le-champ ; puis, une fois ces objets venus, il se mit à procéder au pansement du petit blessé avec l'aisance et le savoir-faire dont aurait pu donner des preuves le chirurgien le plus expérimenté.

« Maintenant, madame, laissez-moi seul avec mon malade que je compte quitter le moins possible et qui ne doit recevoir de soins que de moi. Si vous le permettez, je vais écrire chez moi pour que mon domestique m'apporte un lit de camp sur lequel j'ai l'habitude de me reposer, et que l'on me dressera pour la nuit, près de la couchette de votre fils. Quand l'enfant pourra être transporté, je le ferai conduire chez moi, afin de continuer à veiller sur lui sans vous causer plus longtemps la gêne de loger un étranger dans votre maison. Une fois qu'il sera chez moi, vous ne l'en verrez pas moins souvent, rassurez-vous. »

Il y avait dans la manière dont s'exprimait cet homme tant de confiance et tant d'autorité, que la mère obéit et consentit à tout. Comme elle allait quitter la chambre, le chirurgien que l'on avait fait appeler arriva. C'était un homme instruit, et il ne put s'empêcher néanmoins de témoigner sa surprise et son admiration en voyant la manière presque merveilleuse dont l'Anglais avait disposé l'appareil sur la blessure de Samuel; c'est ainsi que l'on nommait le petit garçon. Ensuite il engagea fortement madame *** à donner une confiance sans bornes à l'inconnu qui s'était chargé de la guérison de son fils, et partit en la laissant pleine de consolation et d'espérance.

L'étranger ne quitta pas le malade de toute la nuit; madame ***, qui ne dormit guère non plus, vous le pensez bien, et qui vint plus d'une fois, dans son inquiétude, prêter l'oreille à la porte de l'appartement, entendit à diverses reprises lord E*** sauter à bas de son lit dès que l'enfant murmurait une plainte, et apaiser cette plainte par un breuvage que le garde-malade avait préparé de ses propres mains.

Cela dura trois jours, au bout desquels le petit garçon reprit connaissance et reconnut sa mère, sa pauvre mère qui pleurait de joie et de douleur.

« Il ne reste plus aucun péril à redouter, madame, dit

l'Anglais. Cependant l'état de Samuel exige des soins longs et que je puis seul lui donner. Je vais donc, comme je vous l'ai déjà proposé, l'emmener chez moi, où d'ailleurs un vaste jardin et la société de mes enfants rendront sa convalescence plus douce, plus prompte et plus certaine. »

Madame *** eut bien de la peine à obtenir d'elle-même un sacrifice aussi grand que celui de se séparer de son enfant. Mais il le fallait ; à ce prix seul, lord E*** répondait de la guérison de Samuel, et d'ailleurs, il avait acquis trop de droits à sa reconnaissance pour qu'elle ne lui accordât pas ce qu'il demandait. L'enfant quitta donc la maison maternelle et se vit transporter chez lord E***. Ce dernier occupait dans un des quartiers les plus retirés de la ville un vaste hôtel qui s'élevait au milieu d'un de ces magnifiques et immenses jardins dont en Flandre abondent même les villes de guerre fermées par des enceintes de murailles et de fortifications.

Chaque jour, madame *** venait visiter son fils, et chaque jour elle s'applaudissait des progrès que faisait la convalescence de l'enfant. Bientôt lord E*** permit au malade des aliments légers ; bientôt il le fit transporter dans le jardin, parmi les douces émanations des fleurs et sous les caresses bienfaisantes d'un soleil de printemps. Peu à peu même Samuel put quitter le fauteuil dans lequel il passait de longues journées et se mêler aux jeux des enfants du lord. Ceux-ci, pour prendre part et s'associer à l'intérêt que témoignait leur père au petit blessé, renoncèrent à leurs courses dans le jardin, à leurs exercices gymnastiques, à leur chasse aux papillons et aux

insectes pour pouvoir emmener leur petit compagnon
dans les promenades à pas lents qu'ils faisaient le long
d'un ruisseau limpide où s'ébattaient des poissons d'or et
de pourpre. Samuel éprouvait-il la moindre fatigue et
s'arrêtait-il, on allait chercher son fauteuil ; désirait-il
une fleur, on s'empressait de la lui cueillir aussitôt ;
éprouvait-il une douleur, on courait à l'instant, dans une
vive inquiétude, prévenir lord E*** et réclamer ses soins.

Les enfants qui montraient tant de sollicitude pour Samuel étaient une jeune fille de treize ans que l'on appelait Sara, sa sœur Nelly, âgée de dix ans, et George, leur
frère, charmant petit garçon un peu moins vieux que
Nelly. Les trois charmantes créatures réalisaient les merveilles de grâce et de fraîcheur que reproduisent et font
si bien comprendre les tableaux de Lawrence et les gravures anglaises faites d'après les œuvres de cet artiste
célèbre. Les cheveux cendrés de Sara retombaient en
longs anneaux sur ses épaules délicates, et rien n'égalait
la souplesse de sa taille svelte comme le corselet d'une
abeille. Toujours vêtue de blanc, les bras nus, les
épaules et la poitrine nues comme sa sœur, Nelly présentait des formes plus arrondies et moins précises que Sara
dans la personne de laquelle apparaissait déjà cette élégante maigreur qui caractérise si bien, chez les jeunes
Anglaises, la transition de l'enfance à l'adolescence.
Quant à George, beau, pétulant, hardi, volontaire, il passait toutes ses journées à grimper sur les arbres les plus
hauts du parc, soit pour dénicher des oiseaux, soit pour
le plaisir seul d'y monter : on était sûr, s'il se présentait
quelque expédition aventureuse à faire, soit pour repê-

cher un jouet tombé dans la petite rivière, soit pour chasser un vilain rat d'eau dont s'effrayait sa sœur, qu'il saisissait son petit fusil avec empressement, ou qu'il se jetait à l'eau sans hésiter...

L'éducation de ces trois enfants était faite par une gouvernante anglaise, sous la direction de lord E***, resté veuf de bonne heure, et qui n'avait jamais voulu accepter aucune des brillantes offres de mariage dont les propositions lui arrivaient de toutes parts. Il avait épousé lady E*** par amour, et quoiqu'elle fût l'orpheline d'un pauvre ministre protestant, mort sans laisser à son enfant d'autre héritage que sa Bible et un nom vénéré comme le nom d'un saint. Dieu bénit longtemps cette union; durant six années, rien ne troubla le bonheur du riche membre de la Chambre haute. Mari d'une femme qu'il adorait, père de deux jeunes filles charmantes comme leur mère, que pouvait-il désirer de plus? Aussi, loin de former des désirs, il se complaisait dans son heureuse existence et priait Dieu de lui en continuer les bienfaits. Dieu l'exauça durant six années, au bout desquelles lady E*** mourut après avoir donné le jour à George.

On craignit quelque temps que le désespoir ne tuât lord E***; mais, après la première crise de la douleur, la pensée de ses enfants lui rendit un peu de courage et il se résigna à vivre pour eux. Néanmoins, la présence des lieux où il avait passé tant d'années heureuses près de lady E*** nourrissait trop vivement ses chagrins pour qu'il ne cherchât point à s'en éloigner. Les événements de Waterloo et de 1815 étant arrivés sur ces entrefaites, il résolut de voyager en France et de visiter ce pays occupé par les troupes anglaises. Après un séjour de quelques mois à Paris, il revint à Cambrai, où l'appelait l'amitié de lord Wellington et de lord Hill, ses collègues à la Chambre haute et ses camarades d'enfance. A leur prière, il résolut de passer une partie de l'année près du quartier général, et ce fut dans ce dessein qu'il loua la maison et le jardin où passaient de si douces journées ses enfants et Samuel.

Après trois mois de convalescence, la guérison de Samuel se trouva tout à fait complète, et madame ***, si longtemps privée de la présence de son fils, vint le redemander à lord E***. Celui-ci ne put se refuser à la prière si naturelle d'une mère et conduisit la dame vers les enfants qui jouaient, suivant leur habitude, dans le jardin et que la nouvelle de leur séparation frappa comme d'un coup de foudre ; Sara laissa tomber quelques larmes Nelly sanglota, et George, passant son bras autour du cou de Samuel, déclara qu'il ne le laisserait point partir. Il n'en fallut pas moins se quitter, mais avec une véritable douleur et avec des promesses sans fin de se réunir chaque jour.

En effet, quoique Samuel revint tous les soirs coucher au logis de sa mère, il n'en passait pas moins, pour ainsi dire, sa vie entière dans la maison de lord E***. Chaque matin, dès neuf heures, un domestique de confiance venait le prendre à la librairie, et l'amenait près de Sara, de Nelly et de George, dont il partageait d'abord les leçons, puis ensuite les jeux. Samuel, avec la facilité d'intelligence naturelle aux enfants, ne tarda point à s'exprimer aisément en anglais, tandis que Sara, George et Nelly achevaient de contracter avec lui une habitude complète de la langue française. Lord E*** témoignait à l'enfant qui lui devait la vie une tendresse pour ainsi dire égale à celle dont il entourait sa propre famille ; il associait Samuel à tous les bien-être, à tous les plaisirs qu'il prodiguait à ses enfants, et, lorsqu'il fit don à chacun de ceux-ci d'un joli petit poney de race venu d'Angleterre à grands frais, Samuel reçut le même cadeau et put partager les leçons d'équitation et les promenades équestres de ses jeunes amis.

Une union si parfaite et des relations si tendres durèrent deux années, au bout desquelles lord E*** vint trouver madame*** et lui dit :

« J'ai un devoir à remplir, et ce devoir m'oblige à un long voyage, durant lequel je ne veux point me séparer de mes enfants. Je vais acheter et faire fréter à mes frais un bâtiment dans lequel je réunirai tout le confortable dont ma famille a besoin ; si vous le voulez, j'emmènerai Samuel avec Sara, George et Nelly. Je me charge de son éducation pour le présent et de sa fortune pour l'avenir. Chaque mois vous recevrez de ses nouvelles. Voulez-vous ? »

Le premier mouvement de madame***, pauvre et mère de trois enfants, fut d'abord d'accepter les offres séduisantes que lord E*** lui adressait pour son fils ; mais, lorsqu'elle s'arrêta devant la pensée de quitter cette chère créature pour longtemps, pour toujours peut-être, le cœur lui faillit, et elle refusa en remerciant néanmoins l'Anglais avec effusion.

Cet homme, si froid et si réservé d'ordinaire, ne put

s'empêcher de témoigner une vive contrariété du refus de madame ¡***, et il le combattit avec une patiente persévérance.

« J'aime cet enfant comme mon propre fils, lui dit-il, et, s'il répond à mes soins, s'il continue à montrer la même sensibilité de cœur et la même rectitude d'intelligence, je suis assez riche pour me rappeler, quand il en sera temps, que j'ai trouvé le bonheur dans mon union avec une femme pauvre et pour chercher à rendre une de mes filles heureuses par le même moyen. Je vous répète enfin que j'aime Samuel comme mon propre fils. »

Madame *** se sentit ébranlée, et sans doute elle aurait fini par céder aux désirs de lord E***, si l'enfant ne fût, sur ces entrefaites, tombé malade grièvement et de manière à rendre de longtemps impossibles pour lui les fatigues d'un long voyage. Il fallut donc que lord E*** renonçât à son dessein et partît sans Samuel.

Le jour du départ, lorsque Sara, Nelly et George eurent embrassé, non sans verser des larmes, le compagnon chéri dont ils ne s'étaient point séparés d'un jour depuis deux ans, leur père témoigna le désir de rester seul avec Samuel pendant quelques instants. Il le prit sur ses genoux, le serra contre sa poitrine avec plus d'émotion qu'il n'avait coutume d'en montrer; et lui dit :

« Mon enfant, nous allons nous séparer et Dieu seul connaît si nous sommes jamais destinés à nous revoir dans ce monde. Mais il est deux choses que toi et moi n'oublierons jamais et qui nous uniront toujours d'une tendresse égale : c'est que tu me dois la vie. Prends donc cette bague et garde-la en mémoire de moi, mon enfant;

en souvenir de celui qui voulait t'emmener avec lui, de celui qui ne t'aurait jamais quitté, Samuel, s'il n'y était forcé par l'accomplissement d'un devoir important! Écoute-moi bien, mon ami, car je ne sais pourquoi j'éprouve le besoin de justifier mon départ et ma séparation de toi comme je l'éprouverais pour un de mes propres enfants.

« Tu m'as souvent entendu parler de ma femme, de lady E***, de la mère de mes enfants, de celle qui, pendant six années, m'a rendu heureux autant qu'un homme peut l'être ici-bas, et par ses vertus n'a cessé d'attirer sur ma famille et sur moi les bénédictions du ciel. Or, mon enfant, il y a deux mois, j'ai appris que, sans le savoir, cet ange avait commis une horrible injustice:... que par une fausse conviction elle avait fait condamner une innocente. Voici dans quelles circonstances, mon enfant.

« Un jour les diamants de lady E*** lui furent volés. Ce vol était évidemment commis par une personne initiée aux secrets et aux habitudes de notre maison, car on ne remarqua sur la serrure de l'armoire qui contenait les écrins de ma femme aucune apparence d'effraction. Comment d'ailleurs aurait-on pu pénétrer, sans que personne s'en aperçût, jusque dans la partie la plus reculée de mon hôtel? Comment aurait-on pu savoir que lady E*** déposait ses diamants dans un bahut ciselé que j'avais fait venir d'Allemagne pour elle? Longtemps nos recherches et celles de la justice restèrent inutiles; enfin une vieille gouvernante de ma femme, Anna Jobson, déclara qu'elle avait vu la femme de chambre de lady E***, Diana Griffiths, rôder le soir du vol autour du bahut, et qu'elle était ensuite sortie furtivement avec un paquet caché sous son châle.   »

« Lady E*** fit prévenir sur-le-champ le constable ; on commença des recherches dans la chambre de Diana, et l'on y découvrit bientôt en effet, cachées sous les matelas de son lit, une épingle et une agrafe en diamants. A la vue de ces bijoux, Diana prit le ciel à témoin de son innocence et déclara que quelqu'un voulait la perdre par une ruse infâme. Il y avait dans ses protestations tant de confiance et de vérité que je voulais suspendre les poursuites de la justice et attendre quelque temps pour pénétrer ce mystère ; mais ma femme s'opposa à ce qu'elle appelait une faiblesse de ma part, et Diana fut livrée aux tribunaux. En vain persévéra-t-elle à protester de son innocence, en vain adjura-t-elle lady E*** de ne point croire à des preuves menteuses, ouvrage de la haine et de la calomnie, elle fut condamnée à la déportation perpétuelle, embarquée et emmenée à Botany-Bay.

« Il y a trois mois, mon enfant, un paquet m'arriva d'Angleterre. C'était un coffret que la vieille gouvernante de ma femme, Anna Jobson, avait ordonné par testament de me faire parvenir après sa mort. Ce coffret contenait tous les diamants de ma femme et une déclaration légale et en bonne forme de l'innocence de Diana. La vieille scélérate avouait que, jalouse de l'affection témoignée par lady E*** à sa femme de chambre, elle avait résolu de se débarrasser à tout prix d'une rivale odieuse, et qu'après avoir fait fabriquer une fausse clef sur l'empreinte en cire qu'elle avait prise de la serrure du bahut, elle s'était emparée des diamants et avait caché deux bijoux dans le lit de Diana. Tu sais le reste.

« Mon premier soin a été de déférer aux tribunaux anglais la déclaration d'Anna Jobson; puis, comme les formes de la justice sont toujours lentes, celles de la réhabilitation plus que toutes les autres peut-être, j'ai obtenu du lord de l'échiquier, pour Diana, un ordre de mise en liberté provisoire, et je pars dans huit jours pour aller chercher l'innocente convicte et la ramener en Angleterre, afin qu'elle y entende proclamer son innocence et que je puisse réparer, à force de soins et de bienfaits, la cruelle injustice dont elle a été victime.

« Voilà pourquoi je pars sans toi, mon enfant, sans attendre ta guérison pour t'emmener avec nous : voilà pourquoi j'entreprends tout de suite un long et pénible voyage; car songe à ce que souffre cette infortunée créature, innocente et subissant tous les châtiments que l'on inflige aux coupables! On ne saurait trop tôt mettre un terme à ce supplice.

« Je me sépare donc de toi; mais, sitôt mon voyage terminé, si Dieu m'accorde la grâce de revenir en Europe, comme tout m'en donne l'espérance, c'est dans un port français que je débarquerai, dans le port qui me rapprochera le plus de Cambrai et de toi. Notre séparation ne peut donc être d'une longue durée; dans deux ans tout au plus, nous nous reverrons, nous nous retrouverons, et cette fois, Samuel, je l'espère, pour ne plus nous quitter. »

En disant ces paroles, il embrassa de nouveau Samuel, le déposa à terre et disparut.

Le départ de lord E*** et de ses enfants laissa dans un isolement plein de tristesse celui qui s'était depuis si longtemps habitué à leur tendresse et à leur société; il lui fallut bien du temps et la certitude de les revoir pour ne point succomber, lui si frêle et si maladif, à la douleur d'une pareille séparation.

II

Attaché à lord E*** avec cette sincérité de tendresse dont les enfants surtout sont susceptibles, le jeune *** s'affligea vivement du départ de l'étranger à qui il devait, pour ainsi dire, la vie, et dans la famille duquel il avait trouvé tant d'amitié, tant de bonheur ! Son état maladif s'en accrut, il tomba dans une sorte de marasme qui le rendait insensible à tous les plaisirs que lui proposait sa pauvre mère inquiète, et il ne sortait de cette somnolence que par une seule idée.

« Allons, Samuel, du courage ! Tu recevras bientôt une lettre de tes amis d'Angleterre. »

Une première lettre arriva bientôt en effet. Elle portait le timbre de Londres et annonçait le prochain départ de toute la famille du lord pour Plymouth, où elle devait s'embarquer. Chacun avait voulu joindre son apostille à la lettre, Nelly et George lui-même, avec sa grosse écriture imparfaite encore. Quant à Sara, elle s'était attribué la partie la plus considérable de la correspondance ; elle entrait dans les plus grands détails sur les préparatifs que nécessitait un si long voyage et terminait en regrettant de nouveau que Samuel ne pût prendre part à une expédition qui promettait d'être pleine de plaisirs et d'intérêt.

Samuel pleura en lisant cette lettre et répondit longuement et avec mille tendresses pour lord E***, pour Sara, pour Nelly et pour George.

« Une seconde lettre de lord E*** arriva de Plymouth ; elle contenait d'abord des conseils hygiéniques de Sa Seigneurie sur les soins que demandait la santé de Samuel, santé pour laquelle avaient été consultés les médecins les plus célèbres de Londres ; miss Sara occupait de son élégante et svelte écriture les trois autres pages.

« Vous ne pouvez vous figurer, mon cher Samuel, toutes les tendres précautions que notre bon père a prises pour nous rendre moins pénible, ou plutôt tout à fait agréable, le voyage de long cours que nous allons entreprendre. Le bâtiment, comme vous le savez, lui appartient ; c'est le meilleurr voilier du port, et sa coque est toute revêtue de zinc, de manière à prévenir les accidents. Chacun se presse dans le port de Plymouth pour admirer ce beau navire, coquettement paré, et dont la grâce et l'élégance se font remarquer parmi tous les autres vaisseaux en rade.

« Mais c'est à bord, mon ami, que l'on éprouve de l'étonnement et de l'admiration. On a su y ménager pour chacun de nous une charmante petite habitation où rien ne manque du confort le plus accompli et le plus exigeant : outre une chambre à coucher dont le lit suspendu joint au balancement du hamac la molle recherche des lits de France, un joli salon pour prendre le thé, une salle à manger et un cabinet d'étude complètent notre habitation ; tout cela tendu de charmantes étoffes ; tout cela paré de fleurs. Le cabinet d'étude renferme une bibliothèque de deux mille volumes au moins qui, je vous l'assure, abrégeront bien les ennuis de la traversée, si la traversée a toutefois des ennuis. De jolis petits oiseaux, dans leur cage, chantent et viennent avec leur petit bec frapper contre les barreaux et solliciter une liberté dont ils n'usent que pour voltiger gaiement autour de nous et manger hardiment dans nos mains le sucre ou les graines que nous leur présentons ; enfin, un gros singe, acheté par mon père, fait l'amusement de tous les matelots et de nous autres aussi, Samuel, je vous l'avoue, par ses gambades à mourir de rire et ses bonds dans les cordages et sur les mâts.

« J'entendais ce matin mon père causer avec le capitaine (c'est un jeune homme fort instruit qui, par une injustice, s'est vu privé, dans la marine, d'un grade auquel il avait droit, et au-devant des services duquel mon père s'est empressé d'aller). Il rendait compte de tous les approvisionnements dont mon père lui avait indiqué la liste et laissé la surveillance. Vous ne pourriez vous figurer, Samuel, jusqu'où l'on a poussé la prévoyance : des bestiaux vivants, des volailles, des légumes que l'on cultivera sur le vaisseau même, des fruits, et jusqu'à des fleurs !... N'est-ce pas, vous l'avouerez, une merveille, un conte de fées, que cet admirable voyage ? Pourquoi donc, Samuel, n'en faites-vous point partie ? Pourquoi, vous que nous nous étions tous habitués à aimer comme un frère, n'êtes-vous point associé à nos joies et à nos aventures de traversée ? Car j'espère bien, Samuel, que nous aurons des aventures. Adieu, nous vous écrirons à notre première relâche. »

Sara fut en effet fidèle à sa promesse. Trois mois après, une lettre écrite en Portugal, puis plus tard une autre venant de l'île de Madère, et une troisième du Sénégal, attestèrent à Samuel que ses amis les voyageurs ne l'oubliaient point et gardaient un tendre souvenir de lui.

A un an de là, après six mois d'un silence absolu, et dont s'inquiétait vivement le pauvre petit malade de Flandre, des nouvelles de lord E*** et de miss Sara arrivèrent encore à Cambrái pour Samuel. La famille anglaise, après avoir séjourné quelque temps à l'ile de Sainte-Hélène, s'était remise en route pour le cap de Bonne-Espérance.

Au cap de Bonne-Espérance, ils chargèrent un bâtiment, qui mettait à la voile pour la France, d'un paquet de lettres pour Samuel, paquet qui lui fut remis après de longues vicissitudes, et dans lequel miss Sara se félicitait de voir chaque jour s'approcher le terme de leur voyage.

« Après quelques semaines de repos, disait-elle, nous partirons pour Batavia ; de Batavia au Port-Jackson, la traversée est courte, en comparaison de l'immense route que nous avons parcourue à travers les mers. Si nous trouvons une occasion de vous écrire de cette île, nous le ferons, Samuel ; dans le cas contraire, attendez-vous à recevoir de nos nouvelle sitôt que nous mettrons le pied sur la terre de Botany-Bay, sitôt que nous aurons embrassé la pauvre Diana. »

Cette lettre fut la dernière. Depuis lors, Samuel passa les semaines, les mois, et plus d'une année entière, dans les transes de l'attente, de l'incertitude et du désespoir. En vain, pour le consoler et pour tromper la douleur qui le poursuivait, sa mère essayait-elle d'expliquer un si cruel manque de nouvelles par des lettres perdues ; une voix secrète détruisait toutes ses ingénieuses suppositions et criait au pauvre enfant qu'il ne reverrait plus ceux qu'il chérissait tant et qu'un grand malheur avait assurément frappés.

Dix-sept années s'écoulèrent, pendant lesquelles l'enfant devint homme; après avoir passé par les dures initiations à la vie réelle que rencontre, dans les colléges, toute créature frêle et non douée par la nature de deux poings robustes et d'une grande force physique. Néanmoins, s'il souffrit plus qu'un autre, lui habitué aux tendresses exagérées de sa mère; si, plus qu'un autre, il versa des larmes durant ces années d'oppression, il n'en sortit pas moins pur et sans avoir rien perdu de la noblesse et de l'énergie de son caractère. Aussi ne faiblit-il pas dans la lutte qui, dès ses premiers pas hors de l'adolescence, s'établit entre l'adversité et un tout jeune homme sans état et sans fortune. Il se créa un état, il se créa une fortune, et après bien du travail il parvint à s'affranchir des langes de la province, et à se gagner la vie heureuse et indépendante que trouve à Paris tout homme qui ne cherche point la liberté dans le désordre et le bonheur dans l'inconduite.

Durant cette longue période d'années, durant cette succession de travaux, de préoccupations et de sollicitudes, naturellement la pensée de lord E***, sans s'effacer complétement de la mémoire de Samuel, n'y resta plus que comme un vague souvenir, vers lequel son imagination se reportait avec mélancolie, en songeant aux premières années de l'enfance.

Un soir que les salons de l'ambassade d'Angleterre

réunissait l'élite des habitants de la Grande-Bretagne, venus à Paris pour jouir des plaisirs de l'hiver, Samuel remarqua un jeune homme d'une beauté pleine de distinction et dont les traits lui rappelèrent la physionomie de lord E***. Ce jeune homme s'entretenait avec deux dames, dont l'une semblait âgée de trente ans, tandis que l'autre n'en comptait guère que vingt-six; chacune d'elles présentait un caractère de grande beauté, mais tout à fait différent. L'aînée, pâle et le front empreint de je ne sais quelle vague tristesse, offrait dans ses moindres gestes une force et une majesté que secondaient merveilleusement sa haute taille et son léger enbompoint; l'autre, au contraire, souple et frêle, conservait tous les caractères de la jeunesse, et ne permettait point que l'on vît sans émotion sa longue chevelure blonde, ses yeux bleus et son sourire naïf et plein de grâce.

Samuel s'informa diverses fois du nom de ces étrangers sans pouvoir l'apprendre. Personne, ou du moins peu de monde, les connaissait à Paris, où, sans doute, ils ne se trouvaient arrivés que depuis quelques jours.

Cependant, plus Samuel regardait ce jeune homme, plus il retrouvait dans ses traits, et jusque dans ses moindres gestes, mille vagues souvenirs de lord E***. Enfin cette préoccupation s'empara tellement de lui, qu'il ne put y tenir plus longtemps, et qu'il prononça tout haut, derrière l'étranger, le nom de :

« Lord George E***. »

Le jeune homme se retourna brusquement et vit non sans surprise un inconnu qui lui tendait la main avec émotion.

« George, lui disait-on, George, avez-vous donc tout à fait oublié Cambrai et Samuel? »

Tandis que le jeune Anglais écoutait ces paroles avec étonnement, les deux dames, qui les avaient entendues, vinrent à Samuel et lui dirent :

« Nous ne l'avons point oublié, nous! »

Et elles serrèrent affectueusement la main que Samuel avait tendue à leur frère... car c'était Sara, c'était Nelly, c'étaient les enfants de lord E***.

« Le lieu où nous sommes n'est guère favorable à une reconnaissance, dit Sara en s'apercevant que quelques curieux rôdaient à l'entour du groupe qu'ils formaient tous les quatre; venez nous voir demain matin à l'hôtel Méurice où nous sommes arrivés depuis quelques jours seulement. Nous y reprendrons notre entretien, et vous y recevrez, Samuel, de bien étranges et de bien douloureuses confidences. » En disant cela, elle salua de la main Samuel, impatient de connaître le récit des aventures que lui promettaient ses amis d'enfance.

Je n'ai pas besoin de vous dire qu'il mit une grande exactitude à se trouver au rendez-vous qui lui avait été donné la veille. Sara, Nelly et George lui firent l'accueil le plus cordial et le plus tendre.

« Vous devez être bien surpris de me revoir, Samuel, dit Sara. Cependant, à nos yeux, c'est un miracle plus grand encore, car depuis notre séparation, nous avons été soumis à de cruelles épreuves, et la fortune a épuisé sur nous tous ses caprices et toutes ses souffrances.

« Ma dernière lettre, vous le savez, était datée du cap

de Bonne-Espérance. De là nous nous rendîmes à Batavia, où nous touchions presque au terme de notre voyage. Encore quelques jours de traversée, et nous débarquions à Botany-Bay, où nous devions trouver l'infortunée Diana. Notre départ de Batavia s'effectua, comme le reste de notre voyage, sans périls, sans privation, sans inquiétude; notre éducation n'avait même souffert en rien d'une si longue traversée, et, grâce à la tendre sollicitude de mon père, grâce aux soins de notre active et bonne gouvernante mistress Scott, si parfaite musicienne, comme vous le savez, ma sœur et moi, nous n'avions cessé de faire des progrès. Nous étions devenus des pianistes assez supportables. Mon père trouvait beaucoup de plaisir à faire de la musique avec nous, et nous passions presque toutes nos soirées à nous livrer à cette agréable distraction.

Le troisième jour de notre départ de Batavia, vers neuf heures du soir, nous étions à exécuter une symphonie de Beethoven : le vaisseau commença à éprouver une agitation qui nous obligea de suspendre notre concert ; mon père monta sur le pont pour s'informer de la cause de ces violentes secousses, et tarda si longtemps à revenir que, dans notre inquiétude, nous allâmes le rejoindre. O Samuel! quel spectacle épouvantable frappa nos yeux! La pluie tombait par torrents, le vent soufflait avec violence, et les vagues, horriblement agitées, entraînaient le bâtiment sans qu'il fût possible de lui donner aucune direction. Le capitaine, pâle et désespéré, ne savait à quels moyens recourir, et les matelots restaient plongés dans une stupéfaction silencieuse qui se changea tout à coup en un cri de terreur et de mort... Le navire venait de se briser contre un rocher.

Tandis que chacun se lamentait autour de lui, mon père, avec le sang-froid que vous lui connaissez, vint à nous, nous dépouilla des vêtements qui pouvaient nous gêner, et façonna à la hâte un radeau ; car la foule se jetait dans la chaloupe, et l'encombrait de manière à la faire bientôt couler bas. Puis il nous attacha fortement au radeau, et il attendit que la crise se décidât.

Jusqu'au point du jour, le navire, dont la quille se trouvait, disait-on, tout à fait brisée, resta soutenu par les rochers au milieu desquels il s'était engagé ; mais alors, les vagues, qui ne cessaient de le battre avec persévérance, l'enlevèrent de cet abri, et l'eau gagna de toutes parts. Alors mon père nous ordonna de recommander notre âme à Dieu, lança le radeau sur lequel nous nous trouvions à la mer et s'y précipita en même temps. Vous dire ce que nous éprouvâmes alors, Samuel, serait au-dessus de mes forces !... Longtemps notre frêle embarcation resta le jouet des flots qui nous couvraient à chaque instant et nous emportaient à leur gré... Cependant la mer perdit de sa violence, et mon père, qui s'était jusqu'alors borné à nous maintenir au-dessus du radeau, se mit à faire quelques efforts pour nous diriger vers la côte, qui n'était pas éloignée de plus d'une demi-lieue. Ses efforts réussirent au delà de nos espérances, car un quart d'heure après notre radeau s'arrêtait sur le sable, mon père dénouait nos liens, et nous pouvions en liberté nous avancer vers un rocher qui nous offrait un asile.

Ce fut alors que des cris lamentables s'élevèrent non loin de nous et que nous vîmes, à deux cents pas environ, notre vieille gouvernante attachée à un débris de mât qu'elle serrait dans ses bras ; elle nous avait aperçus et appelait mon père à son secours.

« Milord, s'écriait-elle, ne me laissez pas périr ; prenez pitié de moi, au nom du ciel ! après Dieu, je n'espère qu'en vous. »

Mon père ne put entendre sans émotion cette voix lamentable et résolut de sauver mistress Scott. En vain nous le suppliâmes de ne point s'exposer à de nouveaux périls, il nous répondit qu'il y aurait lâcheté à laisser périr sans secours une infortunée qui allait se briser contre les rochers, faute de savoir diriger le mât auquel elle se tenait, et il se jeta à la mer. Bientôt il atteignit à la nage mistress Scott... Celle-ci lâcha le mât pour s'accrocher à mon père... Nous les vîmes un instant se débattre sur les flots... puis ils disparurent... Et nous restâmes là trois pauvres orphelins, sur le rocher nu où nous avait jetés la tempête !

III

« D'abord la consternation et le désespoir causés par la mort de notre père nous plongèrent dans un abattement qui dura quelques heures ; mais, à la vue de ma jeune sœur et de mon frère, condamnés à périr, je sentis ma faiblesse m'abandonner, et je résolus de faire tous mes efforts pour les sauver.

« Mon Dieu ! m'écriai-je, ne nous abandonnez pas, et, « puisque vous avez rappelé notre père dans les cieux, dai- « gnez devenir le nôtre ! Protégez-nous dans les épreu- « ves auxquelles nous soumet votre Providence ! »

« Sans doute que le Père des hommes écouta ma prière et envoya, pour me soutenir et m'envelopper de ses ailes, un de ses anges ; car non-seulement je me sentis pleine de courage, mais encore je communiquai ce courage à George et à Nelly, qui, tous les deux, me prirent par la main et s'avancèrent avec moi vers une forêt qui apparaissait à cinq ou six cents pas du rocher où nous nous trouvions.

« Arrivés dans la forêt, mon premier soin fut d'examiner les arbres qui se trouvaient autour de nous et de voir le parti que nous pourrions en tirer pour notre nourriture ; car la chaleur du climat nous rendait moins impérieux et moins urgent le besoin de nous vêtir que celui de manger, quoique nous n'eussions pour nous couvrir que des chemises déchirées par les vagues et par les rochers contre lesquels nous avions abordé.

« Les arbres qui frappèrent d'abord mes regards et qui me parurent les plus nombreux présentaient des feuilles ovales et luisantes, au milieu desquelles apparaissaient de grandes fleurs à cinq pétales, d'un blanc soufré, et d'où s'exhalait un parfum délicieux (magnolia à fleurs brunes) ; mais il ne pouvaient nous être d'aucune utilité. Nous ne trouvâmes pas plus de ressources dans les gigantesques casuarina qui s'élevaient dans les airs, à plus de cent vingt pieds, et qui, au lieu de feuillage, laissaient pendre autour de leurs rameaux de longs crins verts rappelant la forme des queues de cheval. Ces géants végétaux étaient dépassés encore en hauteur par des eucalyptus se dressant à cent cinquante pieds au moins ; les feuilles de ce dernier arbre sont couleur bleu de mer et comme saupoudrées de farine[1].

« Nous fûmes plus heureux avec le jambosier, arbrisseau de quatre pieds ; parmi ses rameaux à petites feuilles oblongues nous trouvâmes des baies rouges dont le goût, à la fois aigrelet et sucré, nous rappela la cerise et servit à calmer la soif dévorante qui desséchait nos bouches.

« Un peu moins souffrants, nous avançâmes davantage dans la forêt ; bientôt nous nous trouvâmes au milieu de dattiers, de palmiers et de cocotiers. Je connaissais ces deux arbres et je savais combien leurs fruits étaient exquis et nourrissants. Mais comment parvenir à les cueillir au sommet d'arbres aussi gigantesques ? Enfin, nous fûmes assez heureux pour trouver au pied de quelques-uns d'entre eux une certaine quantité de dattes et dix ou douze noix de coco que nous ramassâmes. Les dattes furent bientôt mangées ; quant aux cocos, ils furent rassemblés auprès d'un rocher jusqu'à ce que nous eussions trouvé les moyens de les ouvrir et de nous en approprier la chair.

« Cependant nous n'étions pas sans terreur pour la nuit ;

____

[1] Les étamines sont renfermées dans une boîte maintenue par un couvercle à charnières ; au moment de la floraison le couvercle se renverse, les étamines sortent de la boîte et lui forment une charmante couronne d'aigrettes blanches et jaunes.

nous voyions à chaque instant des animaux de forme singulière bondir à traver le feuillage, et mille cris étranges et sinistres se mêlaient au murmure des vents qui balançaient les rameaux. Enfin le jour commençait à baisser, et vous pouvez juger de l'effroi que devaient éprouver trois faibles enfants perdus, sans défense, au milieu de cette solitude sauvage et que peuplaient sans doute des animaux féroces. George se mit à pleurer, et Nelly se serra contre moi, appelant notre malheureux père à son aide, comme si naguère nous n'avions point été les témoins de la mort de ce protecteur chéri. Je me sentais moi-même pleine d'inquiétude, mais la nécessité de calmer la peur des deux enfants et de les mettre à l'abri du danger me donna la force de surmonter mes propres craintes, et je me mis à chercher un lieu qui pût nous offrir, pendant la nuit, un asile à peu près sûr contre les attaques des animaux.

« Nous étions trop faibles et trop inhabiles à ce genre d'exercice pour tâcher de grimper sur un arbre ; je me décidai donc, après quelques instants de recherche, en faveur d'un énorme buisson formé par quatre ou cinq arbustes de même espèce, et qui, en entrelaçant leurs feuilles longées de quatre pieds environ et armées de trois fortes épines, formait une sorte de cage dans laquelle il s'agissait seulement de pénétrer. Une fois là, en supposant qu'elles nous y découvrissent, les bêtes féroces se trouveraient arrêtées de toutes parts par les épines. Ces arbres, j'ai su depuis leurs noms, étaient des zamias.

« Je cueillis et fis cueillir à Nelly et à George de larges feuilles dont ils s'enveloppèrent, en les roulant cinq ou six fois, les bras, le corps, les jambes et le visage ; puis ils s'en entourèrent les mains pour se procurer de gros gantelets. Quand ils se trouvèrent ainsi moins exposés aux blessures des épines de zamia, à l'aide d'un bâton de bois mort que je trouvai à terre, je parvins à soulever quelques branches des arbustes et à faire entrer les enfants dans le creux que formaient les rameaux au milieu. George et ma sœur s'y introduisirent sans accident et, une fois arrivés, soutinrent les branches de manière à me faciliter la possibilité de les rejoindre. Enfin réunis dans cet asile où nous pouvions goûter sans inquiétude un peu de sommeil rendu bien nécessaire par tant de fatigues, nous adressâmes notre prière à Dieu et ne tardâmes point à nous endormir dans les bras les uns des autres.

« Telle fut, Samuel, la vie que nous menâmes pendant les quinze premiers jours qu'il nous fallut passer dans cette forêt, où nous étions assurément les premières créatures humaines qui en troublassent la solitude profonde.

« Au bout de quelque temps, nous nous familiarisâmes avec notre position, et je conçus le dessein de la rendre moins pénible et moins incommode. L'expérience nous avait appris que nous n'avions rien à craindre des animaux qui peuplaient cette forêt, et dont les plus redoutables étaient de gros singes qui ne cherchaient ni à nous nuire ni à nous fuir, et qui venaient, chaque matin, cueillir les fruits des palmiers et des cocotiers sans prendre garde à nous. Leur arrivée, loin de nous faire peur, nous causait de la joie, car nous n'avions eu jusqu'alors d'autre nourriture que les fruits qu'ils laissaient tomber en les cueillant. Quelquefois aussi, nous voyions se dresser, à travers le feuillage, la tête vive et les longues oreilles de quelque kangourou qui nous regardait avec un grand sérieux, et tout à coup bondissait par un saut brusque et prenait sa course vers quelque autre coin de la forêt, en s'aidant de sa queue comme d'un levier et d'un point d'appui. Quant aux voix sinistres et aux cris dont nous nous étions si fort épouvantés pendant les premières nuits, nous reconnûmes bientôt qu'ils provenaient des perroquets sans nombre qui peuplaient la forêt, et dont à chaque instant nous voyions des nuées s'abattre sur un arbre qu'elles dépouillaient de tous ses fruits. Plus effrontés que les singes eux-mêmes, notre présence ne les arrêtait point; j'eu ai vu souvent venir cueillir des baies sur un jambosier près duquel nous nous trouvions couchés...

« Sans crainte sur les attaques nocturnes des animaux, nous pouvions donc songer à une habitation moins impénétrable et plus commode. Un cycas ne tarda point à nous l'offrir au milieu de ses longues et fortes racines qui partaient du tronc comme les cordages d'un mât et qu'avaient mises à nu, sans doute, les eaux d'un torrent. En enlevant quelques pierres et en achevant de débarrasser les racines des restes de terre qui les encombraient, nous parvînmes, après deux jours de travail, à nous procurer la carcasse d'une jolie habitation en forme de tente, large de six à huit pieds, et qui ressemblait à un immense entonnoir renversé.

« Restait à couvrir cette carcasse. Nous le fîmes avec des feuilles de bananiers; une litière de lycopode, énorme mousse, nous procura des lits bien doux en comparaison de la terre sur laquelle nous couchions dans le buisson

de zamia. Après un bon repas de dattes et de baies de
jambosier, nous nous endormîmes en bénissant la Providence qui nous envoyait ce bien-être.

« Aussi le lendemain matin nous nous éveillâmes dispos
et pleins de courage. Il nous fallut d'abord enlever et
remplacer les feuilles de bananier qui couvraient notre
cabane et qui se trouvaient déjà flétries entièrement. C'é-
tait un travail pénible et que nous auraient évité des feuilles de bananiers employées au même usage, car ces
feuilles, plus-fortes, présentaient presque la consistance
et l'élasticité des claies d'osier; mais elles se trouvaient
au sommet des arbres qui les portaient, et nous ne pouvions y atteindre. Il fallut donc renoncer, provisoire-
ment du moins, à l'espoir de nous en servir.

«Je vous ai dit, Samuel, que les vêtements que nous avait
laissés notre père en nous attachant sur le radeau se
trouvaient déchirés et ne pouvaient plus nous être d'aucun usage. Malgré la douceur du climat, par un sentiment
de pudeur bien naturel, je souffrais de nous voir à la veille
de manquer tout à fait de vêtements et je résolus de nous
faire des robes, ou du moins des sortes de vestes sans
manches, au moyens de larges feuilles. Je commençai par
George, que je dépouillai des débris de sa blouse. Tandis que je me livrais à ce soin, quelque chose tomba
sur la pierre où j'avais placé mon petit frère afin de le
déshabiller plus commodément. C'était une boucle en
acier. Nelly accourut pour s'en servir comme d'un jouet,
car l'heureuse enfant, grâce à l'insouciance de son âge,
s'était remise à folâtrer et à jouer comme elle le faisait en
Angleterre au temps le plus paisible de la vie opulente

que nous y menions. Elle saisit la boucle avec tant de vivacité, qu'elle se piqua le doigt à l'ardillon. Par un mouvement de colère et de douleur, elle lança loin d'elle l'objet qui l'avait blessée... La boucle heurta fortement contre une pierre, et de ce choc jaillirent des étincelles sans nombre... A cette vue, vous pouvez vous figurer ma joie! nous avions les moyens de nous procurer du feu! La Providence, qui, sans doute, s'était servie à dessein du hasard pour nous accorder ce nouveau bienfait, ne laissa point le prodige incomplet... Un gros champignon desséché s'était trouvé près de la pierre, avait reçu les étincelles et présentait déjà une large masse de feu, que nous augmentâmes encore et fîmes bientôt flamboyer à l'aide de feuilles mortes et de petits rameaux desséchés.

« Le champignon poussait au pied d'un cocotier; ce fut donc au pied d'un cocotier que notre feu éleva sa flamme vive et pétillante. Je ne tardai point à remarquer que le pied de l'arbre noircissait rapidement et présentait quelque facilité à se consumer; George et Nelly se chargèrent d'alimenter la flamme et d'en entourer tout à fait le tronc de l'arbre. Au bout de deux heures, jugez de ma satisfaction un violent coup de vent souffla et s'engouffra dans le sommet du cocotier; l'arbre cassa du pied et vint tomber sur un massif de palmiers où il s'arrêta à la moitié de sa chute.

« Quand je réfléchis à cet événement, si simple et pourtant d'une si grande importance pour nous, Samuel, je ne puis m'empêcher d'y voir une preuve nouvelle de la bonté céleste à notre égard et de la protection que, sans doute, obtenaient de Dieu pour nous les prières de notre père dans le ciel. Je sais bien qu'il était tout naturel que ce cocotier tombât dans la direction du vent et sur les palmiers qui l'entouraient de toutes parts; mais cela était un si grand bonheur pour nous!... Cela nous procurait d'abord des fruits de cocotier, des dattes en abondance et une provision de feuilles pour couvrir notre cabane, enfin quelque chose de mieux encore, comme vous le saurez tout à l'heure.

« Il vous est aisé de comprendre que le cocotier, ainsi penché et la tête appuyée parmi les palmiers, nous formait une sorte d'échelle, ou plutôt de pont, pour arriver au sommet de ces arbres et y cueillir à notre aise des dattes et des feuilles. Ce fut moi qui me chargeai la première de ce soin : je montai facilement jusqu'au haut, et de là je jetai à mon frère et à ma sœur d'abord ce qu'il nous fallait pour couvrir notre cabane et ne plus être obligés de recommencer chaque jour le travail auquel nous astreignait l'extrême facilité avec laquelle se fanaient les feuilles de bananier. Lorsque ensuite je fus redescendue, je ne s'aurais vous dire l'empressement avec lequel nous enlacions les feuilles pliantes et fortes des palmiers aux racines du cycas; je ne saurais vous dire quelle fut notre satifaction à la vue du mur solide qu'elles formaient autour de nous; c'était une véritable maison cette fois, une maison contre laquelle ne pouvaient rien ni le vent ni la pluie. Un plancher pareil à notre toiture, c'est-à-dire un treillis de feuilles de palmier, parut bien doux à nos pieds sans cesse blessés par le contact du sable; aussi ce jour-là ne sortîmes-nous point de notre cabane, une fois qu'elle fut achevée, et restâmes-nous jusqu'au lendemain matin, nonchalamment étendus sur nos lits de feuilles de

bananier, sans autre fatigue que celle d'étendre le bras
pour prendre des dattes fraîches et les porter à nos
lèvres.

« Mais après cette bonne journée et cette bonne nuit de
paresse, il nous fallut retourner à une vie active et songer
à notre nourriture de la journée, car notre provision de
dattes se trouvait épuisée. A l'aide du cocotier renversé,
je montai donc de nouveau sur les palmiers. Bientôt ma
sœur et George m'en virent redescendre avec un objet
que je tenais précieusement dans les mains : c'était un
nid de perroquet où se trouvaient trois œufs nouvellement
pondus ; la mère s'était enfuie en m'apercevant près d'elle
et m'avait ainsi livré son trésor. Je rapportais en outre
une sorte de gros sac filandreux trouvé sur une espèce de
palmier différente du palmier ordinaire, et qui contenait
les fruits de cet arbre singulier.

« Tandis que Nelly battait le briquet à l'aide d'une pierre
et de la boucle de George, afin d'allumer du feu et d'a-
masser assez de cendres pour faire cuire nos œufs, moi
j'examinais attentivement le grand sac que j'avais pris
sur le palmier. Il pouvait avoir trois pieds de longueur
et se composait de fils roussâtres, flexibles, membra-
neux, très-serrés et entrelacés comme l'aurait pu faire un
tisserand. En le frappant d'une pierre pour en tirer les
fruits, je remarquai combien ce tissu devenait souple et
soyeux ; je continuai mon opération pendant quelque
temps, et bientôt le sac devint une véritable étoffe, à laquelle il ne manquait, pour devenir une robe, que des ouvertures, afin que l'on pût y passer la tête, les bras et les
jambes ; un caillou tranchant me rendit bientôt ce service.

Je retournai, sans rien dire, vers le palmier qui m'avait donné ce *spathe*[1], j'en cueillis deux autres, l'un plus petit, l'autre plus grand, et je les préparai comme j'avais fait du premier.

« Je me trouvai donc en possession de trois tuniques commodes, douces au porter, et de nature à remplacer avec avantage nos habits de feuilles, qui se déchiraient au moindre mouvement et qu'il fallait renouveler six ou sept fois par jour ; mais j'aurais voulu compléter mon œuvre et rendre notre costume complet. L'imagination vivement préoccupée, je marchais autour de notre cabane, tandis que Nelly faisait cuire nos œufs de perroquet et que George se jouait avec une noix de coco, lorsque tout à coup le buisson de zamia, qui nous avait servi naguère d'asile, s'offrit avec ses longues épines à ma vue... j'avais trouvé ce que je cherchais ! Cueillir une de ses épines, la couper de la grandeur convenable au moyen d'un caillou tranchant, et la trouer avec l'ardillon de la boucle que nous possédions fut l'affaire d'un instant. Restait à me procurer du fil ; mais nous en possédions déjà depuis plusieurs jours ; une plante linéamenteuse, dont les longues feuilles ressemblent à celles de l'iris des jardins européens (le *phormium tenax*), nous avait fourni, fendue par bandes étroites, un fil blanc, fort et assez souple, au moyen duquel nous attachions autour de nos bras, de nos jambes et de nos corps les feuilles qui nous couvraient.

[1] Les botanistes appellent *spathe* une enveloppe filamenteuse et coriace dans laquelle sont renfermées, avant leur maturité, les grappes de fruits de la plupart des palmiers.

« Après un déjeûner exquis, grâce à nos œufs de perroquet, je fis venir Nelly près de moi, lui remis une seconde
aiguille que j'avais fabriquée pour elle, et, sans dire ce
que je comptais faire, nous nous mîmes toutes les deux
à coudre avec ardeur. Si bien que, le soir, au moment
où, après nous être baignés dans un ruisseau, sur les
bords duquel des plantes et des buissons nous formaient
à chacun une sorte de petite tente solitaire, au lieu de
reprendre, comme ma sœur et mon frère, des habits de
feuilles, je me montrai parée de ma tunique de spathe de
palmier. Tandis que Nelly et George me regardaient avec
envie, je leur présentai des robes semblables à la mienne;
aussitôt ils allèrent s'en parer avec un empressement
qu'explique un enfantillage bien naturel à l'âge de ces
petites créatures.

« Quand George se fut revêtu de sa robe et qu'il revint
charmé de cette parure qui lui seyait à ravir et que ratta-
chait autour de sa taille une ceinture de *phormium tenax*,
plante qui, vous le savez, déjà nous avait fourni du fil,
il me dit :

« Sara, tu viens de nous faire un cadeau et de nous
« causer une surprise agréable, mais je veux te rendre ce
« cadeau et cette surprise. Jusqu'à présent, nous n'avons
« eu pour nous nourrir que des dattes et des baies de jam-
« bosier; jusqu'à présent nous avons manqué d'assiettes,
« d'écuelles et de plats; moi je vais vous donner tout cela. »
Là-dessus, il sortit et revint dans la cabane portant quatre
noix de coco qu'il était parvenu à couper au moyen de
pierres tranchantes et façonnées en scies. Le lait du coco
et sa chair exquise nous procurèrent un repas délicieux,

pendant lequel je ne pouvais me lasser d'admirer les tuniques dont nous nous trouvions couverts. Les plis de ce costume, rassemblés autour de la ceinture de Nelly, dessinaient à merveille sa jolie taille, tandis que la forme élégante des manches, larges et relevées à la hauteur du coude, n'aurait pas assurément été dédaignée par une petite maîtresse européenne. Pour compléter la parure de Nelly, je me mis à peigner ses longs cheveux blonds avec des épines de zamia enfoncées fortement l'une contre l'autre dans un morceau de la bourre qui recouvre le coco, et, après les avoir soigneusement lissés, je les réunis en natte, en complétant cette toilette par une couronne de dianelle, charmante fleur bleue que je posai sur sa tête. La petite coquette acheva de se faire belle au moyen d'un collier de graines rouges et noires, percées avec une pointe de zamia et enfilées dans un cordonnet de phormium.

« Nelly me rendit les mêmes soins, tandis que George passait le peigne dans sa chevelure, et voulait, disait-il, se parer comme ses sœurs.

« Vous comprendrez, Samuel, vous excuserez tous ces détails puérils sans doute, mais que je ne puis me rappeler sans émotion. Je craindrais de les dire devant un étranger ; je les livre avec confiance à la religieuse amitié de celui que mon père appelait son fils.

« Je ne vous cacherai donc point le bonheur que nous éprouvâmes tous les trois, comme de véritables enfants que nous étions, en nous voyant ainsi parés et débarrassés de l'accoutrement ridicule et de la mine grotesque que nous valaient les feuilles dont nous nous étions jusque-là grossièrement enveloppés.

« Notre industrie et les services du palmier à spathe ne se bornèrent point là. A force de couper et de tailler l'étoffe que nous fournissait cet arbre, je vins à bout de fabriquer des pantalons qui ne gênaient point nos mouvements et des résilles qui couvraient nos têtes, et nous fournissaient, quand nous sortions, une coiffure aussi légère que jolie. Quant au parasol, la première feuille venue du varec gérant, ramassée au bord de la mer et emmanchée dans un bâton, nous en servait.

« Il ne nous manquait plus que de nous procurer des chaussures. George, dont la nécessité développait chaque jour de plus en plus les forces et l'intelligence, se chargea de nous en procurer et tint bientôt sa promesse. Il aplatit et tailla des morceaux de bourre de coco, de manière à en former des semelles de sandale, légères et fortes ; les ligaments de ce cothurne se trouvèrent naturellement dans les fils du phormium, et dès lors rien ne put arrêter ni nos excursions ni nos promenades.

« Vous le voyez, Samuel, notre position n'était pas trop malheureuse, puisque nous avions des aliments exquis, grâce aux fruits des cocotiers et des palmiers, grâce aux baies de jambosier, grâce surtout aux œufs de perroquets, dont George, devenu agile comme un des singes qui peuplaient la forêt, allait s'emparer au sommet des plus hauts arbres.

« Divers coquillages détachés des rochers au bord de la mer, des crabes et des œufs d'ornithorinques que nous ramassions au bord des marais, complétaient notre cuisine. Nous restâmes bien étonnés la première fois que nous vîmes ce singulier quadrupède à bec de canard pondre comme le fait un oiseau. Le hasard nous faisait encore découvrir parfois, dans les hauts herbages d'un grand lac voisin de notre habitation, des œufs de cygnes noirs d'un goût excellent, ou bien dans quelque coin sec, sablonneux et bien échauffé par le soleil, des œufs d'un gros oiseau assez semblable à l'autruche. Si nous voulions des cocos, nous mettions, je vous l'ai dit, le feu au pied d'un arbre. Quant aux dattes, George avait inventé un moyen moins lent et moins fatigant de s'en procurer. Dès qu'il voyait une bande de singes occupée à marauder sur quelque palmier, il ramassait des pierres, poussait des cris et épouvantait ces animaux, qui prenaient la fuite en jetant, pour s'évader plus promptement, les fruits dont ils avaient empli les poches que la nature a placées dans leur bouche.

« Nos journées s'écoulaient donc dans les soins du travail, soit pour nous procurer des aliments, soit pour améliorer notre demeure, où rien ne manqua bientôt plus, car nous avions des siéges en bambou, recouverts par des coussins de palmier tressés : avec les feuilles des mêmes arbres et des fils de phormium, j'avais façonné des jalousies qui se levaient et s'abaissaient à volonté ; enfin, quant aux rideaux, à la tenture et aux portières, le même arbre en faisait encore les frais, grâce à ses spathes et à l'étoffe naturelle qu'elles nous fournissaient.

« Chaque matin et chaque soir, j'employais une demi-heure à prier Dieu et à faire une courte instruction religieuse aux deux enfants dont la Providence m'avait rendue en quelque sorte la mère. Le soir, nous élevions également notre âme vers le ciel où notre père veillait sur nous et intercédait la miséricorde céleste pour sa famille.

« C'est sans doute à cette protection que nous devions l'extrême sérénité dont nous jouissions, exilés ainsi loin du monde entier et abandonnés à nous-mêmes. Oui, je dois vous le dire, Samuel, plus d'une fois, le soir, mollement bercée dans un hamac de spathe suspendu à deux arbres voisins de notre cabane, j'ai senti dans mon âme un bien-être et un repos que depuis mon retour en Europe je suis loin d'avoir toujours ressentis. Comment rester insensible au calme profond de ces forêts à la teinte bleuâtre, doucement agitées par le vent qui se glisse avec harmonie à travers leur feuillage et mêle sa plainte au bruit que jettent en passant dans les airs le vol éclatant d'un aigle noir ou les ailes de pourpre et d'or d'un ara? Comment ne point sentir en son cœur s'éveiller un sentiment religieux et paisible devant de pareilles magnificences de la nature, devant de si mystérieux et si grands bienfaits du Créateur ! »

Lady Sara interrompit son récit.

« Il faut plus d'une matinée, ajouta-t-elle, pour entendre toutes les aventures de notre exil sur les côtes du cap Cuvier. Demain je reprendrai ma narration ; aujourd'hui Samuel, restons-en là. »

Elle se leva et ils se séparèrent, elle pâle et fatiguée des souvenirs qu'elle avait évoqués, Samuel vivement ému des singulières aventures dont il avait écouté le récit.

IV

Le lendemain, lorsque le jeune homme arriva chez lady-Sara, il la trouva remise des fatigues de la veille et prête à continuer le récit qu'elle avait commencé. Nelly prit un ouvrage de tapisserie et se plaça sur un divan à côté de sa sœur : George et Samuel s'assirent devant elle.

« Vous nous avez vus hier, Samuel, dans notre cabane devenue un séjour commode et presque riant ; vous avez compris que nous n'aurions plus à souffrir de besoins impérieux, et que chaque jour nous apprenait à nous affranchir d'une privation et à augmenter la somme de notre bien-être. Non-seulement nous découvrions, à chaque instant, dans la forêt, des plantes et des arbustes dont l'utilité se révélait bientôt à nous, mais encore nous allions recueillir sur le rivage de la mer une foule de coquillages et de productions utiles. C'est ainsi que la pinne-marine, grand coquillage qui s'attache aux rochers par un long lien de soie souple et solide, nous fournit du fil plus fin et plus doux que celui que nous tirions du phormium. George nous engagea à fabriquer des filets avec ces bouts de soie animale, noués les uns aux autres, et parvint même à nous façonner une sorte de navette. Dès lors, grâce à la promptitude que nous mîmes à satisfaire son désir, il se trouva bientôt en possession de deux grands filets, l'un de soie triple, l'autre moins fort.

« Un matin il partit au point du jour avec le premier de ces filets. Il m'avait promis de revenir pour l'heure de notre repas du soir, et vous pouvez juger de l'inquiétude qui nous tourmenta, Nelly et moi, lorsque l'heure de ce repas arriva sans nous ramener George. Éperdues, les yeux baignés de larmes, nous allions, après trois longues heures d'attente, nous mettre à sa recherche dans la forêt quand tout à coup nous l'entendîmes siffler au loin, pour nous rassurer avant même que nous le vissions. Puis enfin il parut pliant sous le poids d'un spathe de palmier rempli de gibier mort et traînant après lui un jeune kangourou vivant.

— « J'avais employé, pour me procurer les perdrix que je rapportais, un moyen bien simple, interrompit George : des lacets et des piéges, comme nous en fabriquions dans le parc de Cambrai. Quant au kangourou, il m'avait donné plus de peine.

« Fort satisfait de la bonne chasse que m'avaient value mes lacets de phormium et de pinne-marine, j'allais revenir près de mes sœurs sans tenter de me servir du grand filet fabriqué par elles, quand un léger bruit se fit entendre dans le feuillage ; je m'avançai avec précaution et je vis un kangourou femelle de grande dimension se coucher sur la mousse. Puis, tout à coup, une grande poche qu'il portait sous le ventre s'ouvrit et trois petits animaux s'en élancèrent et se mirent à bondir autour de leur mère. Alors je m'éloignai, toujours avec la même précaution, et mon filet se trouva bientôt attaché à deux gros arbres, de manière à se déployer perpendiculairement sur six pieds environ de terrain. Cela fait, je me mis à tourner les kangourous avec précaution, et une fois arrivé derrière eux, devant mon filet, je battis des mains et poussai des cris; le kangourou effrayé fit entendre une sorte de sifflement, ouvrit sa poche pour y renfermer ses petits et prit la fuite... Mais la pauvre bête se jeta dans mon filet où elle s'enchevêtra et se livra sans défiance aux coups d'un bâton noueux dont je la frappai violemment sur le crâne. Bientôt elle tomba morte à mes pieds; alors je la débarrassai de mon filet, et après l'avoir, non sans peine, hissée à une branche d'arbre pour pouvoir la dépecer et venir en prendre le lendemain les morceaux les plus succulents, j'ouvris la poche de son ventre avec un caillou tranchant et me saisis du plus fort des trois jeunes; les autres, mis à mort sans pitié, prirent place dans mon carnier de palmier à côté de mes perdrix.

—«Comme je m'étais instituée la cuisinière de notre petite colonie, ajouta la sœur cadette de George, j'eus bientôt dépouillé de leurs plumes et préparé deux perdrix que je mis à une broche formée d'une baguette de palmier posée sur deux petits pieux fourchus; un brasier sans fumée et sans flamme ne tarda point à donner à notre rôt une couleur d'or qui, je l'avoue, excita vivement notre appétit et notre convoitise. Ce fut une grande fête pour nous, qui depuis si longtemps n'avions point mangé de viande, que ce repas succulent dû à l'adresse et à l'activité de notre frère! Le lendemain, un des jeunes kangourous ne nous fournit pas une chère moins exquise et moins délicate.

«Après le déjeuner, George repartit pour aller re-

prendre les portions de kangourou qu'il destinait à notre
repas du soir. Il se mit en route et revint avec la peau et
un quartier de l'animal ; puis, tandis que nous préparions
le dîner, il visita son prisonnier de la veille que nous
avions attaché, au moyen d'une laisse, à un piquet, dans
une petite prairie voisine de notre habitation.

« Le jeune kangourou s'était vite familiarisé avec sa
nouvelle existence, comme l'attestait l'herbe tondue
aussi loin que le lui permettait la corde de phormium
qui le retenait. Peu à peu il s'apprivoisa, se laissa caresser, nous reconnut, et finit même par errer en liberté
sans aucun lien, autour de notre cabane. C'était une
chose fort amusante que cet animal qui grandissait, pour
ainsi dire, à vue d'œil, bondissant dans la forêt et, dès
qu'il nous apercevait, venant à nous avec des sauts de
trois ou quatre pieds. Un chien n'est pas plus tendre et
plus caressant que ne le devint même par la suite Oberon, car tel était le nom que Sara avait imposé à son favori. Il léchait les mains de sa maîtresse qu'il savait très-
bien distinguer de George et de moi, faisait entendre une
sorte de plainte lorsqu'elle s'éloignait de lui, et, sitôt
qu'il la voyait s'asseoir sur l'herbe, ne manquait pas
de venir poser sa tête sur ses genoux. Se couchait-
elle dans son hamac, Oberon se dressait sur ses deux
pattes de derrière et sur sa queue, posait ses pattes de
devant au bord du lit mobile et lui donnait un mouvement d'oscillation qui procurait à ma sœur un de ces
doux sommeils dont il faut, pour comprendre tout le
charme, avoir respiré l'air tiède des pays à température
élevée.

— « Cependant, reprit lady Sara, George, devenu chaque jour plus hardi et plus adroit, ne cessait point de pourvoir à notre nourriture avec une ardeur qui donnait à ses forces et à sa taille le plus heureux développement. Chasseur intrépide, il voulut devenir pêcheur et malgré nos prières et nos craintes, car la mer ne nous avait été déjà que trop funeste, il résolut de nous approvisionner de poissons comme il nous avait approvisionnés de gibier. Il se fabriqua bientôt une ligne, grâce à une longue baguette de palmier et à un fil de pinne-marine; mais l'hameçon, où le trouver?. . A la porte même de notre cabane, parmi les plantes que broutait Oberon, sur les tiges du vaubier. En effet, les fleurs de ce joli buisson, haut de cinq à six pieds, et à feuilles cylindriques, grasses et piquantes, sont couronnées par deux crochets recourbés, aigus, auxquels ne manque pas même cette sorte de petit arrêt qui renforce la pointe des hameçons ordinaires et rend inutiles les efforts des poissons pour se débarrasser du crochet mortel. George arma donc ses lignes d'épines de vaubier; les vers qui abondent dans le sable lui servirent d'appât, et le soir deux maquereaux exquis cuisaient sur un gril de bambou.

« Le bambou ne nous servait pas seulement à cet usage: nous en fabriquions des lits et des chaises dont les coussins et les matelas se composaient de feuilles de bananier trempées d'abord dans la mer et ensuite séchées à l'ombre. L'expérience nous l'avait appris : après avoir subi cette opération, ces feuilles si tendres et si promptes à se faner acquéraient une force et une solidité qui nous permettaient de les coudre et d'en façonner, comme je vous le disais, des coussins, et des matelas souples, fermés et piqués à la manière des matelas d'Europe. Des spathes de palmiers remplis de plumes amélioraient encore nos couches ; enfin, des couvertures de feuilles remplaçaient les draps et les couvre-pieds.

« Deux lits ainsi disposés occupaient le fond de notre cabane, l'un pour George, l'autre pour ma sœur et pour moi. De longs rideaux de feuilles de bananiers préparées à l'eau de mer, et retenus par de larges cordons de phormium, retombaient sur ces lits quand nous voulions nous coucher et nous enveloppaient comme aurait pu le faire l'étoffe la plus épaisse et la plus convenable à cet usage.

« Notre habitation était tendue de pareille étoffe. C'est-à-dire que nous avions taillé, en morceaux de la même dimension, un grand nombre de feuilles de bananier préparées ainsi que je vous l'ai dit ; ces morceaux, ensuite réunis et cousus avec des fils de soie animale qui présentaient à peu près la même teinte verdâtre, formaient ainsi de longues bandes, larges et assez semblables aux rouleaux de papier dont on fait usage en Europe. Des arrêtes de poissons et des fils de phormium tendaient, en haut et en bas, ces bandes sur lesquelles retombaient des draperies de spathes de palmiers, fixées et relevées par des patères d'épines de zamia dont la tête en rosace était ornée d'ailes de gros insectes, de manière à figurer des dessins réguliers.

« Quant aux ganses blanches qui bordaient les draperies de spathes, quant aux tresses qui retombaient sur ces draperies et complétaient leur ensemble élégant et pittoresque, le phormium tenax nous en avait fourni en abondance.

« Si vous venez jamais en Angleterre, Samuel, vous verrez cette singulière tenture que j'ai fait transporter de la Nouvelle-Hollande dans le château que nous habitons, et qui s'y trouve disposée comme elle l'était dans notre cabane formée par les racines du cycas ; alors vous pourrez comprendre et admirer tout ce qu'avait de gracieux et de charmant une tapisserie dont la nature seule faisait les frais.

« Quoique George passât une partie de la journée à la chasse et à la pêche, il ne faut pas croire cependant que je négligeais son éducation. Chaque soir, je lui donnais des leçons d'écriture, de langue anglaise, de calcul et de dessin. Nelly prenait également part à ces leçons. Nous nous servions, en guise de papier, d'une pellicule mince, souple et blanche, que nous enlevions sur l'écorce d'un bouleau particulier à la Nouvelle-Hollande ; nous obtenions quelquefois des feuilles de huit à dix pouces de hauteur et larges à proportion ; assemblées en forme de volumes et pressées entre deux planches, sous de grosses pierres, ces feuilles, que George rognait ensuite à l'aide d'une pierre aiguisée, présentaient l'apparence d'un véritable livre.

« Les sèches dont abondent les rivages du cap Cuvier et que George excellait à pêcher fournissaient une encre parfaite que contient leur estomac. Quant à leurs os, ils nous procuraient les moyens de lisser le papier et de polir plusieurs des objets que nous fabriquions. Quant aux pinceaux, c'étaient des poils de kangourou noués à l'extrémité d'un petit bâton.

« Nous regrettions de ne pouvoir employer nos soirées entières à ces leçons et de nous coucher forcément sitôt la nuit arrivée. Nous étions bien venus à bout de nous façonner des lampes avec des mèches de bourre de cocos et de la graisse d'animal disposées dans un coquillage; mais ces lampes exhalaient une si mauvaise odeur et jetaient tant de fumée, que nous n'y pouvions résister et qu'il nous fallait sortir de notre cabane, presque aveuglés et le cœur soulevé. George, notre infatigable, notre industrieux George trouva encore le moyen de nous fournir de la lumière, le soir.

« Dans une de ses excursions, il avait souvent remarqué des étoiles lumineuses qui parcouraient la forêt, jetaient dans l'air un silon de feu et allaient se perdre dans quelque buisson. Curieux de s'expliquer la cause d'un pareil phénomène, il visita soigneusement les arbustes dans lesquels était descendue une de ces lumières et trouva un gros insecte (fulgor porte-chandelles) aux élytres vertes tachetées de jaune. Du museau de cet insecte, museau relevé et cylindrique, jaillissait la lumière que George avait prise pour une étoile. Aussitôt, sans perdre de temps, mon frère cueillit une branche, du sommet de laquelle partaient cinq ou six petits rameaux; il coupa ces rameaux de même longueur, les enveloppa d'un morceau de toile de spathe le plus transparent qu'il put trouver, et enferma dans cette lanterne improvisée cinq ou six des insectes, qui non seulement l'éclairèrent pendant la route, mais encore nous fournirent une lumière égale au moins à celle de deux bougies de cire. Rien, le soir, n'interrompit donc plus nos études et nous vîmes arriver sans le redouter, l'hiver, ou pour mieux dire la saison des pluies.

«Quelques petits accidents, précurseurs de cette saison, nous avaient mis en garde et indiqué les moyens et les précautions à prendre pour passer les nuits de mois de juin, juillet et d'août sans privations et sans incommodités. Ainsi, un orage avait un matin inondé notre habitation, en faisant reparaître le torrent par lequel avaient jadis été dépouillées et mises à nu les racines du cycas qui nous servaient de demeure ; George eut, en une semaine, construit une digue de pierre, cimentée avec de la terre glaise et du sable. Au moyen de gros coquillages enchâssés dans un manche de bois, il parvint même à se fabriquer une bêche et à creuser un autre lit au torrent ; la nature friable du terrain rendait facile un travail semblable.

« En outre, notre cabane fut pavée de pierres que nous surmontâmes d'une couche de gomme pour faire disparaître toute humidité. Cette gomme ne nous avait donné que la peine de la cueillir au pied des arbres et des troncs desquels elle suinte naturellement. Pour la faire fondre, il suffisait de la placer dans des coquillages près d'un grand feu ; nous l'épanchions ensuite sur les pierres qui pavaient notre cabane, et que nous échauffions au préalable en les couvrant, pendant quelques minutes, d'un brasier ardent. Ce brasier balayé avec de la mousse, les pierres recevaient, je vous l'ai dit, la gomme fondue ; alors nous incrustions dans cette pâte qui durcissait peu à peu des coquillages et des cailloux brillants. De grosses pierres lisses alignaient et nivelaient ensuite ces divers objets. Nous nous trouvâmes, de la sorte, marcher sur une mosaïque charmante, impénétrable à l'humidité,. et que nous pouvions au besoin, s'il faisait trop froid, recouvrir d'un tapis de feuilles de bananier préparées à l'eau de mer.

« Mais le froid ne se fit point sentir, loin de là. Les pluies seules nous retinrent au logis ; encore cessaient-elles souvent pendant des semaines entières. Aussi n'avions-nous point souvent recours aux provisions de viande et de poissons fumées et séchées à l'air, que nous conservions sous des hangars formés par des piquets recouverts de feuilles de varec géant et entourés de rideaux de spathes de palmier. Là encore nous amassions des baies de jambosier confites au soleil, et des racines de fougères cuites, dans un four de pierres chauffées au feu. Ces racines nous servaient de pain et nous fournissaient un aliment léger, sain, agréable, qui s'associait très-bien à la saveur de nos viandes rôties.

« C'était quelque chose de singulier que de nous voir autour de notre table de bambou recouverte d'une nappe luisante comme de la toile cirée, et que formaient trois feuilles de bananier préparées à l'eau de mer et piquées à dessins réguliers par Nelly, ainsi qu'une étoffe damassée. Les viandes se servaient dans un grand coquillage (peigne de mer), placées, pendant la cuisson, sous la broche, de manière à s'échauffer doucement et à recevoir, sans les laisser figer, les jus des gibiers qui rôtissaient. Nos assiettes étaient des coquillages plus petits, et les couteaux des cailloux tranchants. Quant aux cuillers, George en avait façonnées à l'aide d'une coquille de moule percée de deux petits trous et emmanchée fortement, avec une soie de pinne-marine, dans un bâton fendu du bout et percé, comme les coquilles, de deux petits trous. Trois épines nouées ensemble fournissaient les fourchettes. Pour les serviettes, nous étions parvenus à en fabriquer avec de la soie de pinne-marine ; nous les taillions dans une étoffe fabriquée par ma sœur et par moi avec ce produit animal. Nous avions façonné avec le même tissu du linge de corps pour porter sous nos tuniques de spathe de palmier. Le manque de ciseaux et de petites aiguilles nous avait d'abord bien entravées dans ces travaux, mais l'habitude avait fini par nous rendre tout à fait indifférente l'absence de ces ustensiles, et nous taillions et nous cousions nos étoffes, fines et douces comme de la toile de Hollande, avec autant de facilité que si nous eussions possédé les ressources les plus complètes d'une couturière.

« Des aiguilles à tricoter, menues, taillées dans du bois dur avec des hachettes de pierre, et polies à l'aide du sable, du grès et de la sèche, nous servirent à tricoter des bas avec la même soie. Puis, comme nous devenions de jour en jour de plus en plus exigeants, il nous fallut des gants, et nous en eûmes par les mêmes procédés auxquels nous devions des bas.

« Nous observions religieusement le dimanche ; pour ce jour-là, nous nous étions fait, ma sœur et moi, des robes charmantes que je veux vous montrer, Samuel. »

Lady Sara s'interrompit pour sonner sa femme de chambre, à laquelle elle donna des ordres en anglais. Diana, car c'était elle, revint bientôt tenant un riche coffret que la sœur de George ouvrit avec une petite clef d'or qu'elle portait à sa ceinture.

Elle tira de ce coffret une robe de spathe d'un tissu soyeux, fin, régulier, doux, et de couleur brune, qui paraissait ressembler à de l'étamine et même à de la mousseline écrue un peu grosse ; des arabesques de plumes d'oiseaux, mélangées à des broderies en soie verte de pinnemarine, se détachaient d'une manière charmante sur la teinte fauve du fond. A cette robe se trouvait attachée une ceinture plate, large de trois doigts, tressée en fil de phormium d'une blancheur éclatante, et que fermait une boucle formée par un coquillage percé de deux fentes, à travers lesquelles passaient les bouts de la ceinture. La robe descendait un peu plus bas que le genou et recouvrait un pantalon de même étoffe, presque juste. et bordé d'un galon blanc semblable à la ceinture. Les souliers se composaient d'une légère et menue semelle de bourre de coco et s'attachaient à la jambe par un cothurne en lacet vert. Une longue résille, sur laquelle se plaçait une couronne de fleurs, et un collier que formaient des ailes d'insectes diaprées des plus riches couleurs, complétaient cette parure pleine de coquetterie et de grâce.

« Voilà nos habits de fête, ajouta Sara ; voilà par quelles innocentes distractions nous charmions le repos que Dieu commande pour sanctifier le saint jour du dimanche.

« Outre la société d'Oberon, notre favori et notre commensal, George avait fait prisonniers et rendu familiers quelques animaux qui rendaient nos loisirs amusants. Un gros perroquet et un phalangon volant, sorte de petit chat avec des ailes, se disputaient notre faveur sans exciter néanmoins la jalousie d'Oberon, qui parfois même leur permettait impunément, au perroquet, quelques coups de becs, au phalangon, quelques coups de griffes. Ces deux bêtes étaient moins paisibles entre elles et il fallait à tout moment apaiser les querelles et les batailles que faisait naître entre eux le moindre morceau de racine de fougère jeté à l'un ou à l'autre. Oberon se dressait alors sur sa grosse queue, s'approchait des combattants, leur donnait à chacun un coup de ses pattes de devant, sans frapper trop fort néanmoins, revenait se coucher à mes pieds, et posait sa tête sur mes genoux, tandis que je façonnais pour ma sœur et pour moi des manteaux de peaux de cygnes noirs, de perroquets et d'autres oiseaux, riches de plumes éclatantes de couleurs. Voici l'un de ces manteaux ; vous pouvez juger de leur beauté, ainsi que de l'art et de la patience avec laquelle nous les faisions.

« Le *ficus elastica* vint encore ajouter à notre bien-être par la gomme que nous recueillions de sa tige, et qu'il suffisait de laisser se durcir dans des moules de terre glaise ou des coquillages, dont elle prenait bientôt la forme, nous fournissant ainsi beaucoup de vases et d'ustensiles légers et que le choc ne brisait point.

« Une fois cette substance et les propriétés qu'elle possédait connues de nous, nous en étendîmes l'usage à l'infini.

« George, dans ses excursions à la chasse, se trouvait souvent incommodé par les pluies soudaines qui l'assaillaient et perçaient en quelques secondes ses légers vêtements de spâthe de palmier et de soie animale. Je lui tissai un manteau de cette dernière matière et l'enduisis d'une forte couche de la gomme du *ficus elastica*. Cette préparation, sans rien ôter de la flexibilité et même de la légèreté de l'étoffe, la rendit tout à fait imperméable, et mit désormais notre frère à l'abri des injures du temps. Peu à peu il reconnut néanmoins que ce manteau, tout en le dérobant à la pluie, interrompait ses travaux et ne lui servait que pendant une halte ou une marche. Mais, s'il était en train d'abattre un arbre, s'il poursuivait une bête fauve avec laquelle il lui fallait lutter d'agilité, le manteau paralysait ses mouvements ou entravait sa course. Si bien qu'il finit par abandonner ce vêtement, malgré nos remontrances et à notre grande inquiétude. Nelly me conseilla alors de fabriquer une tunique de spathe et de l'enduire de gomme élastique comme je l'avais fait pour le manteau. La chose réussit on ne peut mieux, et un chapeau à larges rebords, en varec géant, compléta l'équipage de chasse et de voyage de George, qui dès lors brava la pluie en toute sûreté, sans acheter cet avantage par des concessions de gêne ou de fatigue.

« Le *ficus elastica*, ou plutôt son suc mélangé à de la terre sèche, servit encore à rendre notre toiture imperméable à la pluie. George revêtit les feuilles de palmier d'une couche de gomme élastique ainsi préparée, qu'il couvrit ensuite de feuilles sèches et de petits bâtons. Cela finit par se consolider et par devenir imperméable à l'eau, et, grâce aux corps auxquels il se trouvait mélangé, impénétrable également à l'ardeur du soleil.

« Une de nos grandes ressources de nourriture était les conserves de fruits ; car rien ne nous manquait pour fabriquer des confitures aussi parfaites que les plus exquises friandises de cette espèce, rien, pas même le sucre. Le sucre provenait du *varec sucré*, plante marine que saupoudre une matière blanche, légère, d'un goût fin. Il nous suffisait d'en secouer doucement les feuilles ou de les frotter avec un petit bâton plat pour recueillir d'assez grandes quantités de ce sucre naturel que nous gardions, à l'abri de toute humidité, dans des coquillages attachés entre eux par des charnières de *ficus elastica*, de manière à les rendre de véritables boîtes.

« Une basse-cour, formée par des pieux et recouverte en partie par un toit semblable à celui de notre cabane, nous conservait de la volaille pour les temps de grandes pluies et lorsque la chasse devenait impossible à George. Cette basse-cour se composait surtout de manchots, sorte de gros oiseau qui porte au lieu d'ailes des ailerons courts ressemblant à des moignons de bras. Lorsqu'il est loin de l'eau et qu'il ne peut se sauver à la nage, il se laisse approcher, sans même chercher à fuir, et l'on peut s'en emparer à l'aise ou l'assommer à coups de bâton.

« Les manchots rassemblés dans notre basse-cour, où ils vivaient de débris de poissons et de racines, nous fournissaient des œufs, de la volaille fraîche ainsi qu'une fourrure douce, charmante, serrée et imperméable à l'eau, dont nous nous fabriquions des manteaux et des oreillers.

« Par ce moyen, quoique le sel ne nous manquât pas, et qu'il nous suffit pour nous en procurer de laisser évaporer de l'eau de mer dans quelque grande écaille de tortue, nous ne salions que fort peu de viandes ; car toutes ces opérations domestiques nous plaisaient assez peu pour que nous songions à les multiplier au delà de nos besoins ; la viande fraîche,. le poisson et les fruits que nous rapportait chaque jour George nous suffisaient largement.

« Grâce à la passion de George pour la chasse, nous ne manquions pas non plus de fourrures, à peu près inutiles du reste dans ces climats chauds et doux. Un des animaux qui nous fournissaient la pelleterie la plus fine et la chair la plus exquise était le phascolome à deux doigts.

« —Ce terrier, interrompit George, est gros comme un blaireau ; sa tête plate annonce l'imbécillité, ses jambes écrasées et courtes rendent sa démarche lourde et difficile. Pour m'en emparer, j'allumais un grand feu devant l'entrée du gîte que s'était creusé le phascolome et je dirigeais la fumée vers cette ouverture ; bientôt la pauvre bête, obligée de venir respirer à l'entrée de son logis, montrait sa tête, que j'avais tout bonnement la peine de frapper d'un coup de bâton. Alors je saisissais ma proie mourante et je l'achevais sans résistance.

« Du reste, je ne me livrais pas toujours à des chasses aussi sérieuses et aussi sanglantes ; souvent je poursuivais avec un filet de soie animale les magnifiques papillons dont abonde la Nouvelle-Hollande, et, après les avoir percés d'une petite broche de bois, je les rapportais triomphant à mes sœurs qui les attachaient dans la cabane et cherchaient à reproduire, par leurs broderies, incrustées d'ailes d'insectes et de plumes d'oiseaux, les formes et les couleurs de ces splendides lépidoptères. Le plus beau, le plus éblouissant est, sans contredit, celui que vos naturalistes d'Europe nomment héliconien-antioche et qui déploie quatre ailes d'un noir étincelant. Sur ces ailes tranchent deux barres d'une blancheur

d'argent avec une autre ligne rouge et deux points écarlates. Quand ce papillon voltige dans les airs, on dirait
une feuille d'argent et de pourpre qui tombe du haut
d'un arbre.

« — Vers la fin de l'hiver, quelques inquiétudes trou-
blèrent le calme dont nous jouissions et vinrent nous
soumettre à plusieurs épreuves pénibles, par lesquelles
Dieu, sans doute, voulut éprouver de nouveau notre patience et notre résignation avant de faire sonner l'heure
de la délivrance.

« Mais n'anticipons point sur les événements, Samuel.
Demain je vous conterai les transes que j'éprouvai et
comment la paix de notre désert fut agitée par de nouvelles souffrances. »

En disant ces mots, lady Sara se leva et tendit la main
à Samuel, qui prit congé d'elle ; George donna le bras
au jeune Français, et tous deux se rendirent à l'Opéra,
où dansaient ces deux merveilleuses filles que l'on nommait Fanny et Thérèse Essler, ces deux séduisantes al-
mées pour lesquelles se passionnait alors Paris, oublieux
de celle qu'il adorait naguère; oublieux de Marie Taglioni,
devenue le plaisir et l'orgueil du Nord. Tandis que Samuel applaudissait et s'enthousiasmait, George restait
silencieux et froid.

« Eh quoi! lui demanda son compagnon, quoi! George,
vous qui avez si longtemps vécu privé des jouissances
de la civilisation, n'êtes-vous point sensible à tant de
prodiges de légèreté et de grâce? »

George répondit :

« Je n'y suis point insensible. Mais, sans bien pouvoir

m'expliquer par quels motifs, lorsque je me trouve au milieu de vos fêtes, mon cœur se serre, mon imagination s'attriste et mes souvenirs se reportent vers les déserts du Cap Cuvier. La solitude, quand on a vécu au milieu de son silence, laisse dans l'âme une impression que rien ne peut jamais effacer... Je me suis si long-temps trouvé face à face avec le spectacle d'une nature vierge et sublime, qu'il reste peu de place dans mon cœur pour les émotions de l'art.

— En est-il de même de vos sœurs?

— Oui, mon cher Samuel. Sara et Nelly éprouvent de pareils besoins de solitude. Voila pourquoi nous voyageons sans cesse et nous préférons errer dans les glaciers de la Suisse ou parmi les déserts volcaniques de certaines parties de l'Italie, plutôt que de nous initier aux mystères artistiques de Paris, de Naples ou de Rome, Je vous en fais l'aveu tout bas : un chêne agité par le vent produit une plus vive impression sur mon âme qu'une madone du céleste Raphaël. Aussi voyageons-nous pour les lieux et non pour les hommes. Si vous n'a-viez point été notre ami d'enfance et un objet de ten-dresse pour le père dont nous vénérons la mémoire, rien ne vous eût fait admettre dans notre intimité et dans les confidences que vous avez reçues. Bien peu de person-nes, même en Angleterre, connaissent nos aventures; nous les tenons cachées soigneusement à la curiosité et à l'indifférence. Ce serait une véritable profanation que de livrer au premier venu tant de souffrances de nous trois et tant de vertus de Sara. Car, dites-le-moi, est-il donné à beaucoup de personnes de comprendre ce qu'il a fallu de force à une jeune fille de quinze ans qui vient de voir périr son père sous ses yeux, pour lutter contre le plus affreux destin et ne pas mourir de terreur devant de telles infortunes? Si vous saviez le courage que Sara déployait, si vous aviez vu la majestueuse sérénité de son visage, au milieu des crises les plus douloureuses, vous éprouveriez comme moi la respectueuse émotion qui m'agite chaque fois que je m'approche d'elle! »

En disant cela, des larmes emplissaient les yeux du jeune Anglais, toujours d'une apparence si froide et si réservée.

« Une mère n'est pas plus tendre, plus dévouée, plus sublime dans sa sollicitude qui ne l'était, que ne l'est encore Sara, reprit-il. Forte devant le malheur comme vous l'avez vue, elle tremblait, elle s'alarmait à la moindre inquiétude qui semblait nous menacer. Une fois entre autres, dans une de mes excursions, j'étais monté sur un acacia pour y recueillir un énorme morceau de gomme que je voyais briller parmi ses rameaux ; une des épines de l'arbre déchira profondément ma poitrine, et le sang se mit à couler de ma blessure avec tant d'abondance, que je sentis mes forces s'affaiblir. A peine trouvai-je la force de me laisser glisser jusqu'à terre et de me bander la poitrine avec des mouchoirs de soie animale que fabriquaient mes sœurs. Il me restait une demi-heure de chemin à faire pour regagner notre demeure et je me mis en chemin; mais bientôt mes jambes plièrent sous moi, un vertige troubla ma tête et il me devint impossible, non-seulement de continuer à marcher, mais même de reconnaître le chemin que j'aurais à suivre lorsqu'un peu de repos m'aurait rendu des forces. Car depuis longtemps l'habitude d'errer dans la forêt me rendait inutile la précaution de marquer, de distance en distance, à l'aide d'un caillou tranchant, l'écorce des arbres qui s'élevaient sur ma route et qui devaient me servir de jalons au retour... Affaibli par la perte de mon sang et voyant à peine clair, comment m'orienter? comment trouver assez d'intelligence et de sang-froid pour saisir les mille petits indices qui me dirigeaient les autres fois, quand j'avais toutes les forces de mon intelligence?... Il ne me resta donc qu'à m'asseoir au pied d'un arbre pour y attendre l'accomplissement des décrets de la Providence à mon égard.

« Cependant quand le soir parut, mes sœurs, habituées à me voir de retour avec exactitude avant l'heure de notre dîner, s'alarmèrent et comprirent qu'il fallait qu'un accident grave me retînt dans la forêt. Sara prit aussitôt une des promptes décisions qui la caractérisaient :

« — Reste à la cabane, dit-elle à Nelly, afin que George,
« s'il revient blessé, trouve des secours et quelqu'un
« pour les lui donner. Moi je vais partir avec Oberon pour
« tâcher de découvrir notre frère, qui m'a dit, ce matin,
« devoir se diriger vers la partie orientale de la forêt. »

« En disant cela, elle appela le kangourou, qui sommeillait sur le gazon, lui attacha au cou une lanterne contenant deux ou trois fulgors et prit elle-même dans un mouchoir cinquante ou soixante de ces insectes aux pattes desquels elle eut soin d'attacher un fil de soie. Puis, ces préparatifs terminés, elle se mit en route, précédée d'Oberon, qui semblait comprendre ce que l'on attendait de lui et qui s'en allait, flairant à droite et à gauche, dressant les oreilles au plus léger bruit et s'arrêtant pour mieux entendre.

« A mesure que le chemin parcouru par Sara présentait quelque complication, elle attachait à une branche d'arbre l'un des fulgors, à la patte duquel elle avait noué, comme je vous l'ai dit, un fil de soie. L'insecte, ainsi fixé, devenait un jalon lumineux pour la guider à son retour. Après une demi-heure de marche, tout à coup Oberon s'arrêta, s'assit sur sa grosse queue et dressa les oreilles ; puis, sans hésiter, il se mit à bondir, et Sara ne vit bientôt plus que la clarté de la lanterne, qui sautait comme un feu follet, à travers les arbres et par-dessus les buissons.

« Elle s'orienta sans hésiter sur ce phare de singulière espèce et, après bien des efforts, elle arriva jusqu'au lieu où je gisais. Quand elle m'aperçut, elle se jeta dans mes bras en pleurant ; mais ce tribut à l'émotion et à l'attendrissement dura peu et fit bientôt place à des calculs pleins de justesse et de raison sur les moyens de me ramener au logis. D'abord elle mâcha des feuilles de plantes qu'elle savait être d'une nature douce et sans âcreté ; puis elle les mêla à un peu de graisse épurée dont elle avait eu soin de se munir, et pansa ma blessure de manière à arrêter tout à fait le sang et à intercepter le contact de l'air. Ensuite elle me fit boire un peu de lait de coco et voulut me charger sur ses épaules, mais, au premier effort, elle plia sous le faix et je m'opposai, comme vous le pensez, à toute nouvelle tentative de ce genre. Appuyé sur le bras de Sara, et à l'aide d'un gros bâton, je parvins d'abord à me lever, puis à me trainer lentement et avec des peines inouïes jusqu'à notre habitation. Il fallut bien des fois m'arrêter en route, bien des fois nous fûmes à la veille de renoncer avec désespoir à cette entreprise difficile, mais enfin nous en vînmes à bout, grâce surtout aux fulgors qui nous indiquaient notre route, nous évitaient des détours, et par conséquent toute perte de temps et de force. Oberon, qui était venu me faire mille caresses dès qu'il avait entendu ma voix, n'avait cessé de marcher gravement près de nous, se jetant au milieu de chaque fourré qui se présentait, comme pour briser les rameaux qui pourraient nous arrêter ou nous blesser; enfin sitôt qu'il aperçut la cabane, il s'élança vers Nelly et lui annonça par son retour notre arrivée et la fin de ses inquiétudes.

« La fatigue de la route avait beaucoup enflammé ma blessure, et une fièvre violente se déclara. Il me fallut rester quinze jours au logis, durant lesquels les soins empressés de mes sœurs parvinrent à me guérir ou du moins à rendre ma convalescence assez avancée pour me permettre de nouvelles excursions.

« Vous le voyez, Samuel, quand on compte de pareilles réalités dans son existence, peut-on éprouver beaucoup d'intérêt pour des fictions? Il faut laisser les émotions de l'art à ceux qui n'ont jamais éprouvé les émotions de la nature, à ceux qui vivent de la vie mesquine et rabougrie de la civilisation. Mais à celui dont l'enfance s'est passée au sein d'un désert sauvage, il n'est de spectacle possible que la nature et Dieu. »

George quitta brusquement le bras de Samuel et sortit

du foyer de l'Opéra, où ils se promenaient, sans ajouter une parole.

V

Le lendemain, Sara reprit son récit en ces termes :

« George m'a dit qu'il vous avait conté les inquiétudes que nous avaient causées ses dangers et sa blessure, et comment nos soins et de simples feuilles mâchées et mêlées à des graisses épurées avaient guéri la plaie de sa poitrine. A peine était-je rassurée sur la santé de mon frère, que la santé de Nelly me causa des craintes plus grandes encore ; elle devint pâle et tomba dans une mélancolie profonde ; rien ne parvenait à l'intéresser ; quand je l'interrogeais sur la cause de sa tristesse, elle me répondait qu'elle n'en avait point et versait des larmes. Bientôt une fièvre violente se déclara, le sang se porta vers la poitrine où il l'étouffait, une toux sèche survint et même le délire. Je crus reconnaître les symptômes d'une fluxion de poitrine (pneumonie), mais ne pouvais-je pas me tromper et les moyens curatifs que j'avais vu mettre en œuvre dans une maladie de ce genre dont avait été atteinte jadis une de nos femmes, ne pouvaient-ils pas devenir mortels appliqués à ma sœur? D'ailleurs c'étaient des sangsues ou des saignées, et comment administrer ces remèdes sans sangsues, sans lancette, et surtout sans aucune donnée de cette opération? Cependant l'état de ma pauvre

Nelly empirait de plus en plus ; elle étouffait et il ne nous restait plus d'espérance. Nous étions au désespoir, George et moi !

« Tout à coup mon frère sortit et revint bientôt avec une petite pierre très-menue et tranchante comme une lancette.

« Écoute, Sara, me dit-il, il faut sauver notre sœur, « j'ai vu saigner plusieurs fois dans les hôpitaux où me « conduisait mon père ; je connais la veine qu'il faut « piquer ; tentons cette opération : Dieu ne nous aban- « donnera point. »

« Nous nous agenouillâmes tous les deux, et après une courte et fervente prière nous nous levâmes pleins de confiance et de résolution.

« George prit hardiment le bras de Nelly et fit avec une bande de *spathe* une ligature à l'avant-bras pour le comprimer ; enfin la veine céphalique qu'il fallait ouvrir parut. George se pencha vers le bras, je me détournai et bientôt je l'entendis jeter un cri... J'accourus ; George était pâle comme un spectre et le visage couvert du sang qui jaillissait du bras de Nelly !

« La saignée était opérée, mais ses suites ne seraient-elles point funestes ; c'était là un doute bien cruel et bien terrible ! Quand le coquillage que je tenais se trouva rempli de sang, George dénoua la ligature et posa son doigt sur la veine piquée : le sang s'arrêta aussitôt. Jugez de notre joie ! jugez de notre bonheur ! Une compresse de feuilles et des bandes de soie nous procurèrent un appareil commode et sûr pour panser le bras opéré.

« Dès ce moment la santé de la malade s'améliora sensiblement., elle respira plus à l'aise, la toux cessa, l'oppression disparut, et une sueur abondante, que nous favorisâmes en couvrant de fourrures le lit de ma sœur, amena la convalescence.

« Des bains tièdes achevèrent sa guérison. George établit une baignoire pour Nelly en creusant dans la terre, près de la cabane, un petit fossé dans lequel il plaça deux de ces gros coquillages, de trois ou quatre pieds de dimension, dont on fait des bénitiers dans certaines églises catholiques d'Europe. Un lit de mousse combla les inégalités que formaient au fond de cette baignoire. les bords des coquillages cimentés entre eux par du sable mélangé avec de la terre glaise et de la gomme élastique. Il ne restait plus qu'à faire chauffer de l'eau ; nous y parvînmes en y jetant de grosses pierres plates rougies au feu. Au sortir du bain, j'enveloppais Nelly d'un peignoir de soie animale recouvert de pelleteries et je la ramenais dans sa couche, dont George avait au préalable bassiné les draps de soie animale et les matelas de plumes et de feuilles préparées, avec des pierres chaudes qu'il saisissait à l'aide de pinces de bois.

« Après deux mois entiers de craintes et d'agitation, nous nous retrouvâmes donc paisibles et heureux, quoique sans espérance de revoir jamais l'Europe et notre patrie. Il faut le dire, cette pensée, ce regret, nous venaient rarement. Il nous semblait tellement impossible de nous voir découverts sur cette côte déserte, que nous nous étions fait une habitude de la vie sauvage et que nous nous attendions à la mener tant que Dieu nous laisserait sur la terre.

« Quoiqu'il en soit, la Providence avait décrété que nous quitterions les déserts des côtes du cap Cuvier et que nous reviendrions habiter l'Europe ; car, un dimanche matin, George accourut nous annoncer que l'on apercevait à l'extrémité de l'horizon les voiles d'un bâtiment. Nous éprouvâmes plus de surprise que de joie à cette nouvelle ; néanmoins nous vinmes sur le rivage et nous attendîmes l'issue d'un événement si nouveau pour nous et si peu attendu.

« Nous ne tardâmes point à reconnaitre que le vaisseau se dirigeait vers la côte, et, une heure après, il jeta l'ancre à un quart de lieue de l'île. Bientôt un canot mit à la mer et vint à nous, qui faisions des signaux en agitant des pelleteries au bout d'une perche.

« Le canot aborda non loin de nous et l'officier de marine qui se trouvait à bord tira son épée, comme pour se défendre contre nos attaques. Il essaya de nous parler de loin par gestes ; vous pouvez vous figurer sa surprise quand il entendit George lui répondre en bon anglais. Aussitôt l'enseigne, qui, jusque-là, croyait avoir affaire à quelques-uns des sauvages perfides qui peuplent certaines parties de ces contrées, jeta son sabre et vint à nous les bras ouverts.

« Il nous apprit alors que c'était pour nous découvrir et nous ramener en Europe que naviguait le vaisseau de l'équipage duquel il faisait partie. Une chaloupe contenant quelques personnes du navire de mon père était arrivée à Port-Jackson après une longue série d'infortunes et de chances ; ces personnes avaient raconté le naufrage dont elles avaient été victimes, ajoutant que sans doute quelques naufragés étaient parvenus à gagner la côte. Le major Lachlan Macquarie, gouverneur de la colonie, et proche parent de ma mère, résolut aussitôt d'envoyer à la recherche des victimes du naufrage, et surtout des membres de sa famille, un bâtiment qui parcourut vainement tout le littoral pendant dix-huit mois, et qui allait s'en retourner, désespérant de pouvoir remplir le but de sa mission, quand le manque d'eau le força de s'arrêter devant la partie du rivage où nous nous trouvions.

« Nous quittâmes le soir même notre cabane et les lieux que nous avions habités si longtemps, non sans répandre des larmes, non sans emporter, comme de précieuses reliques, les ustensiles que nous avions fabriqués, nos vêtements de tissu naturel, et la tenture de notre habitation ; non sans emmener Oberon, qui se sentait tout étonné et plein de frayeur à la vue des matelots. Ce fut bien pis quand le roulis du bâtiment commença : le pauvre animal vint se réfugier à mes pieds et il fallut plusieurs semaines pour qu'il consentit à s'éloigner de moi et à parcourir le pont.

« Que vous dirai-je ? quelques semaines après notre départ du cap Cuvier, nous arrivâmes à Port-Jackson, où notre présence produisit une sensation profonde, car nous n'avions point pu, faute de vêtements convenables, quitter nos tuniques d'écorce et de soie animale. George seul avait emprunté les habits d'un mousse.

« Notre parent, le major Lachlan Macquarie, nous accorda une tendre hospitalité et s'occupa de nous préparer les moyens de retourner en Europe, où, sur le bruit de notre mort, d'avides collatéraux s'occupaient déjà de s'approprier la fortune de notre père.

« Pendant que le major prenait de tels soins, nous nous occupions, nous, à remplir les intentions de notre père à l'égard de Diana, et, le lendemain même de notre arrivée, cette bonne et malheureuse fille se trouvait réunie à nous.

« Déjà depuis longtemps elle ne partageait plus le sort des convictes et pouvait retourner en Europe ; mais elle n'avait jamais voulu consentir à quitter l'Australie sans connaître les résultats de l'expédition envoyée à notre recherche.

« Nous proposâmes à Diana une pension assez considérable pour réparer, autant que possible, les malheurs injustes que l'erreur de ma mère lui avait causés. Diana refusa toutes ces offres.

« — Si j'ai bien souffert de l'horible condamnation qui m'accablait, me répondit-elle, la réhabilitation éclatante obtenue pour moi par votre digne père, le voyage qu'il avait entrepris pour venir m'arracher à ces tristes lieux et me ramener en Europe ; voyage, hélas ! qui lui coûta la vie ! votre amitié surtout, ne sont-ils pas d'amples compensations pour mes douleurs oubliées ? Si vous voulez me rendre heureuse, permettez-moi de m'attacher à votre personne, miss Sara, et de ne plus vous quitter désormais. J'ai été élevée au service de votre famille, laissez-moi mourir à votre service.

« Je relevai Diana ; je l'embrassai tendrement, et depuis cette époque, Samuel, elle ne m'a point quittée d'un instant ; elle est revenue en Europe avec nous, elle a été de tous nos voyages, la mort seule nous séparera.

« — Ou bien un mariage, interrompit Samuel.

« — Non, reprit miss Sara, jamais ! Je ne puis répondre des sentiments de George et de Nelly ; mais quant à moi, je sens là que jamais je ne chercherai autre part que près d'eux du bonheur et de l'affection. Quand on a subi les épreuves que nous avons subies, lorsqu'on a été si long-temps tout l'un pour l'autre comme nous l'avons été, il n'est plus possible de se séparer. Depuis notre retour en Europe, des affaires graves ont parfois nécessité de courts voyages de George : ces séparations de quelques instants ont renouvelé pour nous les désespoirs qui nous poignaient lorsque nous le croyions perdu dans les forêts du cap Cuvier. Le malheur et les épreuves de la Providence ont trop étroitement resserré les liens qui nous unissent pour que ces liens puissent jamais se relâcher ! »

Samuel continua de visiter assidûment, pendant le séjour qu'elle fit à Paris, la famille de lord E***. Vers le printemps, miss Sara, sa sœur et George parlèrent à leur ami de leur prochain départ pour l'Allemagne, et en effet ils quittèrent bientôt Paris. Ce fut au moment d'une séparation qui doit durer toujours peut-être, qu'il obtint d'eux la permission de publier le récit de leurs merveilleuses aventures, sous la condition toutefois de n'indiquer que par des initiales le nom, si célèbre en Angleterre, de leur ancienne et illustre famille.

LE BOUQUET DE FLEURS

Grâce à Dieu, les coucous ont disparu presque tout à fait des routes voisines de Paris. Viennent quelques années encore, et il ne restera plus de traces de ces odieuses voitures. Sous prétexte de transporter les voyageurs, les horribles machines livraient les infortunés aux plus cruels cahots, les tenaient en outre exposés à la poussière et au soleil quand la chaleur sévissait avec violence, à la pluie dès les moindres gouttes qui venaient à tomber, et enfin au froid durant l'hiver. Solution étrange du mouvement sans résultat; il leur fallait deux heures pour parcourir une lieue! Je ne parle ni du cocher hargneux, ni de la haridelle poussive, ni des banquettes, maigres planches dépouillées de bourre, ni des étroites entraves dans lesquelles on était réduit à tenir les pieds. En perfectionnant un peu le cou-

cou, un bourreau du moyen âge en eût fait un fort redoutable instrument de torture.

C'est pourtant dans une pareille boîte de douleurs qu'un
matin, et par une pluie légère, fut obligée de prendre place
une personne dont la voiture venait de se briser. Cette
personne accepta son malheur avec une sorte de résignation joyeuse et enfantine, et parut beaucoup s'amuser de
l'idée de terminer en coucou la route qu'il lui restait à
faire. Tandis que ses domestiques s'occupaient activement
de relever la calèche abattue et d'emporter chez le maré-
chal du village l'essieu brisé, le voyageur grimpa sur l'é-
chelle périlleuse qui menait à l'intérieur du coucou, et prit
place au fond, non sans sourire et sans s'émerveiller de la
figure grotesque du cocher, dont les mâchoires avancées,
le nez aplati, le front bas, les grosses épaules et les bras
démesurés semblaient plus dignes d'un orang-outang que
d'un homme. L'automédon ne paraissait point pressé de
partir, et son unique, son inattendu voyageur n'était point
mécontent de ces retards, car il lui manquait des compagnons de route pour compléter son plaisir et ne le laisser manquer d'aucune des amusantes conséquences de sa
situation. Après vingt minutes d'attente, que le voyageur
passa à feuilleter un livre et le cocher à regarder au loin,
hissé sur son siége, sans rien voir autre chose, comme la
sœur Anne du conte de *Barbe-Bleue*, que l'herbe qui ver-
doie et la poussière qui poudroie, il fallut bien pourtant
donner un coup de fouet au cheval. Le cheval gémit, les
roues crièrent, et le voyageur s'élança précipitamment
de la dernière banquette sur la première ; car tels étaient
les soubresauts du coucou, qu'au début des secous-

ses on n'y pouvait résister. De la première banquette il
retourna sur la seconde; mais nulle part on ne trouvait une situation tolérable. Le regret de n'être pas
resté au village pour attendre sa calèche commençait à
s'emparer du pauvre supplicié, quand le cheval s'arrêta.
Une jeune fille, laissant à peine au cocher le temps
d'ouvrir la lourde portière, escalada le marchepied et
s'assit sur la banquette du fond, à côté de celui qui
déjà en occupait une place. Il regarda la compagne
que le hasard lui envoyait, et un demi-sourire épanouit ses lèvres et éclaira son visage, empreint à la fois
de gravité et de douceur. Jamais il n'avait vu plus charmante jeune fille. Rose, blanche, mignonne, ses grands
yeux bleus exprimaient tout ensemble la vivacité et la candeur. Quoique des nuages épais assombrissent le ciel, les
cheveux de l'adorable enfant semblaient dorés par un
rayon de soleil. Elle déposa à ses pieds un panier plein
de fleurs, rajusta les rubans bigarrés de son joli petit
bonnet de tulle, et parcourut d'un coup d'œil tour à tour la
voiture, le cocher et l'inconnu qui se trouvait à ses côtés :

«Grâce à Dieu, je suis arrivée à temps!» dit-elle avec joie.

Puis, sans s'apercevoir des rudes cahots de la voiture,
à l'aise comme sur le plus moelleux fauteuil, elle se mit à
regarder, par les vitres, la plaine, les arbres, la route, et
les petits oiseaux qui venaient gaiement saupoudrer leurs
ailes dans la poussière à peine humide des ornières. Bientôt pourtant la pluie fouetta si violemment ces vitres,
qu'il ne fut plus possible à la jolie curieuse de rien voir.
Sans témoigner d'humeur, elle prit son panier sur ses
genoux, sortit les fleurs qu'il contenait, et voulut les ar-

ranger en bouquets ; mais elle se hâtait si fort, que le
bouquet ne prenait guère tournure avenante, et que le
voisin de la ravissante maladroite ne put réprimer un
léger sourire. Elle leva la tête vers lui par un gracieux
mouvement d'oiseau, et dit en rougissant un peu, mais
sans dépit :

« Je fais mal, n'est-ce pas, monsieur? »

Il répondit par un signe amical d'affirmation.

Elle essaya de mieux faire, mais sans y réussir. Deux ou
trois fois, les fleurs, combinées de façons diverses, formèrent un assemblage lourd et saugrenu : elle finit par déses-
pérer de réussir jamais.

Le voyageur suivait des yeux ses efforts.

« Vous devriez bien, monsieur, dit-elle, cette fois avec
un léger dépit, et surtout avec cette charmante autorité
que donnent la jeunesse, la beauté et l'innocence, vous
devriez bien être assez bon pour m'enseigner comment
je dois m'y prendre. »

Il sourit à cette proposition, qui parut l'amuser beaucoup, et répliqua :

« Volontiers, mademoiselle. »

Elle posa sur ses genoux toutes les fleurs et le regarda
faire. Quand elle eut compris le procédé qu'il employait
devant elle, la jeune fille l'imita si bien, qu'au moment
où le coucou arriva à la barrière deux jolis bouquets se
trouvaient achevés. Cependant, il faut en faire l'aveu,
l'élève avait surpassé le maître : ce dernier le confessa
généreusement.

La petite prit les deux bouquets, les plaça dans le panier, et un silence profond remplaça l'intimité qu'avait

amenée la leçon du professeur de bouquets entre son écolière et lui.

Cependant le coucou approchait du terme de sa course, La jeune fille paraissait préoccupée d'une idée qu'elle semblait ne point oser émettre. A la fin, cependant, ses joues se couvrirent d'une adorable rougeur, et elle dit :

« Si monsieur voulait accepter un de mes bouquets, il me ferait bien plaisir.

— Merci, mon enfant; vos fleurs sont bien belles, mais je ne dois point en priver les personnes à qui vous les destinez. »

L'argument parut irrésistible à la jeune fille, car elle n'insista pas; seulement elle détacha du bouquet le plus bel œillet qu'elle put trouver, et le présenta à son voisin.

Cette fois il prit la fleur et la plaça près du ruban rouge qui se nouait à sa boutonnière.

La jeune fille parut toute joyeuse du cas qu'il faisait de son cadeau. En ce moment la voiture s'arrêta : on était arrivé.

La petite voyageuse sortit la tête par la portière et la rentra bien vite.

« Il pleut à verse! » s'écria-t-elle. Et elle porta un regard d'inquiétude sur sa jolie robe de toile peinte, sur son tablier noir et sur les brodequins neufs qui dessinaient élégamment son tout petit pied.

« Mademoiselle, dit avec bonté l'étranger, vous avez partagé votre bouquet avec moi, permettez-moi de vous offrir une place dans le fiacre que je vais charger le cocher d'aller me chercher. »

Le riche pourboire qu'il remit, en achevant ces paroles, au vieux bourru, donna presque de la belle humeur et de l'obligeance à ce dernier. Il courut de son plus vite, ramena un fiacre, ouvrit la portière, et tint suspendu en guise de parapluie, sur la tête de la jeune fille, un pan de sa large redingote.

« Où dois-je vous conduire ? demanda celui qui s'amusait beaucoup de l'innocent laisser-aller avec lequel la grisette acceptait sa protection.

—Rue du Pas-de-la-Mule, n° 3. »

En quelques minutes le fiacre était arrivé devant la maison indiquée.

L'inconnu employa, pour préserver la coiffure de la jeune fille, le procédé que le cocher de coucou avait mis en usage naguère. Quand il l'eut amenée ainsi saine et sauve à l'entrée du corridor qui servait de vestibule, il reçut les remerciments de la petite voyageuse, qui finit par lui offrir de se reposer quelques instants chez elle.

Cette proposition sembla l'amuser beaucoup ; il l'accepta avec un empressement plein d'enfantillage et de gaieté.

« Puisque j'ai enseigné l'art de faire des bouquets à cette enfant, je puis bien lui rendre une visite, » se dit-il ; et, devancé par la grisette, il monta gaiement quatre étages. Elle frappa : la porte s'ouvrit ; une vieille femme, suivie de deux petites filles, accourut aussitôt.

« Marie ! Marie ! s'écrièrent-elles en se jetant dans ses bras. Petite mère, bonjour ! »

Elle les embrassa, elle les caressa, elle les cajola, tendit ses joues à la vieille femme, et se souvint seulement alors du compagnon qu'elle avait amené.

« Pardonnez-moi, monsieur, lui dit-elle naïvement, mais je vous avais oublié.

—Et je ne m'en plains pas, mademoiselle; vos jolies petites sœurs, madame votre mère sont des excuses plus que suffisantes.

—Ce ne sont pas mes sœurs, ce sont mes enfants, monsieur !

— Vos enfants !

—Ses enfants d'adoption, interrompit la vieille femme. Figurez-vous, monsieur, que ma fille, une pauvre veuve, ruinée par la mort de son mari, honnête et laborieux ouvrier, succomba au chagrin, dans la mansarde qui se trouve au-dessus de ce petit appartement, et me laissa seule et sans ressources avec ces deux orphelins. Il nous fallait donc recourir à l'hôpital, car à mon âge, et infirme comme je le suis, je ne pouvais rien ni pour moi ni pour ces pauvres créatures. On parla de mon désespoir dans la maison, et le soir j'entendis frapper à ma porte : c'était Marie, monsieur.

« —Mère Marguerite, me dit-elle, moi aussi j'ai perdu ma
« mère il y a trois mois. Je suis seule au monde, sans fa-
« mille! Vous et ces deux enfants vous serez désormais la
« mienne. »

« Et depuis ce temps-là, monsieur, elle nous fait demeu-
rer avec elle. Par malheur, et c'est un grand chagrin pour moi, monsieur, la généreuse enfant travaille jour et nuit pour subvenir aux charges qu'elle s'est imposées et ne peut y parvenir. Chaque mois, il faut qu'elle dépense un peu d'un capital de quinze mille francs que lui a laissé sa mère. Si j'étais seule, je me serais déjà enfuie, pour ne pas ruiner ma bienfaitrice. Mais ces deux enfants me retiennent et m'ôtent tout courage. Il faudrait les mener à

l'hôpital, monsieur!... A l'hôpital les enfants de ma fille!»

Marie, pendant que Marguerite parlait, se tenait les yeux baissés, honteuse et confuse, comme si l'on eût révélé d'elle une mauvaise action.

«J'étais orpheline; je ne pouvais demeurer seule, sans protection, sans affection, interrompit-elle comme pour s'excuser. Marguerite veille sur moi, ses enfants m'aiment; n'est-ce pas que je suis obligée, monsieur?

—Vous êtes une bonne jeune fille, mademoiselle Marie, répliqua-t-il d'une voix émue. Vous méritez que l'on vous témoigne de l'intérêt, et je vais vous prouver celui que je prends à vous,... en vous grondant. Oui, en vous grondant! Écoutez-moi, chère petite, il ne faut point voyager seule ainsi dans les voitures publiques.

—Monsieur, interrompit Marguerite, elle a été, pendant huit jours, travailler de son état de couturière chez madame la marquise de Saint-Vincent, qui la protége.

—Voilà qui est bien; mais rappelez-vous, Marie, qu'il ne faut point causer avec les voyageurs que vous ne connaissez point; qu'il faut encore moins faire des bouquets avec eux; qu'enfin une jeune fille ne doit pas se laisser reconduire en voiture par un inconnu. Dieu a voulu, cette fois, que vous rencontriez un homme à qui votre beauté et votre innocence ont inspiré l'admiration et le respect que l'on a pour les anges. Beaucoup d'autres eussent pu lâchement abuser de votre candeur. Soyez donc à l'avenir prudente et muette en coucou, et laissez plutôt mouiller votre joli bonnet que d'admettre chez vous un étranger.

«Maintenant, pour prix de ma leçon, permettez-moi de

donner un baiser à votre front si pur, et d'embrasser, sur leurs bonnes grosses joues, ces deux charmantes petites filles qui vous appellent leur mère. »

Il effleura de ses lèvres le front de Marie, glissa deux pièces d'or dans les mains des enfants, qu'il prit sur ses genoux, et sortit sans se nommer.

« Voici un bien bon monsieur, dit Marie.

— Nous prierons ce soir pour lui, ajouta Marguerite, car il vous a donné de sages conseils, mon enfant. »

Marie s'attendait à revoir l'inconnu qui s'était montré si bienveillant pour elle. Huit mois s'écoulèrent néanmoins sans qu'il revînt, et ces huit mois se passèrent bien péniblement pour la pauvre jeune fille ! Pendant leur durée, longue et douloureuse, elle versa presque autant de larmes qu'aux jours de désespoir où elle voyait lentement mourir sa mère. Ce fut d'abord la vieille Marguerite qui tomba malade ; après cela vint le tour des deux petites filles, Lydie et Zénaïs. Il fallut que Marie suffît à les soigner toutes les trois, sans quitter leur chevet ni le jour ni la nuit. Aussi, quand Dieu mit un terme à ces épreuves pénibles, quand la vieille femme et les deux enfants entrèrent presque à la fois en pleine convalescence, il ne restait plus rien, sur les joues naguère si roses de Marie, de leur fraîcheur merveilleuse. Pâle, amaigrie par les veilles, par la fatigue et par les inquiétudes, elle semblait avoir vieilli de cinq ou six ans. Des illusions de l'adolescence elle était passée brusquement à la réalité de la raison. Maintenant elle envisageait sérieusement la vie, et, mère avant d'avoir cessé d'être jeune fille, elle connaissait toutes les amertumes de la maternité.

Naguère un sourire de bonheur entr'ouvrait les lèvres de ceux qui la rencontraient, rayonnante de son innocence et de sa beauté; maintenant on se sentait ému d'un mystérieux attendrissement, en présence de sa mélancolique résignation et de sa douce fermeté.

Une fois la maladie et la crainte hors du logis, il fallut y ramener l'ordre et le travail. Le médecin et l'apothicaire avaient fait une large brèche à la petite réserve léguée à Marie par sa mère : elle se mit courageusement à l'œuvre pour ne plus se voir forcée désormais d'y recourir.

Un matin que, entourée des deux enfants, elle leur enseignait à coudre, tout en cousant elle-même depuis le lever du soleil, elle entendit la vieille Marguerite jeter un cri de surprise et de joie.

« C'est vous, monsieur! disait-elle : vous ne nous avez donc point tout à fait oubliées ! »

La porte s'ouvrit, et le mystérieux ami de cette famille laborieuse entra dans la petite chambre. Il portait un uniforme que ne connaissait point Marie; plusieurs décorations brillaient sur sa poitrine.

« Je croyais que vous ne pensiez plus à votre élève, monsieur? fit en souriant la jeune fille.

—Mon enfant, je n'ai point cessé de m'occuper de vous, et j'espère vous en donner bientôt la preuve. Je désire que vous veniez tout de suite avec moi. Voulez-vous vous faire belle et m'accompagner?

—Où donc voulez-vous me mener, monsieur?

—C'est mon secret. Hâtez-vous; je vous donne dix minutes pour faire une ravissante toilette. Le joli bonnet à rubans chamarrés, la robe rose, le tablier noir et les mignons brodequins existent-ils encore?

—Hélas ! monsieur, je ne m'en suis point parée depuis le jour où je vous ai rencontré. Ils n'ont point quitté cette armoire.

— Tant mieux ! c'est le costume que je désire vous voir. A l'œuvre donc, mon enfant! Dix minutes, vous entendez, pas plus. »

Il tira de sa poche un sac de bonbons, le distribua aux deux petites filles, et s'informa gravement des progrès qu'elles faisaient dans la science si difficile de la lecture. D'abord effarouchées, les espiègles finirent par se familiariser si bien avec le monsieur, qu'elles prenaient son chapeau et qu'elles grimpaient sur ses genoux, quand Marie sortit de son cabinet de toilette, délicieuse de recherche et de propreté.

«Vous voilà telle que je voulais, dit l'inconnu. Embrassez vos enfants et dame Marguerite, car je compte bien ne vous ramener ici que fort avant dans la soirée. »

Il lui présenta son bras, sur lequel Marie ne s'appuya qu'avec timidité. Quand ils eurent descendu l'escalier, la jeune fille vit une voiture qui les attendait à la porte; non pas, cette fois, un fiacre, mais un landau, moins élégant d'ailleurs que commode. Le cocher fouetta ses chevaux, traversa une partie des boulevards, se dirigea vers l'autre côté de la Seine, entra dans la cour de l'Institut et s'arrêta devant un des perrons extérieurs. Le guide de Marie lui prit la main et la fit monter par un escalier dérobé. Une petite porte s'ouvrit brusquement, et la jeune fille se trouva au milieu d'une assemblée immense et brillante. Tous les yeux se fixèrent à la fois sur celui qui l'accompagnait et sur elle. Marie se sentit vivement émue, ses yeux s'emplirent de larmes.

« Mon enfant, lui dit son protecteur, il y a dans cette assemblée une femme qui désire beaucoup vous connaître: c'est la mienne. Je vais vous placer près d'elle. »

Il conduisit la jeune fille à une dame pleine de distinction et de bonté, qui accueillit la grisette avec une bienveillance affectueuse. Elle prit sa main dans ses mains, et une voix s'éleva pour dire :

« La séance est ouverte. »

Alors plusieurs personnages, revêtus du même uniforme que portait l'ami de Marie, prirent place autour d'une grande table, et l'un d'eux prononça un discours dans lequel il raconta de nobles et belles actions.

«Nous avons réservé, dit-il, pour terminer cette série d'actes charitables et vertueux, le dévouement naïf d'une jeune orpheline qui s'est faite la mère de deux autres orphelines et la fille d'une septuagénaire. Afin de la secourir, et de ne point se séparer d'elle, non-seulement elle a passé les nuits à travailler, mais encore elle n'a point hésité à sacrifier une partie du petit héritage que lui avait laissé sa mère. Enfin, depuis six mois, Dieu a voulu éprouver de nouveau le courage de la jeune fille; la maladie a frappé les trois personnes adoptées par elle. L'orpheline a épuisé ses forces, sa santé et ses ressources à leur prodiguer ses soins, et n'a point succombé au découragement, seule durant si longtemps, en présence de trois mourantes. Aussi, messieurs, n'hésitons-nous pas, sur la proposition de notre illustre collègue, M. George Cuvier à vous proposer de décerner un prix de trois mille francs à Marie Benoît. »

Des applaudissements éclatèrent dans toutes les parties de la salle. On se leva pour voir la jeune fille; les femmes lui jetèrent leurs bouquets de fleurs. Tandis que, les yeux pleins de larmes d'attendrissement, elle croyait faire un rêve, le grand naturaliste la prenait par la main et la conduisait au président, qui lui remettait le prix si dignement mérité.

« Oh! monsieur, dit-elle, oh! monsieur! que vous me rendez heureuse!

— Mon enfant, reprit l'homme célèbre, cette journée est une des plus belles de ma vie! »

La solennité terminée, M. Cuvier ramena chez lui, au Jardin des Plantes, sa jolie protégée; la jeune fille dina avec la famille de l'académicien, et le soir, au moment de partir, elle reçut un petit portefeuille de maroquin vert.

« Vous avez dépensé cinq mille francs des quinze mille que vous avait légués votre mère; madame la Dauphine me charge de vous remettre cette somme; il y a encore là le brevet d'une pension de douze cents francs sur la cassette du roi. Vous le voyez, Marie, le travail, la vertu et la charité portent bonheur. Adieu; vous viendrez tous les quinze jours, le dimanche, dîner au Jardin des Plantes avec ma fille, avec ma femme et avec moi. »

Je vous laisse à penser la joie et le bonheur que Marie rapporta au logis! quelles bénédictions sortirent des lèvres septuagénaires de Marguerite, et avec quelle ferveur toute cette heureuse famille adressa, le soir, ses prières à Dieu!

Le lendemain de cette journée, qui lui semblait encore un songe, Marie travaillait près de sa fenêtre : malgré elle, le souvenir de tout ce qui lui était advenu la veille faisait tomber son ouvrage de ses mains et la jetait en de longues et douces rêveries, lorsque tout à coup ses regards, qui erraient vaguement, s'arrêtèrent sur la maison d'en face. Des prêtres en sortaient, emmenant un cercueil. Derrière eux marchait un jeune homme qui pleurait avec amertume... Il suivait le cercueil de sa mère. Marie ne put retenir ses larmes, car elle se sentait émue de compassion et partageait la douleur du jeune homme en se rappelant le jour où elle aussi avait vu emmener le cercueil de sa mère.

Soit hasard, soit que Dieu le voulût ainsi, le jeune homme leva la tête et vit les pleurs de la jeune fille ; il comprit qu'elle le plaignait. Par cette compassion inattendue, il se sentit un peu moins désespéré au milieu de sa cruelle douleur. Il lui semblait qu'il n'était plus tout à fait abandonné sur la terre.

Le soir, quand il rentra dans la chambre déserte où il ne trouva plus sa mère, il ouvrit la fenêtre et se mit à regarder, à travers les vitres, éclairées par la lueur d'une lampe, Marie, qui travaillait, entourée des enfants et de Marguerite.

Un mois s'écoula, après lequel, un matin, M. Cuvier vint rendre visite à sa protégée. Quand il sortit, un jeune homme de bonne mine et vêtu de noir l'attendait près de sa voiture.

« Pardonnez-moi, monsieur, dit-il, mais je voudrais avoir l'honneur de vous parler. C'est quelque chose qui intéresse mademoiselle Marie. »

Cuvier le fit monter dans la voiture et asseoir près de lui. Le jeune homme raconta qu'il s'appelait Philippe T..., qu'il était ouvrier imprimeur; qu'il aimait mademoiselle Marie et qu'il voudrait l'épouser.

« Je ne suis point sans ressource, dit-il; j'ai une petite rente de mille francs, et je gagne sept francs par jour chez mon patron. Enfin, monsieur, je mène une vie régulière et ne manque point d'éducation. Mademoiselle Marie serait heureuse avec moi ; du moins j'y ferais tous mes efforts. »

Cuvier remonta chez Marie.

« Un jeune homme, votre voisin d'en face, vient de me parler de vous, Marie. »

Une rougeur éclatante couvrit les joues de la jeune fille.

« Voilà qui paraît de bon augure pour lui, reprit le naturaliste; il est inutile d'ajouter qu'il vous aime et qu'il vous demande en mariage.

— Mon cher protecteur, reprit Marie, remise de son émotion, et après un moment de silence, la demande d'un honnête homme qui veut faire de moi sa femme, et qui s'adresse à vous pour me transmettre cette demande, ne devrait que m'honorer. Mais je dois vous donner quelques explications avant de répondre, ou plutôt, quand vous m'aurez entendue, vous répondrez vous-même pour moi.

« Mon père appartenait à une famille de marchands de nouveautés; il épousa ma mère, héritière d'un nom célèbre; le mariage se fit malgré les deux familles : de là bien des chagrins et bien des épreuves terribles. Tous les deux y ont succombé; voilà pourquoi je suis orpheline et seule au monde. Malgré cet abandon et quoique pauvre, monsieur, j'hésite à n'épouser qu'un simple ouvrier. Si j'ai tort, je saurai bien triompher de ce scrupule. Dites, que me conseillez-vous?

— Je vais reporter mot pour mot notre conversation à Philippe; c'est lui qui décidera la question.. »

Et il alla tout raconter au jeune homme, qui l'écouta la tête baissée.

« Eh bien, que résolvez-vous?

— Monsieur, répondit-il, priez mademoiselle Marie d'attendre deux ans avant de penser à un autre mariage. Je lui demande cette grâce au nom de ma mère et de la sienne, qui, toutes deux, nous regardent du ciel. D'ici là, je saurai conquérir un nom et une position dignes d'elle. »

Cuvier gravit de nouveau les quatre étages de Marie, et lui rapporta la réponse de Philippe.

« Cette fois, monsieur Cuvier, dit-elle après un moment de réflexion, j'irai porter moi-même ma réponse à M. Philippe. N'est-ce pas votre avis, et ne pensez-vous pas que je ferai bien de me placer sous la protection d'un si noble cœur? »

- Marguerite alla prévenir Philippe de monter.

« Monsieur, lui dit Cuvier, je vous présente votre fiancée. »

Philippe ne put retenir les larmes qui remplissaient ses paupières, et les sanglots de bonheur qui gonflaient sa poitrine.

Trois mois après, le repas de noces eut lieu au jardin des Plantes, chez M. Cuvier.

Aujourd'hui Philippe est devenu un de nos plus habiles et de nos plus riches imprimeurs. Marie a aidé puissamment Philippe dans les nobles efforts qu'il a faits.

Il y a dans le salon de la jeune femme un buste en marbre de Cuvier et un bouquet desséché.

Ai-je besoin de vous dire que jamais elle ne regarde sans une vive émotion le buste et le bouquet?

RÉSURRECTION D'UNE FOUGÈRE

Un des phénomènes les plus étranges de la nature est, sans contredit, la suspension de la vie pendant un temps assez long.

J'ai pu étudier ce phénomène, depuis deux ans et jour par jour, sur deux sousliks, mâle et femelle. Les sousliks sont de charmantes marmottes en miniature, grosses comme des mulots. Gais et familiers dans leur état normal, ils tombent en léthargie, soit que le thermomètre descende à deux ou trois degrés centigrades au-dessous de zéro, soit qu'il monte à dix-huit ou vingt degrés. La chaleur comme le froid les jette, non dans un sommeil absolu, mais leur donne presque les apparences de la mort. On peut les prendre dans leur nid, composé d'une épaisse couche de ouate, sans qu'ils opposent la moindre résistance. Ils ressemblent à un animal qui viendrait de mourir ; ceci est pour l'été. L'hiver, malgré une température de quinze degrés qu'on entretient le jour dans la chambre où se trouve leur cage, ils deviennent non-seulement inertes, mais encore froids comme un cadavre. Ils ne mangent point ou très-peu, à de rares intervalles, et toujours la nuit, c'est-à-dire au moment le plus froid de la journée, puisque alors la chambre n'est plus chauffée.

Ces phénomènes se rencontrent non seulement chez certains mammifères, mais encore chez plusieurs oiseaux, chez les reptiles et chez les insectes. Quelques hirondelles, les couleuvres, beaucoup de batraciens et tous les insectes, hivernent ainsi. Les araignées, dès que le froid sévit, se pelotonnent sur elles-mêmes, s'entourent d'un suaire de soie, et attendent le renouveau pour se dégourdir, restaurer leurs toiles et recommencer leurs chasses avec le retour de leur petit gibier ailé. Or cela dure bien six mois, de novembre à avril. Quand le hasard vous les fait découvrir, elles semblent mortes comme les loirs, les campagnols et les souslicks. Exposez-les à une température modérée, car une chaleur trop vive les tuerait, vous les verrez peu à peu se dégourdir et renaître avec une grande vivacité. Placez-les de nouveau et graduellement dans un lieu froid, elles retomberont dans la torpeur, et vous pourrez les conserver en cet état jusqu'au printemps. Un savant de mes amis, durant quatre ou cinq ans, a gardé ainsi au bord d'une glacière plus de cent espèces d'insectes enfermés pêle-mêle dans une boîte avec un peu de coton. Il les avait tout à fait oubliés quand, un jour d'été, le hasard lui fit retrouver la boîte. Il l'ouvrit, et, une heure après, comme la Belle au bois dormant, tous les prisonniers s'éveillèrent de leur sommeil d'un lustre et s'éparpillèrent dans le jardin, aussi vivaces qu'ils l'avaient jamais été.

Jusqu'à présent, toutefois, on ignorait que certaines plantes pussent pousser encore plus loin que les insectes la suspension de la vie.

Un botaniste anglais vient de publier à ce sujet, dans le *Physiologist*, une note des plus curieuses.

Le 21 octobre 1856, il trouva dans le pays de Galles, sur le versant d'une montagne, une grande quantité de très-fortes touffes de *Cryptogamma crispa*. Se rappelant qu'un de ses amis, qui habite près de Londres, lui avait témoigné le désir d'ajouter cette espèce à une collection de fougères qu'il cultive, il choisit quelques jolies touffes dont le volume n'était pas assez considérable pour en rendre le transport trop difficile ; il en secoua la terre et les plaça toutes sèches dans son sac de voyage.

Le 25 du même mois, arrivé à Londres, il porta les fougères chez son ami ; mais il en oublia une qu'il n'aperçut que lorsqu'il vida complétement son sac : il la mit alors, sans la moindre précaution, dans une boîte de fer-blanc vide. A la fin du mois d'avril 1857, le hasard lui fit de nouveau jeter les yeux sur cette boîte, où il trouva, en l'ouvrant, son pied de *Cryptogamma crispa* tellement desséché, qu'il voulut d'abord le jeter. Cependant il eut ensuite l'idée de le planter dans un pot à fleurs ; il l'arrosa, le couvrit d'une cloche et plaça le pot à l'exposition du levant. Sa surprise fut grande lorsque, après une semaine, il reconnut que la plante donnait signe de vie. Bientôt après il la vit pousser, et, le 25 mai suivant, elle était en pleine et même en vigoureuse végétation.

Ainsi cette fougère s'est conservée vivante pendant six mois, bien qu'elle soit restée pendant ce temps sans humidité et qu'elle n'ait pas reçu le moindre soin.

De là l'auteur conclut qu'on pourrait tirer parti de la remarquable vitalité des fougères pour les transporter des pays éloignés ; car, dit-il, peu de voyages durent six mois. Il attribue la conservation de la vie dans la plante, d'abord à ce que, en la prenant au lieu où elle avait crû naturellement, il avait commencé par en secouer la terre et tous les débris parmi lesquels elle végétait, sans endommager du tout ni le rhizome ni les racines ; en second lieu, à ce qu'il l'avait laissée complétement à sec pendant l'hiver.

Quoi qu'il en soit, voici une plante morte parfaitement ressuscitée ! Voici un brin d'herbe sec qui reverdit et qui refleurit.

Je ne pense pas qu'on sache d'autre exemple d'un fait qui cependant devrait être bien vulgaire.

Il n'a pas fallu cependant moins de quatre mille ans pour qu'un botaniste découvrit qu'une fougère pouvait renouveler les miracles du phénix et renaître, sinon de ses cendres, du moins de son baliveau desséché. « Ah ! la science humaine, la science humaine ! comme le répétait souvent, en fourrageant sa perruque, Ampère, une des plus vastes intelligences scientifiques, un des génies les plus sûrs et les plus féconds du dix-neuvième siècle, ah ! la science ! la plupart du temps, c'est du hasard. »

LA SOCIÉTÉ PROTECTRICE DES PLANTES

L'autre soir, au bal, je fus accosté par un de nos plus charmants écrivains, dont l'âge et les *neiges d'antan* n'altèrent ni la verve étincelante ni le piquant esprit de paradoxe.

Au moment où il posa sa main sur mon épaule, je regardais avec admiration une grande corbeille de bronze doré, remplie jusqu'aux bords de bouquets de lilas blanc.

« Dites-moi, me demanda-t-il en souriant, et me prenant par la boutonnière, ce qui est son geste favori ; dites-moi, puisqu'il existe une Société protectrice des animaux, pourquoi ne créerait-on pas une Société protectrice des végétaux ?

« On m'alléguera, je le sais bien, que, depuis quelques années, on a fait beaucoup à Paris pour l'amélioration du

sort des arbres. On en a planté partout; on en a même
enveloppé quelques-uns de véritables robes de chambre ;
on a donné à d'autres des colliers en fer-blanc, entonnoirs utiles sans doute, mais qui rendent parfaitement
ridicules ceux qui les portent.

« Voilà pour les arbres; mais pour les fleurs ?

« Hélas ! Paris est l'enfer des fleurs ! On les coupe de
leur tige pour en remplir des vases où elles se fanent en
peu d'instants; on les loue, pour orner, durant les nuits
de bal, de salons où l'ardeur des lumières et le manque
d'air les asphyxient et les tuent; on les dispose sur des
escaliers où le froid les gèle; enfin, c'est là le pire, on les
soumet à d'horribles tortures, soit pour en obtenir des
phénomènes de précocité, soit même pour altérer leur
nature et leurs couleurs !

« De ce nombre sont surtout les lilas.

« Les lilas ! savez-vous ce que coûte de souffrances à de
pauvres arbustes un bouquet de lilas blanc, comme ceux
dont il se vend, chaque jour, des milliers pendant l'hiver?

« Écoutez ! et frémissez !

« Pour obtenir du lilas blanc *forcé*, on a reconnu qu'il
fallait, lorsque la fleur se développe, la soustraire à l'influence de la lumière. Mais comme, d'autre part, en
soustrayant les fleurs à la lumière, on s'expose à déterminer l'étiolement des feuilles et à rendre flasques les rameaux qui les supportent, voici les moyens cruels qu'on
met en œuvre afin d'avoir, en plein cœur d'hiver, du
lilas avec des feuilles vertes et des tiges solides.

« On plante les lilas dans la pleine terre d'une serre; on
les enfonce au-dessous du sol; on leur cache entièrement

les rayons du soleil; enfin, pendant le nombre de jours nécessaires pour déterminer l'ouverture des bourgeons et la sortie des inflorescences, on les soumet à la fois à une lumière diffuse et à une température calculée.

« Toute faible qu'elle soit, cette lumière diffuse permet le développement des feuilles, et, par une conséquence naturelle, donne aux pousses une fermeté convenable.

« Les feuilles que portent les rameaux se montrent donc, à la fin de la première période de la culture forcée, colorées d'un vert tendre analogue à la teinte qui caractérise la feuillée, née au printemps dans les conditions normales.

« Lorsque la végétation des lilas a fait assez de progrès pour que les boutons de fleurs ne puissent tarder à s'ouvrir, le traitement qu'on applique aux arbustes subit une modification importante.

« A la température élevée, on joint une obscurité presque continuelle.

« Dans ce but, on applique sur les vitres de la serre des panneaux de bois goudronnés dont on soulève seulement un petit nombre, d'espace en espace, pendant quelques heures de la journée.

« Les lilas restent donc plongés dans une obscurité à peine interrompue, à de certains moments, par une lumière diffuse très-affaiblie.

« Cette seconde période de supplice, qui dure, en moyenne, deux jours, empêche le principe colorant des corolles de se développer, tandis que les feuilles qui s'étaient formées et qui avaient verdi auparavant ne se modifient pas sensiblement.

« Au contraire, les feuilles qui naissent pendant ces deux jours restent plus ou moins jaunâtres et visiblement étiolées. Leur nombre toutefois est petit, et on les coupe.

« Le lilas obtenu par tant de précautions et de labeurs se distingue par sa blancheur, par la fermeté de ses rameaux florifères, par son ampleur et par la belle verdure de la plupart des feuilles qui l'accompagnent. Dès qu'on l'a détaché du pied qui l'a produit, il ne se colore plus sous l'influence de la lumière. On peut en conserver des bouquets pendant une semaine, près d'une fenêtre, sans que la moindre teinte s'y manifeste.

« Un renversement singulier s'opère dans les périodes de la végétation des lilas pendant leur culture forcée.

« On sait qu'habituellement, sous les influences réunies de la lumière et de la chaleur, les plantes croissent le jour, tandis que la nuit amène pour elles un temps d'arrêt dans leur développement.

« Le contraire a précisément lieu quand on les soumet à la culture artificielle que nous venons de décrire.

« Pendant la nuit et pendant une partie de la matinée, les panneaux de bois goudronnés restent appliqués sur les vitres des serres, dans lesquelles on entretient une température d'environ 35° c. Pendant le jour, au contraire, on laisse descendre la température à 18° ou 24° c.

« Eh bien, c'est pendant que la serre, fortement chauffée, reste plongée dans l'obscurité, que le développement des pousses s'opère avec une rapidité remarquable.

« Est-ce assez de tortures? Attendez, vous n'êtes pas au bout.

« Quand les pieds de lilas ont fourni leur moisson parfumée de fleurs, on les arrache pour qu'ils fassent place à une nouvelle plantation; on les laisse sécher et on les brûle.

« J'emprunte textuellement cette phrase barbare à un rapport de M. Duchartre à la *Société d'horticulture.*

« Pour se faire pardonner des paroles si cruelles, que le savant botaniste s'amende bien vite et fonde une Société protectrice des végétaux! qu'il s'en proclame le président! Que cette chronique soit pour lui la voix qui criait à saint Paul sur le chemin de Damas : « Pourquoi « me persécutes-tu? »

« Il me reste encore à signaler un autre coupable, l'auteur de tant de tortures ingénieuses appliquées aux fleurs. Il se nomme M. Laurent. Ses magnifiques serres, j'allais dire ses chambres de tortures, s'élèvent rue de Lourcine. Je demande qu'au printemps, en expiation de ses ingénieux, lucratifs et féroces procédés, il fasse amende honorable à deux genoux devant une touffe odorante de lilas étalant en plein air et en plein champ ses luxuriantes grappes de fleurs. Je demande que cette cérémonie expiatoire ait lieu en présence de l'Académie impériale d'horticulture, qui, dans deux rapports, a fait l'éloge de M. Laurent, et que chacun des membres tienne à la main, en guise de cierge, un arrosoir dont il ait à verser l'eau pure sur un arbuste libre, vrai et heureux.

« Je demande enfin que toutes les belles Hérodiades qui placent sur leur sein, en guise de bouquets, les têtes de ces pauvres lilas, décapités après tant de souffrances, prennent part à la solennité... Et comme il faut toujours avoir en miséricorde les pécheurs, Dieu veuille pour elles qu'il n'y ait rien de vrai dans la métempsycose!

« Socrate, voyant un jour un jeune garçon briser les branches d'un arbrisseau pour en butiner les fleurs, lui cria : « Dépouille-le, mais ne le tue pas ! Disciple de « Pythagore, qui sait si tu ne seras pas un jour toi-même « un arbrisseau ? »

« Ce jeune homme, soit dit en passant, était Alcibiade, qui dans sa vie brisa bien d'autres choses, hélas ! que les branches d'un buisson ! »

En achevant ces mots, sans me laisser le temps de lui répondre, mon ami s'éloigna brusquement, pour aller, sans doute, recommencer près de quelque autre invité son amusant paradoxe.

INVENTEURS

ET SAVANTS

UN TEINTURIER

Personne ne connaît moins Paris que les Parisiens.

Bon nombre d'entre eux n'apprendront peut-être point sans surprise qu'il se trouve dans la capitale de la France, qu'ils habitent depuis tant d'années, une église qui porte le nom de Saint-Louis en l'Ile. Or, un matin, le hasard, ou plutôt un de ces voyages d'exploration que j'aime à faire à travers la grande ville, m'amena dans cette église dont je vous parle. Une foule immense en remplissait la nef tendue de noir, et quoique la plupart des hommes qui se pressaient autour d'un cercueil déposé à l'entrée du chœur se composassent d'ouvriers, on remarquait néanmoins çà et là dans la foule plusieurs de nos généraux illustres, des savants, des pairs de France et plusieurs membres de la chambre des députés.

C'était le 25 mai 1836. Le soleil du printemps jetait à travers les vitraux ses rayons, qui illuminaient l'église de leurs reflets éblouissants, et semblaient entourer le cerceuil d'une splendide auréole. Chacun des assistants priait avec ferveur ; quelques-uns pleuraient.

Au sortir de l'église et lorsque le cortége se dirigea vers le cimetière, je me mêlai à la foule, dans laquelle je ne tardai point à remarquer une de ces belles têtes d'ouvriers, dans les traits desquelles respirent la loyauté et l'intelligence ; je m'approchai de lui, et, après avoir marché quelque temps l'un à côté de l'autre, je lui demandai quel était le nom du citoyen que tant de regrets et de témoignages d'estime accompagnaient à sa demeure funèbre.

Celui à qui je m'adressais me regarda avec surprise.

« Vous ne savez pas son nom ? me demanda-t-il.

— Le hasard seul m'a conduit à l'église Saint-Louis en l'Ile.

— Oui ! reprit l'ouvrier, son nom doit être inconnu à ceux dont il n'a point été l'ami ou le bienfaiteur. Et cependant jamais le pays n'a eu d'enfant dont il puisse s'enorgueillir avec plus de raison. Je vais vous en faire juge, monsieur, car Beauvisage a été mon ami ; nous sommes presque des frères, quoique je compte sept ou huit années de moins que lui. Mais ce que je n'ai point vu de sa vie par mes propres yeux, je le lui ai entendu raconter bien souvent, et je vais vous le redire.

« Il appartenait à une bonne famille ; sa mère, fille du statuaire Coypel, avait épousé, par amour, un artisan qui mourut quelques années après son mariage en laissant sa femme mère d'un petit garçon de quatre ans. Elle lutta tant qu'elle put contre la pauvreté pour donner un peu d'éducation à son fils ; mais la Révolution survint, et les révolutions détruisent le gagne-pain des pauvres encore plus promptement que la fortune des riches.

« Les broderies que madame Beauvisage faisait pour la reine, sa protectrice, et pour les dames de la cour, ne trouvèrent plus d'acheteurs ; la pauvre mère tomba malade de misère et surtout de chagrin, car son fils fut obligé d'entrer comme apprenti chez un teinturier, et il comptait à peine onze ans.

« Cependant, un soir, comme la fête des Rois était venue, elle résolut de préparer une surprise à son enfant lorsqu'il rentrerait le soir au logis : tout malade qu'elle était, elle descendit ses six étages, acheta un gâteau avec une fève, étala sur sa petite table la seule nappe blanche qu'elle possédât encore, et s'assit dans son fauteuil pour attendre son fils.

« Quand le petit garçon revint le soir, qu'il ouvrit la porte et qu'il vit ces joyeux apprêts, il jeta un cri de joie et s'approcha de sa mère pour l'embrasser. Elle était immobile, les yeux fermés, et semblait dormir. Il la baisa doucement sur le front pour l'éveiller. Elle ne fit aucun mouvement, et son front était glacé. Effrayé, il l'appela ; elle ne répondit point : elle était morte !

« Antoine passa la nuit à pleurer près du corps inanimé de sa mère ; le lendemain, après l'avoir ensevelie de ses mains, il l'accompagna au cimetière, comme nous accompagnons nous-mêmes aujourd'hui Beauvisage ; puis, rentré dans la pauvre chambre où personne ne l'attendait plus, il enveloppa soigneusement le gâteau dans la nappe, l'enferma dans sa petite malle comme un précieux trésor, et revint, les yeux gros de larmes, reprendre son travail à l'atelier de teinturerie.

« Il n'y a pas huit jours, monsieur, que j'ai vu encore le gâteau et la nappe de cette triste fête des Rois, enfermés comme un trésor dans un coffret d'ébène garni de satin blanc.

« Quant à la solennité de famille du 6 janvier, jamais elle n'a été célébrée, depuis ce jour funèbre, chez Beauvisage. L'année dernière encore, nous passions ensemble sur le boulevard, où se trouvaient étalées toutes sortes de gâteaux à la fève. Mon pauvre Antoine se prit à pleurer à la vue de ces pâtisseries, rentra chez lui, et s'enferma dans son cabinet, où il passa plus d'une heure à regarder le coffret d'ébène et les tristes et saintes reliques qu'il contenait.

« Antoine Beauvisage savait à peine lire, car la rude besogne à laquelle il consacrait ses journées ne lui laissait guère le temps d'étudier; mais, à quelques années de là, il fit la connaissance d'un enfant du voisinage que ses parents envoyaient à l'école, et il pria cet enfant de lui enseigner le peu qu'il savait : cet enfant, c'était moi, monsieur. »

Ici, l'ouvrier s'interrompit et marcha quelques instants en silence, et tout entier aux souvenirs qui l'oppressaient.

Il reprit ensuite, après avoir essuyé ses yeux humides.

« Quand il sut lire et écrire, Antoine me parla un jour de l'imperfection des procédés employés pour la teinture des étoffes, et me demanda si j'avais entendu quelquefois parler d'une science qui s'appelait la chimie, et dont un des clients du teinturier avait un jour, dans la boutique, raconté des merveilles.

« Nous nous enquîmes à deux ou trois personnes de cette science et des lieux où on l'enseignait ; Beauvisage finit par apprendre d'un pharmacien du voisinage que Vauquelin faisait un cours de chimie.

« Par malheur, les cours avaient lieu dans la journée, et, pour les suivre, il fallait payer cent cinquante francs par an ! Depuis lors les cours sont devenus gratuits, et l'on a bien fait, monsieur, car Dieu et moi nous savons seuls ce que Beauvisage eut à souffrir pour trouver cent cinquante francs. Son patron refusa tout net de les lui avancer, en disant qu'il ferait bien mieux de travailler que de perdre son temps à faire le savant ; ses camarades se moquèrent de lui : on l'appela pédant, on fut sans pitié pour ses rêveries, on jeta dans les cuves à couleur ses livres, ses livres qui lui coûtaient si cher ! Sans compter qu'il n'avait pas toujours l'argent nécessaire pour payer la rétribution qu'il devait verser chaque mois entre les mains du garçon d'amphithéâtre, chargé de percevoir les honoraires du professeur. Un jour même, ce garçon chassa Antoine, qui se trouvait en retard d'un mois ; non pas qu'il ne fût l'exactitude et la probité même ! mais que voulez-vous ? il ne gagnait que quarante sous par jour, et il avait été malade.

« Sur ces entrefaites, il quitta le teinturier chez lequel il travaillait depuis son enfance, et où on lui avait fait une existence qui n'était plus tenable, et il entra chez un autre patron, où sa capacité et son amour pour le travail furent mieux appréciés· Je l'avais suivi dans cet atelier,, car je ne pouvais me séparer de cet excellent garçon. qui m'encourageait sans cesse au travail, et qui eût fait de moi un homme instruit, si le bon Dieu m'eût accordé plus de facilité pour l'étude. Mais, s'il ne m'a point rendu savant, il m'a rendu heureux ! Je bénis mon lot, monsieur !

« Vauquelin avait fini par remarquer le jeune ouvrier qui suivait ses cours : il lui avait fait remise du droit d'entrée ; un beau matin, il lui annonça qu'il venait de le placer à la manufacture des Gobelins. Beauvisage n'y resta pas longtemps ; il avait trouvé un moyen nouveau de teindre les alépines, et il partit pour Amiens, afin d'organiser une teinturerie spéciale ; il fit la fortune de celui qui l'avait emmené des Gobelins, et il en fut récompensé par la plus noire ingratitude. Il s'en vengea en apprenant à tous les teinturiers d'Amiens les procédés de teinture qu'il avait inventés, et partit pour Reims, où l'attendait une position honorable.

« Puis les événements de 1815 arrivèrent, et nous rentrâmes à Paris. Un matin, un inconnu vint trouver Beauvisage, et, quand il fut parti, Beauvisage m'embrassa et me dit : « M. Ternaux vient de venir m'offrir lui-même « de me commanditer pour une maison de teinture ! »

« Ah ! monsieur, dit l'ouvrier, dont le regard s'anima à ce souvenir, mon cœur bat encore de joie, quand je me rappelle le bonheur de mon cher Antoine ! Dès lors il devint d'une habileté sans égale, et il fit des découvertes que les fabricants admiraient, et dont ils lui payaient bel et bien le secret. Les mérinos ne se teignaient alors qu'en rouge, en vert, en bleu, ou en violet. Beauvisage parvint en peu de temps à leur faire recevoir toutes les couleurs indistinctement. La cochenille, qui coûte des prix fous, fut bientôt encore remplacée, grâce à Beauvisage, par la lack-die, qui donne les mêmes résultats, et qui coûte quatre-vingts pour cent de moins.

« Mais c'est pour l'apprêt des tissus qu'il opéra des miracles ! Avant lui, on n'y entendait pas grand'chose : il fit révolution. Enfin il découvrit que l'état dans lequel un tissu est saisi par une forte chaleur humide ne peut être changé que par une chaleur plus intense, et ce fut une autre révolution dans l'art de la teinturerie : car, devenu dans l'aisance, Beauvisage ne faisait plus un mystère de ses inventions. Il savait d'ailleurs que personne ne pouvait lutter avec lui pour la perfection qu'il apportait dans l'application de ses découvertes.

« Au milieu de ces succès, il ne manquait pourtant pas de soucis ; un percement de rue l'obligea à démolir un établissement qui lui coûtait de grosses sommes et dont il fut incomplétement indemnisé. Pendant qu'il transportait à grands frais ses ateliers dans un autre quartier, il tomba malade, devint perclus de presque tous ses membres, et dut se résigner à ne marcher qu'à l'aide de béquilles. Mais l'âme était, chez cet homme-là, plus forte que le corps ; quoiqu'il souffrît horriblement et que sa paralysie se fût compliquée d'une maladie d'estomac, il n'en mena pas moins à bonne fin un appareil nouveau qui fonctionnait à rendre heureux et fier un homme du métier, et qui appliquait pour la première fois la vapeur à la teinture.

« Cependant Beauvisage, dont la volonté égalait le génie

industriel, combattait avec une énergie admirable la maladie qui le paralysait. Le traitement qu'il suivait était un véritable supplice. Eh bien, jamais une seule fois, pendant près de deux années, il ne donna un signe de découragement ou d'impatience ; jamais il ne s'écarta du régime sévère qui lui était prescrit. Le bon Dieu récompensa tant de courage, et Antoine guérit.

« Le premier usage qu'il fit de sa santé fut d'entreprendre un voyage en Angleterre. Les Anglais étaient encore nos maîtres dans l'art de la teinture, et Beauvisage ne voulait point que l'Angleterre conservât plus longtemps cette supériorité.

« Après un séjour d'une année, il revint à Paris, fit exécuter de mémoire, et avec des perfectionnements de son invention, plusieurs machines qu'il avait vues dans les villes manufacturières anglaises, et dès lors la teinture et l'apprêt, en France, non-seulement marchèrent de pair avec la teinture et l'apprêt anglais, mais encore ne tardèrent point à leur devenir de beaucoup supérieurs. Le velouté, le soutien, le brillant ou le mat des tissus traités, telles furent les supériorités que Beauvisage conquit à sa patrie sur la nation sa rivale et sa maîtresse jusque-là. Oh ! monsieur, que les ouvriers étaient fiers de travailler sous un homme de ce génie !...

« A la fin de 1834, Beauvisage créa la belle teinturerie de Daours, près d'Amiens. Des calculs habiles et savants l'avaient amené à choisir ce point central, au milieu des grandes industries du nord de la France, et où la main-d'œuvre et le combustible, moins chers, lui permettaient d'obtenir des résultats supérieurs et à des prix moins élevés. En moins de deux ans, monsieur, le pauvre village se trouva transformé, comme par miracle, en une petite ville riche et heureuse ; il n'était plus reconnaissable ; les cabanes se changeaient en jolies maisonnettes ; l'aisance remplaçait la misère, le travail répandait partout son activité et son bien-être ; la population s'était triplée. Autrefois les paysans de Daours ne mangeaient pas de la viande une fois la semaine ; à présent on y abat chaque jour une grande quantité de bestiaux ! Et vous n'y rencontrerez jamais ni un mendiant, ni un homme mal vêtu ! Beauvisage a semé le bonheur partout !

« Beauvisage était le père de ses ouvriers, à Paris comme à Daours ; ils venaient à lui avec confiance s'ils avaient besoin de conseils ou de secours, et jamais leur confiance ne restait déçue. Il voulait que les enfants de ceux qu'il employait reçussent une bonne éducation ; et plus d'un de ces enfants doit cette éducation à la générosité de Beauvisage. Pendant le choléra, il s'est conduit avec le dévouement téméraire d'un jeune homme, et il a sauvé la vie à plusieurs de mes camarades. Il nous encourageait à l'économie par de petites primes, la Caisse d'épargne ne connaissait point de plus fervent apôtre que lui ; enfin, comme il le disait avec une noble fierté : « Jamais mes ateliers « n'ont été vides, jamais il n'y a manqué un seul homme « ni les lundis ni les jours d'émeute. »

« Le bon Dieu n'a pas voulu nous le garder plus longtemps, conclut l'ouvrier. Il y a trois jours, il est parti gai et bien portant pour une de ses usines ; l'essieu d'une voiture trop surchargée s'est brisé, et notre père, mon ami, mon protecteur, a été tué sur le coup !

« Et nous voilà tous ni plus ni moins orphelins que si nous venions de perdre un père ! »

Comme il achevait ces mots, le cortége était arrivé au cimetière, et le cercueil d'Antoine Beauvisage fut descendu dans la fosse au milieu des sanglots de tous les ouvriers agenouillés.

Après la cérémonie funèbre je revins à Paris, en me demandant si Beauvisage, plus que bien des hommes dont le nom passera à la postérité, n'avait point mérité la reconnaissance et un souvenir de sa patrie.

La France devrait avoir un édifice public sur les murs duquel elle ferait inscrire les noms des citoyens qui ont tout fait pour elle, et pour lesquels elle n'a rien fait; qui l'ont dotée d'une industrie et dont elle ignore jusqu'au nom.

Comme le faisait Rome, il leur faudrait un temple sur le fronton duquel elle pût du moins écrire : *Diis ignotis*.

UN SAVANT KICKAPOU

———

Vers la fin de 1817, un de ces marchands américains qui font avec les sauvages, à l'ouest du Mississipi, le commerce des fourrures, se trouvait entre les rivières qui affluent au Rio-del-Norte, et dont les eaux coulent au golfe du Mexique.

Wilkins avait rencontré, dans ces lieux solitaires, une horde d'Osages avec laquelle il comptait conclure d'excellentes affaires. Déjà il avait obtenu une grande quantité de pelleteries précieuses, en échange d'objets de médiocre valeur. Jamais ses rapports avec des peuplades naturellement défiantes et cauteleuses ne s'étaient noués aussi facilement; personne ne discutait les offres qu'il faisait; on les acceptait tout de suite. Le trafiqueur croyait avoir trouvé une sorte d'Eldorado où sa bonne fortune l'avait amené pour gagner des sommes immenses. Quand il eut acheté toutes les peaux que pouvaient contenir les trois charrettes qu'il menait avec lui, il apporta au milieu de la hutte où s'étaient opérés les échanges un baril d'eau-de-vie, le défonça et en fit d'abondantes distributions aux sauvages.

Ceux-ci profitèrent avidemment de la libéralité de Wilkins, et lui-même ne comptait ni s'oublier, ni se ménager, lorsqu'il sentit, au second verre qu'il portait à ses lèvres, une main le toucher mystérieusement à l'épaule.

Il se retourna vivement et ne vit personne. Il est vrai qu'une assez profonde obscurité régnait dans la hutte construite en troncs d'arbres d'environ vingt pieds de hauteur, fichés en terre, rapprochés tant bien que mal les uns des autres, et recouverts en guise de toit d'un lit de joncs tressés. Au milieu de cette étrange demeure brûlait un grand feu dont la flamme et la fumée sortaient par une large fente ménagée au milieu de la toiture.

Wilkins crut qu'un Osage s'amusait à le taquiner par espièglerie, et il voulut de nouveau se mettre à boire, mais une voix lui dit à l'oreille, en indien et si bas qu'il l'entendit à peine :

— Boire, c'est mourir.

Habitué aux périls de sa profession aventureuse, le rusé marchand ne fit ni un geste ni un mouvement qui pût trahir l'émotion que lui causait cet avis mystérieux. Sans paraître le moins du monde troublé, il ne cessa point de remplir et de vider son verre. Seulement, au lieu de boire l'eau-de-vie que contenait ce verre, il la laissait couler adroitement sur le poncho qui recouvrait sa poitrine. Ce poncho, en guise de rigole, amenait doucement à terre la liqueur, qui s'imbibait dans le sable.

L'orgie dura quatre heures, au bout desquelles les sauvages, vaincus par l'ivresse, tombèrent les uns sur les autres et s'endormirent profondément. Alors Wilkins sentit de nouveau une main toucher son épaule, il se retourna et vit un jeune sauvage debout. De la main, l'Indien lui faisait signe de le suivre en silence. Il obéit; une fois hors de la cabane, l'Osage amena dans l'obscurité le marchand près d'un cheval. « Fuis, lui dit-il, il y a ici le vol et la mort. »

Wilkins était marchand et ne pouvait pas facilement se décider, même en face du plus grand péril, à perdre ainsi les riches fourrures qu'il avait achetées. Il répliqua donc en se servant de la langue osage, et avec le laconisme d'expression de ces peuplades :

«La fuite, c'est la misère; la misère, c'est la mort. Pas de fuite. »

Le sauvage, sans se donner même la peine de répondre, saisit Wilkins, le jeta sur son cheval, prit le cheval par la bride et se mit à courir et à faire courir l'animal avec une telle rapidité, que le marchand n'eut point trop de sa présence d'esprit tout entière pour se maintenir en selle. L'étrange créature qui lui servait de guide semblait surpasser en vitesse le cheval mexicain lui-même. Il s'arrêtait de temps à autre, non pour se reposer, mais pour se jeter à plat ventre sur la terre et flairer autour de lui. Sans autre moyen de se guider que son merveilleux odorat, il trouvait les sentiers dans lesquels avaient déjà passé d'autres voyageurs. Il s'éloignait en outre plus sûrement

des ennemis qu'il fuyait, et vers lesquels auraient pu le
ramener les détours inconnus d'une immense plaine, hé-
rissée de hautes herbes et coupée par les innombrables
rives de milliers de petits ruisseaux. Quelques secondes
lui suffisaient pour ces investigations au flairer. A peine
couché, il se relevait par un saut brusque et muet, puis il
se remettait à galoper et à faire galoper le cheval.

C'était quelque chose de vraiment étrange pour Wilkins
que cette fuite fantastique ! Il n'entendait ni le galop du
cheval, dont les pieds se trouvaient enveloppés d'épaisses
fourrures, ni les pas de l'homme, ni même sa respiration.

Le sifflement des herbes foulées et froissées, la plainte
des oiseaux éveillés par les fugitifs, troublaient seuls le
silence d'une nuit sans étoiles qu'on vit briller, sans vent
dont on entendit le souffle. On aurait dit qu'une fée emportait à travers l'espace Wilkins, sa monture et l'Indien.

Ils parcoururent ainsi plusieurs milles.

Enfin l'Indien s'arrêta, et, sans paraître essoufflé, sans
que la moindre moiteur humectât ses membres nus, il
montra au marchand les trois voitures de pelleterie atte-
lées et amenées là, comme par enchantement, près d'une
route sans péril et sur laquelle les Indiens n'oseraient
point s'aventurer à la poursuite de leur proie échappée.

Wilkins se jeta dans les bras de son libérateur. «Je te
dois la vie, s'écria-t-il ; la moitié de ma fortune t'appartient. Viens avec moi à la Nouvelle-Orléans et quitte ces
barbares. »

L'Osage, par un geste expressif et silencieux, montra au
marchand, dans l'une des voitures, un énorme paquet de
peaux, sur l'enveloppe duquel se trouvait dessinée grossiè-

rement la figure d'un jaguar. Puis il donna le signal de la marche, en se tournant avec inquiétude vers l'ouest, et la petite caravane se mit en marche.

Quand le soir vint et fit disparaître jusqu'aux moindres chances de danger pour le marchand, celui-ci se mit à considérer avec plus de sang-froid son libérateur.

C'était un jeune homme de seize à dix-sept ans, d'une admirable perfection de formes, leste comme un daim, et d'une physionomie empreinte de la gravité habituelle aux peuplades parmi lesquelles il avait vécu. Sa coiffure ressemblait à celle des Osages, et se composait de nattes de cheveux et de plumes bizarrement nouées ; il portait des mocassins, et à peine une courte fourrure couvrait-elle ses membres fins et élégants. Malgré ses habitudes peu communicatives, il raconta brièvement à Wilkins son histoire et les motifs qui l'avaient fait ainsi se dévouer au salut d'un Européen. Né de parents américains, dans un établissement à l'ouest du Mississipi, pays alors bien moins peuplé qu'il ne l'est de nos jours, l'habitation de son père fut pillée par des Kickapous. Ceux-ci mirent tout à feu et à sang; ils n'épargnèrent que le petit garçon, alors âgé de trois ans, et l'emmenèrent avec eux. Une femme de la tribu adopta l'orphelin, et bientôt le jeune aventurier eut acquis le droit de naturalisation parmi les Indiens, grâce à son intrépidité et à son adresse. A dix ans, les Kickapous ne s'enorgueillissaient point d'un chasseur plus intrépide que leur enfant d'adoption ; tel était son bonheur à la chasse et son goût pour cet exercice, qu'ils lui donnèrent le nom de Chasseur. Il atteignait à peine sa douzième année qu'un combat eut lieu entre les Kickapous et les Kansas.

Les premiers furent défaits après une longue résistance; grâce à la bravoure du Chasseur pendant l'affaire, on l'épargna.

Une nouvelle mère d'adoption remplaça celle qu'il avait perdue chez les Kickapous ; cette femme avait perdu son fils pendant le combat, et elle prit le Chasseur pour enfant ; il devint donc un des membres de la tribu des Kansas. A cette époque, il vit pour la première fois des Européens; c'étaient quelques marchands qui venaient trafiquer de fourrures avec les sauvages.

Cependant les Kansas eurent à leur tour la guerre avec les Panis, et subirent le sort qu'ils avaient fait subir aux Kickapous. Vaincus, errants, ils se virent réduits à demander asile aux Osages, qui les reçurent et les emmenèrent avec eux au delà du mont Rocky, dans la vallée et vers l'embouchure en Tchok-è-li-lam, fleuve auquel les Américains ont donné le nom de Colombia et qui se jette dans le grand Océan. Après bien des courses et bien des combats, il finit par arriver au Rio-del-Norte, dont les eaux coulent dans le golfe du Mexique. Là, en voyant piller et massacrer les marchands qui s'aventuraient parmi les Osages, il sentit se révolter le sang blanc qui coulait dans ses veines et jura de sauver le premier trafiquant qui tomberait dans les mains des sauvages. Il avait tenu sa parole, et maintenant il était résolu de vivre parmi les hommes civilisés et à s'instruire de leurs sciences.

« J'ai des peaux, dit-il en terminant ce récit fait avec une extrême concision; des peaux, c'est de l'or ; de l'or, c'est du bonheur parmi vous. »

Le Chasseur ne se trompait point. Arrivé à la Nouvelle-

Orléans, il vendit avantageusement ses pelleteries, grâce aux soins de Wilkins. D'après les conseils du marchand, il plaça la somme dont il se trouvait possesseur, de manière à en recueillir les intérêts sans toucher au capital.

Quelques spéculations heureuses dans lesquelles Wilkins intéressa son ami valurent à ce dernier, en peu de temps, soixante mille francs, c'est-à-dire un revenu de trois mille livres environ..

Alors le Chasseur renonça au commerce et résolut d'entrer au collége; il avait rapidement appris l'anglais pendant une année entière passée près de Wilkins. Une fois familier avec cette langue, le Peau-Rouge voulut s'initier à l'éducation que recevaient les blancs, et l'on vit entrer dans les basses classes suivies par de petits enfants, un grand jeune homme de vingt ans au moins. Mais, si ce grand jeune homme avait la naïveté de ses compagnons d'études, il déployait une intelligence et une facilité merveilleuses, bien supérieures à celles de ses condisciples. En quinze jours il sut lire; un mois après il écrivait aussi bien que le maître: et quatre ans s'étaient à peine écoulés qu'il avait terminé les études dont les élèves d'ordinaire perdent huit années à subir les phases.

Ce fut à cette époque que, pour se donner un nom, il traduisit en anglais son sobriquet kickapou (Chasseur) en celui de *Hunter*, qui signifie la même chose en américain.

Son éducation terminée, Hunter visita Baltimore, Philadelphie, New-York et les villes de l'est des États-Unis. Partout on prodiguait le meilleur accueil à ce jeune homme spirituel, d'une figure charmante, d'un cœur excellent et qui savait se faire honneur de sa petite fortune avec autant d'ordre que d'habileté. Il fallait qu'il comptât sans cesse le récit de ses aventures parmi les Indiens, et on le pressa tellement de les écrire et de les publier, qu'il s'y décida enfin et que le sauvage devint homme de lettres.

Il se mit donc à l'œuvre. Un de ses amis, Édouard Clarke, plus familier avec les habitudes littéraires, l'aida de ses conseils; et en 1825 parut un livre intitulé : *Manners and customs of several indian tribes located west of Mississipi* (Mœurs et coutumes de plusieurs tribus indiennes qui habitent l'ouest du Mississipi).

Cet ouvrage renfermait de nombreux et piquants détails, non-seulement sur les Indiens, mais encore sur le sol, sur le climat, sur la zoologie et sur la botanique d'un pays encore fort inconnu à cette époque. Peu de publications obtinrent un pareil succès. La première édition en fut rapidement épuisée. Tandis que les savants y puisaient des documents, les personnes qui ne demandent à un livre que de l'intérêt le lisaient avec avidité.

Peu de temps après la publication du livre de Hunter survint un incident de peu de gravité en apparence, mais qui n'en eut pas moins sur la destinée du Chasseur une influence plus bizarre assurément que les plus bizarres de ses aventures parmi les Kickapous, les Kansas et les Panis.

Il y avait à Philadelphie un Français nommé Duponteau, qui jouissait d'une grande renommée dans la science. Il passait sa vie, disait-il, à faire des recherches sur les idiomes des peuples aborigènes de l'Amérique du Nord.

Quelqu'un proposa au philologue de lui présenter l'ex-Osage.

Le philologue ne montra qu'un médiocre empressement à se rendre à ce désir ; mais on le mit dans l'impossibilité de reculer. Un jour, Hunter et le savant se trouvèrent en présence ; Hunter adressa la parole en kickapou à M. Duponteau ; M. Duponteau ne comprit point un mot. Hunter eut alors recours au pani ; M. Duponteau ne comprit point davantage. Le kansa n'obtint pas un meilleur résultat, et l'osage, que l'on parle aux bords du Tchok-é-li-lam, ne fut pas plus heureux. La gravité américaine ne put empêcher les sourires qui égayèrent les assistants aux dépens du philologue. La chose se sut et se conta ; c'est vous dire que la réputation du savant commença à perdre singulièrement de son éclat. On le croyait généralement guéri à jamais de disserter et de mentir sur les langues aborigènes du nouveau monde. C'était bien peu et bien mal connaître les savants.

M. Duponteau comptait à Londres plusieurs correspondants scientifiques. Il ne pouvait point pardonner à Hunter les sourires qui avaient accueilli la conversation malencontreuse de New-York et le peu de succès de ses prétentions ; il résolut, pour se venger, de recourir à la calomnie. Dans ce but, il fit publier par le *North American Review*, un article anonyme, qui attaquait la véracité de Hunter et niait même que celui-ci eût jamais habité parmi les sauvages.

Le *Quarterly Review* se fit l'écho de ces menteuses attaques, et les journaux anglais s'emparèrent d'un si bel aliment de scandale. Pendant quatre ou cinq mois, ce fut à qui jetterait avec une adresse perfide des injures et du ridicule sur le pauvre Hunter, qui, loin de se douter de l'orage qui tombait sur lui, renonçait à ses projets d'habiter l'Europe pour tenter l'exécution de rêves philanthropiques auxquels il s'abandonnait en vrai sauvage. Il ne s'agissait de rien moins que de fonder une colonie d'Indiens dans un terrain concédé par le gouvernement du Mexique. C'était, selon lui, sauver de leur ruine de malheureuses peuplades et former un boulevard capable de résister aux empiétements des États-Unis sur la frontière mexicaine.

Un beau matin parut, dans un journal de New-York, un article signé : Duponteau, dans lequel on établissait triomphalement que Hunter ignorait les langues qu'il prétendait savoir, et que, par conséquent, il n'avait jamais vécu parmi les Indiens. L'attaque était si peu prévue, que toute la ville s'en occupa pour en rire. A Paris, l'idée, quelque absurde qu'elle fût, eût trouvé tout de suite des partisans et des fanatiques pendant une semaine au moins Tout ce que l'auteur gagna à New-York fut du ridicule. Hunter, fort médiocrement chagriné par les accusations du soi-disant savant, partit pour Londres à quelque temps de là, afin d'y publier la seconde édition de ses Mémoires.

A Londres, comme en Amérique, le livre et l'homme furent des mieux accueillis. Hunter vendit avantageusement son ouvrage, gagna l'affection de tous ceux qui le connurent, obtint, sans qu'il le demandât, l'honneur d'être présenté à la famille royale, et, décidé à se fixer à Londres, repartit pour les États-Unis, afin d'y réaliser sa petite fortune.

Hélas! il ne soupçonnait rien des chagrins et du malheur qu'allait faire éclater sur lui l'ignorance de M. Duponteau.

Après avoir échoué dans son dessein de colonisation indienne, car les attaques du philologue l'avaient précédé à son insu, fait regarder comme un imposteur et repousser comme un intrigant qui ne méritait ni confiance ni la moindre attention, il revint à Londres. Tout y était également changé pour lui! Partout, au lieu de l'accueil bienveillant d'autrefois, il trouvait des visages glacés. Désespéré, il apprit enfin la cause d'un si cruel changement. Jugez de son désespoir quand il connut qu'on le traitait d'imposteur! Les circonstances les plus honorables de sa vie s'étaient même tournées contre lui. On lui reprochait l'éducation qu'il s'était conquise, comme incompatible avec la vie sauvage qu'il prétendait avoir menée. Un Indien ne pouvait, alléguait-on, écrire l'anglais aussi purement, recueillir des observations aussi fines, et faire preuve d'une aussi piquante appréciation des hommes et des choses. Hunter, tout surpris d'avoir à se défendre d'impostures pareilles, eut recours à la publicité qui l'avait frappé pour combattre cette publicité.

Il invoqua le témoignage de Wilkins, rappela les services qu'il avait rendus à la science en décrivant les mœurs et la nature de contrées inconnues, en donnant les noms par lesquels les Indiens distinguent les rivières que les Européens ont baptisées de noms absurdes et faux. Par malheur, on trouvait piquant de soutenir et de faire triompher un si plaisant paradoxe. Détruire une idée reçue, établie, prouvée! c'était là un véritable triomphe.

En outre, une haine active, une haine de savant pris sur le fait d'ignorance et de mensonge, veillait, agitait, excitait, frappait, mordait. Puis la fatalité s'en mêla. Des événements politiques de haute importance survinrent; peu de journaux neutres dans la discussion accueillirent les réclamations de Hunter; enfin, un si grand laps de temps s'était écoulé entre l'attaque et la défense, que l'on ne savait plus de quoi il s'agissait.

La calomnie persista donc. Aujourd'hui encore que l'on est revenu à des études sérieuses sur l'Amérique, la plupart de ceux qui s'en occupent ne citent Hunter qu'avec défiance, et toujours en accompagnant leurs citations de précautions restrictives et insultantes pour le pauvre Osage. Ainsi l'écrivain probe, l'homme honorable dont le *Quarterly Review* lui-même se complaisait à reconnaître la loyauté et le noble caractère, a subi et subit encore les peines dont on punit l'imposture. L'Européen, en revanche, jouit sans doute à New-York d'une grande renommée de science, passe pour un philologue sans rival, et se voit consulté comme un oracle infaillible sur tout ce qui concerne les langues aborigènes du nord de l'Amérique.

Ces tristes conséquences de la civilisation sur celui qui, dans son innocence de sauvage, croyait à la loyauté des hommes civilisés, eurent une fatale influence pour Hunter. Dévoré par le chagrin, il quitta Londres, repartit pour le Mexique, et finit par mourir au Texas, sans pouvoir parvenir à réhabiliter son nom. Déplorable exemple du malheur qu'il y a de rencontrer sur son chemin un savant ignorant!

UNE HISTOIRE DE PARENT-DUCHATELET

Parent-Duchâtelet est un de ces hommes de dévouement et d'abnégation, un de ces héros obscurs que le christianisme peut seul créer, et dont la vie entière ne forme qu'une incessante bonne œuvre. Tant que Parent-Duchâtelet vécut, son dévouement sublime et ses vertus courageuses restèrent ignorés et méconnus et ne lui valurent en aucune façon la célébrité qu'il dut plus tard à son livre *de la Prostitution*, livre publié après sa mort. C'était, d'ailleurs, un de ces hommes qui savent peu se faire valoir. Mélancolique, étranger aux habitudes du monde, on trouvait, du premier abord, ses manières empreintes de je ne sais quelle gaucherie roide, résultat sans doute d'une timidité déguisée. Loin de le supposer constamment préoccupé de pensées graves, on l'accusait de distractions bizarres; il fallait l'avoir vu plusieurs fois, il fallait se trouver admis dans son intimité, pour deviner en lui le vertueux citoyen, l'homme transcendant et le causeur aimable. Mais alors on l'aimait autant que l'on s'était d'abord senti peu de bienveillance pour lui.

Il savait mille choses intéressantes; il contait à merveille et avec une voix qui prenait des modulations si douces et si caressantes, qu'il était impossible de résister à leur gracieux prestige. Alors ses traits changeaient d'expression: un sourire plein de charme animait sa physionomie, et il oubliait sa timidité pour se laisser aller aux inspirations d'une éloquence facile et séductrice.

Mais, si quelques personnes admises dans son intimité lui rendaient justice et avaient su le comprendre, Parent-Duchâtelet n'en restait pas moins un homme à peu près méconnu et dont les utiles et pénibles travaux n'avaient aucun retentissement. Il exposait deux ou trois fois par semaine sa vie à des expériences dangereuses, sans que jamais un journal signalât son dévouement, ou du moins les résultats de son dévouement.

Il faut le dire, ce silence et cette obstination convenaient beaucoup au philanthrope.

Pourvu que l'autorité voulût bien écouter ses observations et mettre en pratique les améliorations qu'il proposait, pourvu qu'il ôtât un péril à des professions infâmes, et partant conséquences trop nécessaires de notre société telle qu'elle est faite, pourvu qu'il pût visiter en liberté et sans restriction les établissements d'industrie insalubres, les hôpitaux et les égouts, cela lui suffisait et il se tenait complétement récompensé de ses travaux, de ses fatigues et de sa santé, qu'il avait fini par altérer gravement.

Il y a de cela quelque chose comme trente ans, un matin, de très-bonne heure, j'errais dans les rues de Paris à la poursuite de je ne sais quelle idée. Tout entier à mes méditations, j'allais devant moi ou hasard, lorsque j'entendis mon nom que prononçait une voix rieuse : je regardai autour de moi : personne! La voix répéta son appel, et cette fois je pus remarquer qu'elle sortait littéralement de dessous le pavé. Ma surprise augmenta, et peut-être allais-je croire à l'existence des gnomes, si une tête d'ordinaire mélancolique et grave, mais qu'animait alors un sentiment passager de gaieté, ne fût sortie de l'ouverture d'un égout : c'était Parent-Duchâtelet. Quelques mots suffirent pour m'apprendre qu'il avait quitté son lit avant le jour, et qu'il était là risquant sa vie, afin d'étudier les nouveaux miasmes pestilentiels qui venaient de se déclarer dans le Paris souterrain. Il m'offrit, comme une chose toute simple, de me faire les honneurs du conduit fangeux, et, après m'avoir aidé à y descendre, il me montra avec une complaisance pleine de bonhomie les travaux admirables que l'on a ménagés sous le sol, et qui assurent aux rues de la capitale deux précieux avantages : la salubrité et la propreté. Après quoi nous sortîmes du trou méphitique, et je revis le ciel avec la joie qu'éprouva Dante au sortir de l'enfer.

Parent-Duchâtelet avait été plus avant que moi dans l'égout; il en avait agité la vase profonde et il en rapportait plusieurs flacons pleins de gaz qu'il voulait analyser. Cependant à peine le bout de ses bottes se trouvait-il mouillé, ses vêtements et son chapeau ne gardaient pas la moindre trace d'une si étrange expédition. Il prit affectueusement congé des ouvriers qu'il laissait dans l'égout, et ceux-ci le saluèrent avec un respect plein de reconnaissance, car ils comprenaient la haute et courageuse mission du philanthrope. Après quoi il passa son bras sous le mien, monta dans une voiture de place et me proposa de l'accompagner chez lui pour étudier les gaz qu'il rapportait et dont il lui tardait de connaître la nature.

Chemin faisant, je ne pus m'empêcher d'exprimer l'admiration que m'inspirait son dévouement.

« Mon Dieu ! dit-il, je n'ai pas grand mérite à cela : d'abord je remplis un devoir, ensuite j'y trouve autant d'intérêt et de charme que vous à faire un roman. Ce qu'il faut véritablement admirer, c'est le courage de ces hommes qui, pour un léger salaire, bravent l'asphyxie, s'exposent à des maladies presque inévitables et altèrent toujours leur santé. »

«Et cependant, ajouta-t-il après une des courtes rêveries qui suspendaient souvent sa conversation, il y a dans ce gouffre immense de Paris, si plein de douleur et de désespoir, des souffrances plus cruelles encore, des destinées plus fatales, des croix plus rudes à porter. J'ai trouvé naguère, parmi les malheureux qui se livraient à l'assainissement des canaux souterrains, un homme qui n'était point né dans leur condition, et qui n'avait point dès l'enfance contracté l'habitude d'un travail rude et dégoûtant. Cependant ceci vous semble invraisemblable, monsieur, n'est-il pas vrai? Vous ne pouvez croire qu'au dix-neuvième siècle, en 1831, un ancien préfet, un chevalier de la Légion d'honneur, un homme qui jouissait, sous la Restauration d'un crédit réel et d'une aisance voisine du luxe, en ait été réduit à se couvrir de la blouse fangeuse des ouvriers que vous venez de voir. La chose n'en est pas moins vraie. Repoussé de tous, vieux, après avoir épuisé ses ressources et vendu jusqu'à son dernier matelas, il avait reculé devant l'hôpital, seul asile qui restait à sa femme malade... Poussé à bout par le désespoir, il demanda la protection d'un ouvrier qui occupait le grenier voisin du sien : l'ouvrier l'amena parmi les écureurs. Grâce à Dieu, j'ai tiré ce malheureux d'une si triste position; j'ai pu lui obtenir une petite place. Mais combien d'infortunes aussi fatales reste-t-il à secourir, d'infortunes pour lesquelles ne peuvent rien de pauvres rêveurs comme vous et moi ! »

En devisant ainsi, nous étions arrivés chez Parent-Duchâtelet, qui passa toute la journée à analyser les gaz méphitiques qu'il avait rapportés des égouts. Aussi, quand vint le soir, se trouva-t-il plus mélancolique que d'habitude; j'ai déjà dit que sa santé se trouvait gravement altérée, et les fatigues de son excursion et de ses travaux chimiques avaient encore ajouté ce jour-là à ses souffrances ordinaires. Il me semble le voir assis au coin de sa cheminée, pâle, respirant avec difficulté, et parfois répondant par un sourire aux plaisanteries que je faisais pour tâcher de l'égayer.

Sa prostration morale et physique ne se dissipa complétement néanmoins qu'après l'arrivée de trois ou quatre amis, parmi lesquels se trouvait un des chirurgiens de l'Hôtel-Dieu.

« Je parie, lui dit Parent-Duchâtelet en relevant la tête, je parie que vous, qui faites partie du corps médical de l'Hôtel-Dieu, vous ne connaissez pas une des professions qui s'y exercent?

—Vous êtes un trop habile dépisteur de misères inconnues pour que je ne vous croie pas sur parole.

—Oui, reprit Parent-Duchâtelet, j'ai découvert à l'Hôtel-Dieu une profession presque aussi fatale que les professions auxquelles j'ai consacré les études de toute ma vie... Vous avez tous vu l'Hôtel-Dieu, n'est-ce pas? ajouta-t-il avec la naïveté d'un homme qui passe sa vie dans les hôpitaux et qui ne suppose pas que l'on puisse ne point connaître ce lieu de misère, de souffrances et de larmes.

— Certes, interrompit quelqu'un, je connais l'Hôtel-Dieu. C'est à présent un hôpital comme un autre hôpital. On n'y couche plus quatre malades dans le même lit, deux dessus, deux dessous; les rideaux y sont blancs, le linge frais, les matelas moelleux et les salles propres et aérées; on y fabrique des chaudières de cataplasmes, la tisane s'y jauge par tonneaux, enfin l'on y consomme par jour deux cents aunes d'emplâtre.

—Et vous oubliez, interrompit Parent-Duchâtelet, vous oubliez que de bonnes religieuses passent leur vie à vieller auprès de ceux qui souffrent, et à consoler ceux qui pleurent? vous oubliez que les plus célèbres praticiens de Paris, c'est-à-dire du monde entier, sont attachés à cet établissement et qu'ils y donnent gratuitement aux pauvres les soins que la multiplicité de leurs occupations ne leur permet pas toujours d'accorder aux riches à prix d'or? Les plus merveilleuses opérations de la chirurgie s'y pratiquent victorieusement chaque jour.

— Et les morts y sont honorablement ensevelis, interrompit quelqu'un, qui crut faire une excellente plaisanterie.

— Le métier dont je veux précisément vous parler est le métier d'ensevelisseuse de l'Hôtel-Dieu, répliqua Parent-Duchâtelet.

— Le métier d'ensevelisseuse !

— Oui, mes amis, le métier d'ensevelisseuse! Il y a de par le monde une femme qui passe sa vie à dépouiller des vêtements qui les couvraient, quand ils ont rendu le dernier soupir, les cadavres des morts de la journée. Ces vêtements appartiennent à l'hospice et doivent servir plus tard à d'autres malades. Puis ensuite cette femme livre les corps aux anatomistes ; ou bien, si les gens de l'art n'en veulent point, elle les enveloppe d'un suaire de toile grise, les coud dans le linceul et les dépose ensuite sur des lits de marbre noir où ils attendent le prêtre et une prière. »

Ces descriptions funèbres avaient singulièrement rembruni l'auditoire, et il se fit un petit silence. Parent-Duchâtelet reprit quelques instants après avec son sourire triste :

« Et cette femme est heureuse, cette femme est paisible. Quand elle a bu son petit verre d'eau-de-vie le matin, elle se sent gaillarde et joviale, trouve le mot pour rire, et chantonne quelque vieux pont-neuf en s'acquittant des devoirs de sa profession. Je ne sais pas ce que lui vaut sa place, comme elle dit ; mais ce salaire suffit à ses besoins, et d'ailleurs elle se fait un bon petit revenu avec les cheveux des femmes mortes. Elle coupe ces cheveux et les vend aux coiffeurs pour fabriquer des nattes et des perruques. Aussi, ma foi, Catherine ne manque de rien, et elle prétend que ses héritiers trouveront chez elle de quoi la faire enterrer convenablement.

« Et voilà longtemps qu'elle exerce ce métier ! Elle a soixante-dix ans, elle en comptait quatorze lorsqu'elle fut adjointe à une de ses tantes, *honorée de mère en fille*, comme elle me le disait, de la charge d'ensevelisseuse à l'Hôtel-Dieu. Aussi les anecdotes ne lui manquent pas sur l'Hôtel-Dieu, car, Dieu merci (c'est encore elle qui parle), « en est-il passé par ses mains, de ces morts !... » Mais il est surtout un souvenir dont elle se montre fière et qu'elle ne manque jamais de raconter à ceux qui descendent par hasard ou par curiosité dans la salle souterraine, humide et sombre, dont elle fait nuit et jour sa demeure... Là elle passe sa vie à ensevelir des cadavres et à cultiver une giroflée qu'elle pose avec amour sous l'unique rayon de soleil qui vient luire parfois à travers l'ouverture de la fenêtre ou plutôt du soupirail. Cette fleur est pour elle une amie, une société, une famille ! Plutôt que de la perdre, elle préférerait se passer de tabac durant une semaine entière, oui, se passer de tabac durant une semaine entière...

« Il faut être témoin de la tendresse de la mère Catherine pour sa fleur, il faut voir l'inquiétude qui la saisit à la moindre langueur de la plante. Elle vient sans cesse regarder les feuilles quelque peu fanées ; elle remue doucement la superficie de la terre, elle l'arrose, elle la couvre d'engrais, et telle est sa préoccupation pour cette fleur, qu'elle oublie parfois dé faire sa méridienne dans son fauteuil de cuir, seul meuble de ces tristes lieux qui soit à l'usage des vivants.

« Donc en ses moments de relâche, quand la vieille Catherine s'étend dans son fauteuil, qu'elle a bu son petit coup du matin, que sa tabatière de corne à damasquinage d'argent se trouve remplie de tabac frais et que sa giroflée se porte bien, il ne faut pas l'interroger beaucoup pour lui faire conter quel beau jeune homme elle a enseveli jadis dans son adolescence, le premier jour où elle remplit près de sa tante les fonctions de surnuméraire ensevelisseuse.

« Oui, dit-elle en branlant la tête, oui, un beau jeune
« homme, sur mon âme, dont les mains étaient blanches
« et qu'on traitait avec beaucoup d'égard, parce que
« Mgr l'archevêque de Paris, M. de Beaumont, l'avait
« recommandé aux sœurs. J'étais près de ma tante, qui me
« donnait les premières leçons, quand tout à coup un
« homme entra. Il trainait après lui un grand drap blanc;
« j'eus peur, car je n'étais pas habituée à mon métier, et
« la vue de ce fantôme me causa une singulière émotion,
« Il referma la porte derrière lui, ôta la clef et vint s'as-
« s'asseoir sur le lit de marbre que vous voyez là tout
« près de la fenêtre.

« Ils ne me trouveront pas ici ! dit-il, j'échapperai à
« ces scélérats de philosophes; Voltaire, le diable en per-
« sonne, la Harpe. Ah ! ah ! la Harpe, son valet. Je ferai
« des vers contre eux, des vers qui les tueront, des vers
« qui les poignarderont.

« Puis il aperçut ma tante, car moi je m'étais cachée

« dans un coin. Il courut à elle, la saisit à la gorge et lui
« cria en la secouant de manière à l'étrangler :

« Es-tu philosophe, toi? es-tu philosophe?

« Le danger de la pauvre vieille me fit oublier ma
« propre sûreté. Je m'élançai sur cet homme. Je ramassai
« la clef qu'il avait laissée tomber. Je voulus ouvrir la
« porte et appeler du secours, mais plus prompt que
« moi, il abandonna ma tante, m'arracha des mains la
« clef et l'avala. Puis, bientôt je le vis tomber à terre et
« s'y rouler en poussant des cris épouvantables ! Jugez de
« ma frayeur quand je me trouvai prisonnière entre cet
« homme qui se débattait contre la mort et ma tante
« qui gisait là sans mouvement. J'appelai au secours, je
« criai, je frappai à la porte avec le plus de force que je
« pus, mais on ne m'entendait pas, et plus de deux heures
« s'écoulèrent sans que le hasard amenât quelqu'un. Alors
« je racontai ce qui venait de se passer. On enfonça la
« porte et l'on vint au secours de ma tante et du jeune
« homme. Ma pauvre tante était morte, et les infirmiers
« me dirent que le jeune homme ne tarderait point à
« mourir lui-même. Ils ajoutèrent que c'était un fou, qu'il
« avait passé la nuit à griffonner du papier, que la fièvre
« chaude l'avait pris ensuite, et qu'il avait profité d'un
« moment où on ne le surveillait pas pour s'échapper de
« son lit et venir au refroidissoir. »

Le refroidissoir ! quel mot, mon Dieu !

« Je commençai donc mon métier par ensevelir, en
« pleurant, ma pauvre et chère tante. Le soir on m'an-
« nonça le jeune homme, et les chirurgiens vinrent ex-
« traire de son gosier la clef, qu'ils me rendirent, et que

« voici, » ajoute-t-elle en faisant briller sous les yeux une clef luisante et claire, comme si la plus soigneuse ménagère flamande l'eût récurée avec du sable fin.

« Et quel était le nom du jeune homme ? » lui demande-t-on en frissonnant devant cette étrange relique. « Son « nom ? fait-elle en grattant son vieux front ridé... son « nom ? Tiens ! voilà que je ne m'en souviens plus à pré« sent ! est-ce drôle ? Du reste, vous pourrez le connaître « aisément; car un des infirmiers m'a dit qu'on avait « gravé dans le vestibule de l'Hôtel-Dieu les griffonnages « que mon jeune homme a barbouillés avant de mourir ; « je ne sais si cela est vrai, car je ne sors pas souvent « de ma salle, et, quand cela m'arrive par hasard, je ne « passe pas par le vestibule... et puis, mes yeux sont si « mauvais ! »

« Après avoir quitté cette femme, on remonte dans le vestibule, et l'on voit en effet gravés sur une plaque de marbre trois strophes bien connues de Gilbert... C'est la mort de Gilbert que l'ensevelisseuse vient de conter !... Je vous l'avoue, une tristesse profonde, un découragement douloureux se sont emparés de moi le jour où j'ai entendu ce récit. J'en ai rapporté des pensées et des souvenirs pénibles ! Quelle honte pour notre pays de songer que le plus grand, que le seul poëte de la fin du dix-huitième siècle, que l'unique défenseur des idées religieuses, que l'écrivain courageux qui osa donner le premier coup à la philosophie destructive de cette époque, philosophie si bien détruite elle-même aujourd'hui, n'a trouvé d'autre asile que l'hôpital, d'autre tombe que la fosse commune ! Ah ! de notre temps, pareille chose n'ar-

riverait pas ! De nos jours, la vertu, le mérite, ne sauraient être méconnus !

— Témoin, vous, Parent, vous qu'aucune récompense
ne vient chercher dans votre obscurité, vous qui sacri-
fiez au bien public votre travail, votre intelligence et
jusqu'au modique produit que vous rapportent vos veilles
et vos fatigues sans relâche. »

Parent-Duchâtelet sourit de la manière dont les anges
doivent sourire, et répondit avec simplicité :

« Mais ce que je fais, je ne le fais pas pour être récompensé ici-bas ! »

DE LA PLACE PUBLIQUE AU PANTHÉON

Dans les premiers jours de l'an 1803, M. Salt, devenu depuis lors si célèbre parmi les dilettanti d'antiquités égyptiennes, remarqua, sur une des places d'Édimbourg, un rassemblement immense de cokneys. Pour tout homme quelque peu flâneur, il existe dans un groupe de curieux ébahis devant un objet inconnu je ne sais quelle attraction mystérieuse à laquelle il est impossible de résister. M. Salt fit donc comme tout le monde, et se mêla à la foule des spectateurs. Après avoir bien reçu et bien donné des coups de coude, il parvint à percer la foule et à arriver au premier rang. Pour prix de sa persévérance, de sa fatigue, de ses contusions, il vit un pauvre diable qui se livrait à des exercices de gymnastique assez remarquables, surtout à cette époque où la gymnastique

n'était point encore une science mise à la portée des écoliers. Tandis que l'hercule en oripeaux levait à bras tendus des fusils par la baïonnette, tandis que du haut d'une
table il franchissait douze hommes en exécutant le saut
périlleux, une jeune femme d'une physionomie intéres-
sante, et qui paraissait peu familière avec cette manière
de demander l'aumône, présentait à chacun des spectateurs en plein vent une petite sébile de bois, et sollicitait
ainsi d'eux quelques pence. La plupart de ceux auxquels
elle s'adressait répondaient en tournant le dos, et sortaient
du cercle pour continuer leur chemin. La recette se trouvait donc maigre et des moins encourageantes. Aussi,
lorsque la jeune femme s'approcha de son mari et vint
lui montrer le petit nombre de sous qu'elle avait recueillis, l'hercule s'arrêta dans les préparatifs d'un nouveau
tour qu'il préparait, congédia l'auditoire, endossa par-
dessus sa veste de velours rouge et son vêtement couleur
de chair un vieux carrick jaune, et se dirigea vers une
mauvaise auberge, après avoir chargé sur ses épaules sa
grosse caisse, une table, deux chaises, trois cannes et
deux fusils qui formaient le matériel de son théâtre et
les instruments de son art. Le pauvre homme semblait
si découragé, que M. Salt le prit en compassion, et, au
moment où la jeune femme passa près de lui :

« Mon enfant, lui dit-il, vous ne m'avez pas présenté
votre sébile. Je n'en dois pas moins payer mon offrande ;
la voici. »

Et il glissa une pièce d'argent dans la main de l'infortunée, qui remercia avec effusion. Le mari joignit ses actions de grâces à celles de sa femme. Il parla en fort

mauvais anglais et avec un irrécusable accent italien.
M. Salt, qui arrivait précisément de Rome, se servit
de la langue romaine pour lui répliquer : la conversation s'engagea et le gentleman, surpris de trouver chez
l'étranger une manière de s'exprimer et une éducation si
peu compatibles avec son ignoble métier de saltimbanque,
ne put s'empêcher d'en témoigner sa surprise. « Pauvreté
n'est pas vice, monsieur, répliqua l'Italien : mais c'est
bien pis. Si l'on m'eût prédit, il y a six mois, que je ferais
des tours de force en plein vent, j'aurais ri au nez du
prophète, ou plutôt j'aurais riposté par un vigoureux
coup de poing. Je suis venu en Angleterre dans l'espoir
d'y faire connaître quelques machines hydrauliques de
mon invention. La routine et l'ignorance m'ont fermé
toutes les portes.

« Avant d'avoir perdu mes espérances de réussite, je
m'étais marié avec cette jeune fille. Il m'a donc fallu
choisir entre le suicide, le vol ou l'humiliation du métier
de saltimbanque. Seul, j'aurais eu recours au premier
moyen. Monsieur, avec cette pauvre créature, mourir
eût été une lâcheté. Voilà pourquoi je porte des roues
sur la mâchoire, et je soulève trois mille livres à la force
des reins.

— Il faudrait au moins ne pas exercer ce métier en
plein vent. Que ne vous adressez-vous à quelque entre-
preneur de spectacle ? Votre haute taille, votre bonne
mine, votre intelligence, vous permettraient d'y exercer
avec succès la profession d'acteur.

— Monsieur, quand on a faim, il faut manger tout de
suite... J'ai attendu, pour recourir à une si triste ressource

de me gagner du pain, que ma femme défaillit par le manque de nourriture. »

Tant de misère émut le cœur de M. Salt, et il résolut d'y apporter les soulagements que sa position lui rendait possibles. Il proposa donc au saltimbanque et à sa femme de les emmener avec lui à Londres, et de les faire engager au cirque d'Astley, dont il connaissait le directeur. Ceux-ci acceptèrent une pareille offre avec reconnaissance et ils se mirent en route tous les trois quelques heures après. Tandis que la diligence cheminait, l'Italien apprenait son nom à son bienfaiteur et lui racontait les aventures de sa jeunesse. Né à Padoue, d'un pauvre barbier, père de quatorze enfants, Giovanne-Battista Belzoni ne trouvait pas de plus grand plaisir qu'aux récits de voyages dont ne le laissait pas manquer du reste un vieil invalide véhémentement soupçonné d'avoir exercé, pendant vingt ans, la profession de corsaire. La petite tête de l'apprenti Figaro ne rêvait que marine, naufrage, abordage et aventures.

La lecture de *Robinson Crusoé*, livre dans lequel il apprit à épeler, acheva de lui tourner la tête, si bien qu'un jour il conçut le projet de faire le tour du monde. Pour réaliser ce projet, il partit donc secrètement avec le plus jeune de ses frères, son complice dans cette belle expédition, et arriva jusqu'à l'ermitage d'Ortono, dans les environs des eaux thermales d'Albano. Les petits fugitifs marchaient de leur mieux et avec une ardeur que remarquèrent des marchands qui suivaient la même route. Ils demandèrent aux deux enfants s'ils se rendaient à Ferrare. Belzoni, sans hésiter, quoiqu'il n'eût jamais entendu

parler de cette ville, répondit affirmativement. Les voyageurs, charmés de sa gentillesse et de son ton résolu, lui
proposèrent de l'emmener avec son frère, dans leur voiture, jusqu'à cette ville; je vous laisse à penser avec
quelle joie les deux bambins acceptèrent. Les voici donc
installés dans une voiture, fêtés, écoutés, et ajoutant à
leur pain les provisions dont s'étaient munis les marchands. La première journée fut excellente; mais, le lendemain, les voyageurs, qui exerçaient la profession de
quincailliers colporteurs, trouvèrent un bon débit de leurs
marchandises dans un village, s'y arrêtèrent et laissèrent
les deux aventuriers continuer seuls leur route. Belzoni
et son frère, sans s'inquiéter de cet incident, se remirent
gaiement en route, et saluaient chaque voyageur qu'ils
rencontraient dans l'espoir de trouver en eux des amis
pour leur donner; comme la veille, l'hospitalité ambu-
lante sur la grande route: Personne ne fit attention à eux.

Giovanne, qui avait lu dans *Robinson Crusoé* l'histoire
de Mahomet allant à la montagne qui ne voulait point
venir à lui, résolut d'user de cet expédient, s'adressa à un
veturino, et lui demanda s'il ne lui serait point agréable
de donner, dans sa carriole vide, placé à deux enfants.
Le *veturino* répondit en les faisant monter dans son
coché, et Giovanne se félicitait encore du parti qu'il avait
pris quand on arriva à Ferrare. Alors, tandis qu'il croyait
descendre pour souper aux dépens du conducteur, celui-
ci demanda de l'argent. Giovanne, stupéfait, répliqua qu'il
n'en avait point. Le misérable dépouilla les enfants de leurs
vêtements, et les laissa demi-nus, sans asile, dans les rues
d'une ville inconnue. Belzoni n'en voulait pas moins conti-

nuer à marcher en avant; mais Antonio, son frère, se mit à pleurer et à se lamenter si haut, que Giovanne lui promit de se remettre en route le lendemain pour Padoue. La-dessus, ils se couchèrent bravement sous une porte, dor-mirent dans les bras l'un de l'autre, et au lever du soleil reprirent le chemin de leur ville natale, mendiant un peu de pain aux voyageurs qu'ils rencontraient.

Le rude châtiment que valut à Giovanne cette belle expédition ne changea rien à sa passion pour les voyages. Quand il eut atteint dix-huit ans, il partit, sa trousse de barbier dans sa poche, et sa palette sous le bras, se rendit à Rome, et, après avoir exercé sa profession avec un grand succès, s'amouracha d'une jeune fille qui le trahit. Le Pa-douan se désespéra, et, pour mieux renoncer aux vanités de la passion et du rasoir, il entra au couvent et se fit capucin.

Il utilisa les loisirs du cloître à étudier la science de l'hydraulique, et il était en train de faire construire dans la maison religieuse un puits mécanique de son invention lorsque les Français s'emparèrent militairement de Rome. La congrégation religieuse dont Giovanne faisait partie fut sécularisée; le pauvre capucin, obligé de couper sa propre barbe, racheta une trousse et des rasoirs, et par-tit pour la Hollande, où il se maria. La misère ne tarda point à le forcer de quitter la Hollande. Il s'embarqua pour l'Angleterre. Mais, en Angleterre, les machines à vapeur ne laissaient aucune chance de succès aux in-formes essais hydrauliques de l'Italien; on sait à quels expédients il recourait pour vivre, lorsque M. Salt le ren-contra sur la place d'Édimbourg.

L'antiquaire, arrivé à Londres, mena ses protégés chez

le directeur du cirque d'Astley. Celui-ci, en homme habile, jugea du premier coup d'œil quel parti il pouvait tirer de la haute stature, de la beauté et de la force du Goliath padouan. Il fit faire exprès pour son nouveau pensionnaire une pièce intitulée les *Douze Travaux d'Hercule*, et M. Salt eut la satisfaction de voir dans cet ouvrage Giovanne Belzoni parcourir la scène en portant sur les bras et sur les épaules douze hommes, au-dessus desquels madame Belzoni, dans le costume de Cupidon, agitait la flamme écarlate d'un petit drapeau.

A quelque temps de là, M. Salt partit pour l'Égypte avec le titre de consul; il y trouva M. Drovetti : les deux amis, également passionnés pour les antiquités égyptiennes, se mirent à entreprendre des fouilles avec une rivalité et une jalousie qui ressemblaient parfois singulièrement à de la haine. C'était à qui ferait les recherches les plus habiles, à qui entreprendrait les expéditions les plus aventureuses et les plus empreintes d'audace. Ce qu'ils ambitionnaient surtout avec passion, ce qui formait le but de leur ambition et de leurs plus ardents désirs, était un énorme buste de Memnon, en granit rose, qui gisait à moitié enseveli dans les sables de la rive gauche du Nil. M. Drovetti avait échoué dans toutes ses tentatives pour l'enlever, et M. Salt n'avait pas été plus heureux. Un jour, ce dernier pensait avec désespoir qu'un si précieux monument était destiné à périr lentement dans ces pays barbares, lorsqu'un Italien fit demander à lui parler. Malgré les vêtements orientaux que portait l'inconnu, malgré sa longue barbe, le consul reconnut en lui l'hercule du cirque d'Astley, Giovanne Belzoni.

« Comment vous trouvez-vous en Égypte? s'écria le consul étonné..

— C'est vous qui m'y avez amené, et j'espère vous y être utile, répliqua Belzoni. Après avoir terminé mes représentations à Londres, j'ai gagné Lisbonne, où le directeur du théâtre de San-Carlo m'avait engagé pour jouer le rôle de Samson dans une pièce biblique qu'il avait fait monter tout exprès. De Lisbonne, je me rendis à Madrid, où mes succès ne furent pas moindres au théâtre *della Puerta del Sol*. Après avoir amassé une somme assez honnête, je résolus de passer en Égypte et de proposer au pacha Mohammed-Ali de construire, dans son palais que je savais manquer d'eau, une machine hydraulique qui pût amener jusqu'au milieu de ses jardins du Caire les tributs du Nil. Mohammed me reçut à merveille ; je construisis ma machine, et elle fonctionnait d'une façon qui tenait du prodige, lorsque le pacha, durant mon absence, jugea facétieux de faire monter dans les rouages quinze esclaves et un petit domestique irlandais que j'avais amené avec moi.

Je vous laisse à penser l'effet que produisit sur ces malheureux la grande roue lorsquelle se mit en mouvement. Mon domestique eut les jambes cassées, les esclaves périrent, et je fus chassé du palais, sans recevoir d'autre prix de mes travaux que la menace du pal si je ne quittais pas le Caire sur l'heure. Victime ainsi de la stupidité du pacha, qui rejetait sur moi les conséquences de sa cruelle facétie, ruiné par les avances que j'avais faites pour la construction de la machine, et qui ont absorbé toutes mes économies, je viens à vous comme vers un sauveur à qui je dois déjà tant de reconnaissance. Vous pouvez m'être utile et je puis réaliser le plus ardent de vos désirs. Si vous voulez m'en confier le soin, je me charge d'amener en Angleterre le buste de Mémnon. »

Belzoni s'exprimait avec tant de résolution, que M. Salt, décidé d'ailleurs à tout tenter plutôt que d'abandonner son entreprise, accepta ce que lui proposait l'aventurier italien. Celui-ci partit le jour même pour la vallée d'Égypte et arriva jusqu'à la plage où se trouvent les ruines de Thèbes. Là, il prit à sa solde la centaine d'habitants dont les misérables cabanes s'élevaient parmi les ruines de la ville aux cent portes, et leur fit déblayer le sable qui couvrait à demi le colosse de pierre. Un bâton à la main, le chrétien commandait aux mahométans, dirigeait leurs travaux, les étonnait par sa force physique, apprenait leur langue avec une facilité merveilleuse et passait à leurs yeux pour un être surnaturel, doué d'un pouvoir magique. Cependant, un jour l'argent lui manqua, et le fleuve détruisit en deux heures tous les travaux exécutés depuis trois mois. Les fellahs s'insurgèrent; l'un d'eux même se jeta sur Belzoni pour le frapper de son poignard. Belzoni l'attendit de pied ferme, le désarma, le saisit par les pieds et se mit à frapper sur les insurgés à l'aide de cette arme de nouvelle invention. Aussitôt, tout rentra dans l'ordre et dans l'obéissance; les travaux reprirent leur activité; et, après trois autres mois de fatigue inouïes, le colosse de pierre s'ébranla sur sa base et marcha vers les bords du Nil.

L'embarcation de cette masse de pierre présentait des difficultés presque aussi grandes qu'en avaient causé son déblayement et son transport. Néanmoins l'intelligence et le courage de Belzoni triomphèrent de tout, et il amena sa glorieuse conquête à Londres, où l'arrivée du monument égyptien produisit une sensation non moins vive que celle qu'excita chez nous l'obélisque de Louqsor.

Comblé d'éloges et richement récompensé, Belzoni, devenu un personnage important, retourna en Égypte près de M.° Salt. Celui-ci lui proposa de remonter le Nil, au delà de l'Égypte proprement dite, et de déblayer des collines de sable qui ne laissaient voir que le sommet du magnifique temple d'Ebsambole. Belzoni partit aussitôt pour la basse Nubie, s'aventura hardiment parmi les hordes dangereuses qui errent dans les déserts, et fut récompensé de ses dangers, non-seulement par la réussite de la mission dont il était chargé, mais encore par la découverte du temple d'Allhor.

Ce temple se trouvait entièrement recouvert par le sable, et on n'en soupçonnait pas même l'existence. Il avait été dédié à la déesse Isis par la femme de Rhamsès le Grand; la description qu'en font les voyageurs ressemble aux palais des *Mille et une Nuits*. Quatre énormes colosses de soixante et un pieds de hauteur se tiennent assis devant sa façade ; huit autres colosses debout, de quarante-huit pieds de haut, soutiennent la première salle intérieure, des bas-reliefs gigantesques contiennent l'histoire entière de Rhamsès, et seize autres salles, non moins grandes que la première, étalent dans tout leur éclat primitif et montrent dans toute leur splendeur des peintures magnifiques et les formes mystérieuses de myriades de statues.

C'est peu pour Belzoni que cette découverte. Il va s'établir dans la vallée de *Biban-el-Moulock* (tombeaux des rois). Déjà il y avait vu, dans un voyage précédent, parmi les rochers, une fissure d'une forme particulière, et il avait compris, malgré les dégradations produites par le temps, que la main de l'homme avait taillé cette ouverture.

Il la fait élargir, les pierres s'écroulent, et il se trouve à l'entrée d'un long corridor dont les murs sont recouverts de sculptures et de peintures religieuses. Il s'aventure dans le souterrain ; un fossé et un mur lui ferment bientôt le passage et sembleraient indiquer que là se termine la voûte funèbre ; mais Belzoni franchit le fossé et fait abattre le mur. Un nouveau souterrain s'ouvre devant lui... Au bout de ce souterrain s'élève un sarcophage en albâtre, couvert d'hiéroglyphes. Le Padouan s'en empare et l'envoie en Europe, où, depuis ce moment, les savants se disputent pour savoir si ce sarcophage a contenu les restes de Psout-Mulsui ou d'Ousiréi.

Belzoni se rend ensuite sur les bords de la mer Rouge, interroge les ruines de Bérénice, revient au Caire, va diriger des fouilles au pied des grandes pyramides de Ghised, pénètre dans celle de Chephren, restée inaccessible jusque-là aux Européens, et découvre la chambre sacrée où reposent les ossements d'un bœuf Apis. Le Faioun, le lac Mœris, les ruines d'Arsinoë, les sables de la Libye, le reçoivent tour à tour et deviennent ses tributaires. Il visite l'oasis d'El Cassar et la fontaine du Soleil, étouffe dans ses bras deux guides qui veulent l'assassiner, quitte l'Égypte et revient à Padoue avec sa femme, qui l'a accompagné dans la plupart de ses hasardeuses expéditions.

Le fils du pauvre barbier est riche et célèbre à présent. On le reçoit avec solennité; les autorités de sa ville natale le haranguent aux portes de la ville, et on charge le célèbre Manfredini de graver une médaille pour perpétuer le souvenir de l'illustre voyageur. Cependant l'Angleterre le réclame, et, à force de lui prodiguer l'or, le ramène à Londres, où l'accueillent les mêmes honneurs que dans sa patrie. Là, il publie avec un immense succès le récit de ses voyages sous le titre de :

Narrative of the operations and recent discoveries with the pyramids, temples, tombs and excavations in Egypt and Nubia, etc.

En 1822, Belzoni fit un nouveau voyage en Afrique, et un an après il se trouvait à Benin, lorsqu'il se sentit atteint d'une maladie mortelle. Il donna l'ordre sur-le-champ de gagner Gato, où il se fit transporter à bord d'un navire anglais chargé de stationner devant Bobée. Là, il comprit que la mort allait le frapper, et il s'y prépara avec un courage et un sang-froid extrêmes. Il chargea le capitaine du navire de remettre à sa femme une améthyste précieuse, écrivit une lettre à cette compagne fidèle de sa bonne et de sa mauvaise fortune, et rendit peu de temps après le dernier soupir.

On l'enterra au pied d'un grand arbre, et l'on recouvrit sa tombe d'une épitaphe anglaise dont voici la traduction :

CI-GIT BELZONI,

QUI MOURUT EN CE LIEU

DANS LE VOYAGE QU'IL FIT POUR SE RENDRE A TOMBOUCTOU,

5 DÉCEMBRE 1825.

Belzoni, lorsqu'il mourut, ne comptait encore que quarante-cinq ans, et s'était déjà conquis une place glorieuse entra Marco Polo et Americo Vespucci. Une statue lui a été érigée à Padoue, le 4 juillet 1827.

C'est ainsi que le saltimbanque a passé de la place publique au Panthéon, de la plus misérable condition à l'apothéose!

Noble et encourageant exemple pour tous ceux qui se sentent une pensée dans la tête, et au cœur une volonté pour réaliser cette pensée.

FIN DU PREMIER VOLUME.

TABLE

—

ENTOMOLOGIE

BOTANIQUE

INVENTEURS ET SAVANTS

FIN DE LA TABLE

PARIS. — IMP. SIMON RAÇON ET COMP., RUE D'ERFURTH, 1.